变电站（换流站）消防技术监督

张子阳　黄强　主编

中国电力出版社
CHINA ELECTRIC POWER PRESS

内容提要

本书围绕电力设备消防安全和消防技术监督，结合变电站、换流站设备消防管理要求，阐述常见电力消防产品、消防系统及技术要求等技术监督要点，并介绍变电站、换流站消防的新技术和新装备。本书共五篇，第一篇介绍火灾基础知识和变电站消防管理要求及规定；第二篇介绍变电站常用消防产品（如防火涂料、防火封堵材料、泡沫灭火剂、感温电缆）的关键性能指标、检测方法和其他消防产品；第三篇介绍火灾自动报警系统、消防给水和消火栓系统、水喷雾灭火系统等八大常用电力消防系统的系统构成、安装质量、调试验收和运行维护的技术要求；第四篇结合消防技术监督中发现的消防产品、消防系统的典型问题，介绍消防技术监督要点和典型案例分析；第五篇介绍消防机器人、涡扇炮灭火系统和新型灭火介质等消防新技术。

本书的适用对象为从事变电站、换流站消防管理、技术监督和维保检测人员以及消防行业的其他工作人员。

图书在版编目（CIP）数据

变电站（换流站）消防技术监督 / 张子阳，黄强主编 . — 北京：中国电力出版社，2023.10
ISBN 978-7-5198-8065-1

Ⅰ . ①变⋯　Ⅱ . ①张⋯②黄⋯　Ⅲ . ①变电所 – 消防 – 安全管理　Ⅳ . ① TM63

中国国家版本馆 CIP 数据核字（2023）第 153563 号

出版发行：中国电力出版社
地　　址：北京市东城区北京站西街 19 号（邮政编码 100005）
网　　址：http：//www.cepp.sgcc.com.cn
责任编辑：刘丽平　王蔓莉
责任校对：黄　蓓　郝军燕
装帧设计：赵丽媛
责任印制：石　雷

印　　刷：北京九天鸿程印刷有限责任公司
版　　次：2023 年 10 月第一版
印　　次：2023 年 10 月北京第一次印刷
开　　本：710 毫米 × 1000 毫米　16 开本
印　　张：22
字　　数：332 千字
印　　数：0001—1500 册
定　　价：99.00 元

编 委 会

　　电网安全关系国计民生。由于电网设备具有特殊性，一旦发生火灾将会造成非常严重的经济损失和社会影响。电网设备中采用了大量矿物油、纸、塑料等绝缘介质，虽然难燃，但也可燃；电网设备运行时存在高电压和大电流，一旦发生严重电气故障，高电压、大电流形成的能量巨大，存在将油、纸、塑料、橡胶等绝缘介质引燃的可能性。为了避免电网电气设备火灾，电力行业长期以来非常重视设备消防工作，从变电站消防设计规划、消防系统建设配置、消防系统运行维护等多个方面进行电网设备火灾的防控，在重要的变电站、换流站还部署有驻站消防队执勤，多措并举，力求将电网设备的火灾隐患消除在萌芽状态，将影响控制到最小。

　　近年来，电网企业依据国家法律法规，充分吸取和总结行业内外的火灾教训及防控经验，制定了贴合电网设备特性的消防技术标准、反事故措施和相关规章制度，针对重要变电站、换流站制定了消防工作手册，通过持续完善消防运维制度标准、加强消防专业技能培训、提升火灾应急处置能力、加强消防隐患排查治理等措施，促进了电网设备消防安全水平能力的大幅提升。

　　为了持续强化消防安全管理质效，越来越多的电网企业采用技术监督的手段来管控消防产品和系统的质量、性能、状态。通过技术监督工作，发现了消防配置不足、消防产品质量不合格、消防系统失灵失效等问题，同时也发现电网建设、设备运维人员对变电站和换流站设备消防相关的基本理论、标准规范及消防产品和系统的功能性能指标了解不全、不深，对与设备消防安全相关的措施方案不能充分领会应用，在一定程度上影响了设备消防隐患排查治理和消防管理水平提升。

本书结合电网企业变电站、换流站设备消防管理的要求，从技术监督的角度，以防范大型充油设备、换流阀设备、电力电缆设备的电气火灾为重点，从变电站、换流站消防基础知识、消防产品及质量要求、消防系统及技术要求等方面进行了系统阐述。为了更好地对消防技术监督工作提供指导和借鉴，本书还提供了消防技术监督的要点及典型案例分析。此外，本书还对变电站、换流站消防新技术进行了介绍，对采用新技术、新装备提升电网设备消防安全水平提供参考。

本书的编写工作得到了江苏省产品质量监督检验研究院国家消防产品质量检验检测中心（江苏）、江苏江南检测有限公司等单位的大力支持，在此向上述单位的付出致以衷心感谢！

由于编者的经验和水平有限，书中难免存在不足，敬请读者批评指正。

编者

2022 年 11 月

目　录

**第三篇
消防系统及其技术要求**

第一篇
概述

变电站安全运行与全社会电力可靠供应、经济有序发展息息相关。一旦变电站发生火灾事故，不仅会造成生命财产损失，还会造成十分严重的社会负面影响。各级政府部门对消防安全管理提出了诸多新要求，在党的二十大报告中进一步强调了"以人民安全为宗旨"的基本执政方针理念，这就需要全面加强消防监督管理在各个领域的职能作用，为人民群众安居乐业筑牢社会安全防线。近几年，我国的消防监督管理一直都处于高压态势，不仅出台了各类消防安全管理规章制度，也对存在各类火灾隐患的企业及相关人员提出了比较高的监管要求。

因此，如何加强变电站（换流站）消防监督管理工作成效，明确相关单位的消防主体责任，切实消除火灾隐患，最大限度保障人民群众的人身与财产安全，已经成为变电站（换流站）日常运维管理的重要组成内容。

本篇将从变电站（换流站）消防安全基础知识入手，介绍火灾定义与分类、电气火灾的成因与特点，由此明确相应的管理要求及规定，为变电站消防技术监督奠定基础。

第一章

基础知识

随着经济的迅速发展与电力需求的日益增加，越来越多的电力设备投入使用。这些设备、设施包含大量的高分子聚合物、矿物油、纤维纸板等易燃或可燃物。当设备长时间或超负荷运行后，容易因绝缘老化等原因产生短路、过流、过载、漏电等状况，从而诱发火灾。

本章从火灾的定义和分类入手，阐述电气火灾特点，分析电力设备火灾的产生原因及危害，介绍变电站（换流站）电力设备火灾预防与扑救的原则。

第一节 火灾的定义和分类

火灾的原因包括自然因素和人为因素。掌握火灾的定义、分类和危害是研究火灾规律和预防火灾的基础。

一、火灾的定义

《消防词汇 第一部分：通用术语》（GB/T 5907.1—2014）中定义：火灾是时间或空间上失去控制的燃烧。

（一）燃烧

燃烧的发生和发展必须具备可燃物、助燃物和引火源三个必要条件，它们通常被称为燃烧的三要素。

1. 可燃物

可燃物是指能和氧气等氧化剂发生反应放热并燃烧的物质。根据其物理状态可分为气体、液体和固体可燃物三类。

（1）固体可燃物。固体可燃物的燃烧方式分为五种：① 熔融蒸发燃烧。磷、钠、蜡烛、松香、沥青等固体可燃物在受热时，先熔融蒸发，再与氧化物发生反应、燃烧。② 表面燃烧。木炭、铁、铜等固体可燃物的表面与氧气等氧化物直接反应。③ 热分解燃烧。固体可燃物在受热时发生热分解，分解后的可燃挥发性组分接触火源就会进行燃烧。④ 熏烟燃烧（阴燃）：固体可燃物在加热温度低、空气不流通、可燃挥发成分较少或逸散较快、含水量较多等情况下，只冒烟而无明火焰的燃烧。⑤ 动力燃烧（爆炸）：固体可燃物或其分解析出的可燃挥发成分接触引火源发生的爆炸式燃烧，主要包括粉尘爆炸、炸药爆炸、轰燃等几种情形。

（2）液体可燃物。液体物质分为不燃和可燃两种，液体火灾的危险性与液体的蒸汽压、闪点、燃点、沸点、蒸发速率和化学活性等参数密切相关。一般易燃液体为闪点低于45℃的液体，闪点高于45℃的液体则被称为可燃液体。为了建筑和设计的需要，又以闪点28℃和60℃为界，分别以汽油、煤油和柴油为代表，把易燃、可燃液体分为甲、乙、丙三类。

液体可燃物的燃烧方式和燃烧特性分为闪燃、沸溢和喷溅三种：① 闪燃是指易燃或可燃性液体挥发出的蒸汽与空气混合后，达到一定浓度，接触引火源产生一闪即灭的现象，是引起火灾事故的先兆之一。② 沸溢是指在液体可燃物发生燃烧时，沸程较宽的液体受热产生的热波不断向液体的深层移动，液位深层的乳化水受热汽化，大量的水蒸气形成气泡从液深层冲向液面，越来越多的气泡会导致容器中的液体体积膨胀并最终导致溢出。气泡还会裹挟大量液体飞溅出表面，宏观上就会使液体剧烈沸腾。③ 喷溅是指可燃液体发生燃烧时，随着液体温度上升，受热产生的热波也会因温度上升而导致其向下扩散的深度加大，如果液体内部有水垫，那么当高温热波接触水垫时，水垫中的水就会在高温下大量、快速蒸发，产生的大量气泡会使液体体积迅速膨胀，同时将液体抛向空中宏观上就表现为向外喷溅的特征。

（3）气体可燃物。气态物质的燃烧比固体和液体物质容易，不需要熔化、汽化等过程，气体被引火源加热到足够温度后接触助燃物即可燃烧，某些成分复杂的气体则需要受热分解后才会燃烧。

可燃气体的火灾危险性按爆炸下限划分，大多数可燃气体的爆炸下限低于10%，如乙炔、氢、水煤气等，划为甲类；爆炸下限大于10%的可燃气体不太多，常见的有一氧化碳、二氯甲烷等，划为乙类，助燃气体如氧和氯也划分为乙类；不燃气体及惰性气体，如二氧化碳、氮等，划分为戊类。

2. 助燃物

助燃物是指能够与可燃物发生反应引起燃烧的各类氧化剂。普通的燃烧在空气中进行，其助燃物一般为空气中的氧气。如果可燃物要发生燃烧，那么其不仅需要相应的燃烧条件，还需要保证空气中的含氧量在其燃烧对应的最低含氧量之上。例如：

$$C+O_2 \xrightarrow{\text{点燃}} CO_2$$

$$C_2H_5OH+3O_2 \xrightarrow{\text{点燃}} 2CO_2+3H_2O$$

3. 引火源

能使物质开始燃烧的外部热源称为引火源。在电力设备火灾中常见的引火源有电弧、电火花、高温、明火焰等。电力设备电弧放电瞬间如图1-1-1所示。

图1-1-1　电力设备电弧放电瞬间

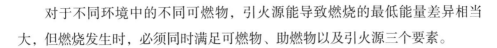

对于不同环境中的不同可燃物，引火源能导致燃烧的最低能量差异相当大，但燃烧发生时，必须同时满足可燃物、助燃物以及引火源三个要素。

（二）燃烧产物

燃烧产物的组成取决于可燃物的成分和燃烧条件。大部分可燃物属于有机化合物，主要由碳（C）、氢（H）、氧（O）、氮（N）、硫（S）等元素组成，燃烧生成的气体主要有一氧化碳（CO）、二氧化碳（CO_2）、氰化物（CN）、丙醛[$CH_3（CH）_2CHO$]、二氧化硫（SO_2）等。燃烧产物中可能有大量的有毒气体，例如一氧化碳、二氧化硫、二氧化氮、氰化氢等。

研究表明，火灾事故现场对人身安全危害最大的是燃烧产生的各类有毒气体。火灾中常见的燃烧产物见表1-1-1。

表 1-1-1　　　　　　　　　　　　　电力设备火灾中常见的燃烧产物

物质名称	主要燃烧产物
酚醛树脂	二氧化碳、一氧化碳、氰化物
环氧树脂	二氧化碳、一氧化碳、丙醛
聚氨酯	二氧化碳、一氧化碳、氰化物
聚苯乙烯	二氧化碳、一氧化碳、苯、甲苯、乙醛
聚氯乙烯	二氧化碳、一氧化碳、光气、氯气、氯化氢
聚四氟乙烯	二氧化碳、一氧化碳、氟化氢
尼龙	二氧化碳、一氧化碳、氨、氰化物、乙醛
木材、纸张	二氧化碳、一氧化碳

二、火灾的分类

可以根据可燃物类型和燃烧特性、物质危险性、火灾造成的损失对火灾进行分类。

（一）根据可燃物类型和燃烧特性分类

根据可燃物的类型和燃烧特性的不同，《火灾分类》（GB/T 4968—2008）将灭火器和灭火剂适用对象的火灾定义为A、B、C、D、E、F六类，具体如表1-1-2所示。

表1-1-2　　　　　　　　火灾可燃物类型和燃烧特性分类

分类	特性	适用灭火剂
A类	固体物质火灾，如木材、棉、煤、毛、麻、纸张等	水系、泡沫、硝酸铵盐干粉、卤代烷型灭火剂等
B类	液体或可融化的固体物质火灾，如煤油、柴油、原油、甲醇、乙醇、沥青、石蜡等	干粉、泡沫、卤代烷、二氧化碳灭火剂等
C类	气体火灾，如煤气、天然气、甲烷、乙烷、丙烷、氢气等	干粉、卤代烷、二氧化碳型灭火剂
D类	金属火灾，如钾、钠、镁、铝镁合金等	金属火灾专用灭火剂和干砂等
E类	物体带电燃烧的火灾	干粉、二氧化碳、卤代烷灭火剂等
F类	烹饪器具内的烹饪物火灾（如动植物油脂）	泡沫灭火剂、水雾灭火剂

（二）根据物质起火危险性分类

各种物质起火燃烧的危险程度并不相同，根据《建筑设计防火规范》（2018年版）（GB 50016—2014），从仓储和生产两个维度将物品的火灾危险性分为甲、乙、丙、丁、戊五类，如表1-1-3和表1-1-4所示。

表1-1-3　　　　　　　　储存的火灾危险性分类

类别	火灾危险性特征
甲	（1）闪点小于28℃的液体； （2）爆炸下限小于10%的气体，受到水或空气中水蒸气的作用能产生爆炸下限小于10%气体的固体物质；

续表

类别	火灾危险性特征
甲	（3）常温下能自行分解或在空气中氧化能导致迅速自燃或爆炸的物质； （4）常温下受到水或空气中水蒸气的作用，能产生可燃气体并引起燃烧或爆炸的物质； （5）遇酸、受热、撞击、摩擦，以及遇有机物或硫磺等易燃的无机物，极易引起燃烧或爆炸的强氧化剂； （6）受撞击、摩擦或与氧化剂、有机物接触时能引起燃烧或爆炸的物质
乙	（1）闪点不小于28℃但小于60℃的液体； （2）爆炸下限不小于10%的气体； （3）不属于甲类的氧化剂； （4）不属于甲类的易燃固体； （5）助燃气体； （6）常温下与空气接触能缓慢氧化，积热不散引起自燃的物品
丙	（1）闪点大于60℃的液体； （2）可燃固体
丁	难燃烧物品
戊	不燃烧固体

表1-1-4 　　　　　　　　　　　　生产的火灾危险性分类

类别	火灾危险性的特征
甲	使用或产生下列物质： （1）闪点小于28℃的液体； （2）爆炸下限小于10%的气体； （3）常温下能自行分解或在空气中氧化即能导致迅速自燃或爆炸的物质； （4）常温下受到水或空气中水蒸气的作用，能产生可燃气体并引起燃烧或爆炸的物质； （5）遇酸、受热、撞击、摩擦、催化以及遇有机物或硫磺等无机物，极易引起爆炸或燃烧的强氧化剂； （6）受撞击、摩擦或与氧化剂、有机物接触时能引起燃烧或爆炸的物质； （7）在密闭设备内操作温度不小于物质本身自燃点的生产

续表

类别	火灾危险性的特征
乙	使用或产生下列物质： （1）闪点为28~60℃的易燃、可燃液体； （2）爆炸下限不小于10%的可燃气体； （3）助燃气体和不属于甲类的氧化剂； （4）不属于甲类的化学易燃危险固体； （5）生产中排出的可燃纤维或粉尘，并能与空气形成爆炸性混合物者
丙	使用或产生下列物质： （1）闪点大于60℃的可燃液体； （2）可燃固体
丁	具体下列情况的生产： （1）对非燃烧物质进行加工，并在高热或熔化状态下经常产生辐射热，有火花或火焰的产生； （2）利用气体、液体、固体做燃料或将气体、液体进行燃烧另作他用的各种生产； （3）常温下使用或加工难燃烧物质的生产
戊	常温下使用或加工非燃烧物质的生产

（三）根据火灾造成的损失分类

根据生产安全事故中火灾造成的人员伤亡和经济损失的严重程度，《生产安全事故报告和调查处理条例（2007版）》（中华人民共和国国务院令第493号）将火灾分为特大火灾、重大火灾、较大火灾和一般火灾四类，具体分类见表1-1-5。

表1-1-5 火灾造成的损失分类

分类	定义
特大火灾	造成30人以上死亡，或100人以上重伤，或者造成1亿元以上直接财产损失的火灾

续表

分类	定义
重大火灾	造成 10 人以上 30 人以下死亡，或 50 人以上 100 人以下重伤，或者造成 5000 万元以上 1 亿元以下直接财产损失的火灾
较大火灾	造成 3 人以上 10 人以下死亡，或 10 人以上 50 人以下重伤，或者造成 1000 万元以上 5000 万元以下直接财产损失的火灾
一般火灾	造成 3 人以下死亡，或者 10 人以下重伤，或者造成 1000 万元以下直接财产损失的火灾

第二节　电气火灾的成因和特点

一、电气火灾及其产生的原因

据应急管理部消防救援局统计，从 2022 年年初截至 10 月，全国消防救援队伍共接报处置各类警情 208.8 万起，其中火灾 70.3 万起，占比 33.7%，死亡和受伤人数逾一千五百人，造成直接经济财产损失 58.5 亿元。与往年同期数据相比，火灾起数有所上升，但是死亡人数、受伤人数和财产损失均呈下降之势。在各类火灾诱因中，排在前三位的火灾类型分别是电气起火、用火不慎和遗留火种。不难看出，电气起火是造成火灾的首要原因，占总数的 30.7%。

电气火灾是指各类电气设备由于各类原因，电能释放产生热能，从而引燃周围可燃物，最终转化为火源而引起的火灾，图 1-1-2 为火灾后的变压器。

电之所以能引起火灾，是因为电可以转化为热。电转化为热的途径是放电或电流通过电阻时发热。电弧放电和过热是电力火灾形成的两种基本途径和主要根源。放电产生的电火花、电弧不仅能点燃附近的可燃物，还可能熔化金属导线。材料燃烧和炽热金属产生的火花会四处飞溅，造成火灾。

图 1-1-2 火灾后的变压器

电力设备一旦发生火灾，燃烧速度极快。与一般火灾相比，电气火灾有更为危险的特点：火灾发生后电力设备仍然可以带电运行，从而为火灾扑救引来触电风险；电力系统有大量的充油设备（如变压器等），受热后内部变压器油可能会沸溢造成喷溅，处理不当甚至会造成爆炸。能够引发电气火灾的原因包括：①电力设备过载；②电力线路短路；③各导电部件之间接触不良从而引起的电弧、火花、漏电；④各类外界因素，如雷电或静电等，都能引起电气火灾。

（一）电力设备安装使用不当

1.过载

当电力设备或绝缘导线的功率和电流超出其额定运行值时，就会产生超载现象。这种情况下，电能会转化为热量，导致导体和绝缘物局部过热，如果高温超过规定程度，就会导致火灾发生。图 1-1-3 为烧蚀的电缆。

造成过载的原因有：①设计和施工不当，导致电力设备的额定容量低于实际负载容量；②机械设备或电线的随意装接导致负载增大，最终导致超负荷运转；③ 由于检测和养护不到位，使得机械设备或电线长时间处在"带病"运转状态。

图 1-1-3　烧蚀的电缆

2. 短路、电弧和火花

由于接地装置的质量不佳或者接地装置之间的距离过小，当发生过电压时，可能会导致高压电弧的形成。此外，当接通或切断大电流电路、大容量断路器爆断时，也可能会形成高压电弧。短路是电力设备最严重的一种故障状况，短路时在短路点或导线连接松弛的接头处会产生电弧或火花。电弧的温度可以达到 6000℃，这不仅会引起本身的绝缘材料燃烧，还可能会引发附近的可燃材料燃烧，甚至导致蒸汽和粉尘爆炸。

产生短路的主要原因有：① 电力设备的设计、安装和运行不符合要求，导致其绝缘材料在高热、潮湿、酸碱环境条件下遭到损坏；② 电力设备使用时间过长，超过其使用寿命，导致绝缘老化；③ 电力设备的使用和维护不当，长期处于"带病"运行状态；④ 过电压使绝缘材料被击穿；⑤ 操作不当或把电源投向故障线路。

接触不良是一种常见的电气故障，主要发生在线路连接处，引发接触不良的原因有：① 电气接头表面受到污染损坏，导致接触电阻增加；② 未尽早去除线路接头，长时间运行产生电阻很高的氧化物膜；③ 由于振动或热量的影响，电气设备接头连接处出现松动；④ 铜铝连接处的电位差较大，当环境潮湿时会导致原电池反应，腐蚀铝，从而导致接触不良，局部区域温度过高，形成潜在的火灾源。

3. 摩擦

当发动机、电动机等旋转型电力设备的轴承润滑不足、干磨发热或高速运行时，可能会由于温度过高引起严重的火灾事故。

（二）接地故障

接地故障是供电系统中最常见的故障状态，它可能在杆塔、横担、绝缘子、避水器等电气设备附近，由枝条、掉落物等引发。特别是在强风和雷雨天气条件下，接地故障状况更容易发生。接地故障可分为金属性接地和非金属性接地。

线路断线使电源侧直接接地的现象被称为金属性接地。当出现这种状态时，故障相电压为零，而非故障相电压上升为线电压。非金属性接地是指不完全接地，故障相电压低于相电压，非故障相电压高于相电压、低于线电压。

（三）雷电

雷云是大气电荷的载体，可形成雷电。雷电的电流值可达数千安到数百千安。雷电放出的能量巨大，释放时间极短，通常只有几十微秒，从而导致放电区最高温度可达 20000℃。这种高电压会沿着金属物进入到各类设施之中，使设施内的各类金属结构件、电力管线回路内产生放电、起火或爆炸，从而引发火灾，严重危及生命财产安全。雷电是一种破坏性极强的自然现象，它利用电压击穿效应和电流热效应来损坏地面建筑物，从而导致建筑坍塌、火灾或爆破等严重后果，甚至导致伤亡。

除了直接雷击之外，雷电还可能通过感应雷（含静电和电磁感应）、雷电反击、雷电波侵入和球形雷等方式形成危害。这些危害的共同点是放电时伴随剧烈的机械力、高热和火花，可能会破坏建筑物，损坏输电线或电力设备，从而造成严重的后果。

（四）静电

静电是一种物理现象，它是由于物质表面上的电荷失衡而产生的。当这种电荷在某些特定条件下存在时，会使金属物或地面产生电荷，并产生强烈的火花。这些火花可能会点燃麻絮、粉尘和易燃物，甚至导致爆炸。

二、电力设备火灾特点及危害

变电站电缆纵横交错，储存和使用大量易燃、可燃物质，如变压器油、可燃固体物质等；当带电设备运行时，可能产生火花，或表面温度升高，给安全带来了极大的威胁；此外，现场通风不良等都是火灾的安全隐患。一旦火灾发生，火势迅速蔓延，扑救困难，二次危害极其严重，经济损失惨重，修复时间漫长。电力设备火灾有以下特点。

（一）火势凶猛

变电站充油设备使用大量的可燃油，这类电力设备油系统火灾尤其严重。管路一旦泄漏，高压油喷洒至保温不良的高温管道或高温物体上会立即起火，火苗蹿起，火势迅速扩大。据统计，充油设备火灾由开始着火到酿成大火的时间一般仅为 1 ～ 3min。这种火灾的燃烧速度非常快，在理想情况下，消防队员的到场时间大约为 5min。即使消防员以最快的速度到场，也错过了最佳的救火时机。充油设备着火大多伴随电缆着火。火势迅猛，油流将电缆点燃，大火迅速蔓延至电缆竖井、夹层、继电器室和控制室，使得火势在横向和纵向上迅速扩散，造成严重破坏。

（二）存在接触电压和跨步电压

当电力设备发生火灾时，由于部分设备仍然带有电流，在一定范围内存在交流电流和跨步电流，这将导致现场伤亡事件的发生，使得灭火工作无法近距离进行，影响消防灭火战斗指挥员的判断力。因此，为了降低接触电压和跨步电压，应当采取有效措施，如深埋接地极、采用环路接地网、敷设水平均压带等。

（三）易发生喷油或爆炸

当电力设备（如变压器、调相机、电抗器等）发生火灾时，会产生大量的爆炸性气体混合物，这些气体可能会导致喷油或爆炸，严重威胁灭火人员的安全，还可能会导致火灾蔓延。

（四）高温设备或管道遇水会急剧冷却引起变形

在变电站的火灾现场，当使用水灭火时，消防水喷洒到高温设备表面，局部会迅速冷却，产生巨大的热应力，从而导致设备弯曲变形或炸裂，造成人员和设备的二次伤害。

（五）扑救困难

在电力设备火灾事故中，特别是油管路喷油时，如果其喷射到高温蒸汽管道或高温热体上，将会造成严重的后果。如果油压较高、油量充足、着火油流动范围较大、通风条件良好，火势会变得更加猛烈，火焰强度也会更高，燃烧温度可以达到 1500℃ 以上，火柱可以延伸至 30m 以上，从而使火势更加猛烈，如图 1-1-4 所示。在这种情况下，扑救人员几乎无法接近火场，灭火介质无法有效抑制火势，使得扑救工作变得极其困难。

图 1-1-4 变电站火灾

变电站电力设备中有大量的可燃物质，如环氧树脂、酚醛树脂、尼龙、人造纤维等，因此电力设备一旦起火，就会产生大量的有毒浓烟，其内不仅含有大量的氯化氢、一氧化碳、丙酮，甚至还有氰化物、甲苯、苯等，对火灾现场人员的生命安全造成非常严重的威胁。

此外，由于高电压电力设备在起火时仍能带电运行，使得电气火灾的扑救无法使用一般的灭火方式（如直流水或泡沫喷洒灭火），大大增加了消防救援的难度。

（六）二次危害严重

电力设备发生火灾时会产生大量的浓烟和气体，其中的一些气体会在表盘、端子等装置上形成一层具有导电性的薄膜，破坏设备的绝缘性。因此，火灾救援结束之后，需要清理这类二次污染，消除安全隐患。此外，火灾产生的大量浓烟和有毒气体会对变电站周边生态环境造成相当严重的破坏。

（七）损失严重、修复时间长

电力设备火灾扩展速度极快，火势相当猛烈，且救援活动进展困难，导致火灾现场破坏极其严重，再加上电力设备大多有着昂贵且精密的特点，使得火灾扑灭后需要花费大量的人力、物力、财力来保障新设备的安装和旧设备的恢复。

第二章　变电站消防管理要求及规定

随着我国电网规模日益扩大，电力电气的设备种类、运行负荷及承载容量的持续增加，电力建设规模突飞猛进，尤其是特高压交、直流输电工程大规模建设，使得我国电网在大功率的中、远距离输电领域达到世界领先水平，成为世界电力强国。与此同时，变压器（换流变压器）、高压并联电抗器等充油电气设备越来越多，单体设备油量也越来越大，因此变电站内大型充油设备火灾发生率、危害不断加大，提升了电力系统安全运维难度，也对电力电气消防安全提出新的更高要求；另外，随着电力设备运行年限的增加，加上电力设备、设施量大面广，由此带来的因绝缘老化、过载、接触不良、外力破坏等导致的火灾隐患和事故也呈多发态势。

变电站是电网的核心环节，内有重要电气设备和纵横交织、密集分布的电缆通道。所以一般来说，变电站的火灾主要是电气设备火灾和电缆火灾两大类，在常见的变电站设备中，尤其是充油设备一旦起火则蔓延很快，且火势猛烈难以扑灭，不仅会直接烧损大量的一、二次设备，而且会因设备起火、爆炸波及到附近的设备，导致变电站需要很长的时间停电修复，严重影响电网的运行安全，还可能对相关的工作人员造成严重的影响。

国家电网公司为认真贯彻落实国务院安全生产委员会《关于开展电气火灾综合治理工作的通知》（安委〔2017〕4号），坚决防范公司电气火灾事故，发布了《国家电网公司电气火灾综合治理工作方案》《国家电网有限公司消防安全监督管理办法》《国家电网有限公司关于进一步加强重要变电站（换流站）消防设备管理的通知》等文件，指导国家电网公司预防火灾，减少火灾危害，保障人身、电网和设备安全。

第一节　变电站消防通用要求

《机关、团体、企业、事业单位消防安全管理规定》（公安部令第 61 号）明确变电站属于消防安全重点单位。消防安全重点单位应当进行每日防火巡查，并确定巡查的人员、内容、部位和频次，至少每月进行一次防火检查。

消防安全重点单位的防火检查的内容应当包括：① 火灾隐患的整改情况以及防范措施的落实情况；② 安全疏散通道、疏散指示标志、应急照明和安全出口情况；③ 消防车通道、消防水源情况；④ 灭火器材配置及有效情况；⑤ 用火、用电有无违章情况；⑥ 重点工种人员及其他员工消防知识的掌握情况；⑦ 消防安全重点部位的管理情况；⑧ 易燃易爆危险物品和场所防火防爆措施的落实情况及其他重要物资的防火安全情况；⑨ 消防（控制室）值班情况和设施运行、记录情况；⑩ 防火巡查情况；⑪ 消防安全标志的设置情况和完好、有效情况；其他需要检查的内容。防火检查应当填写检查记录。检查人员和被检查部门负责人应当在检查记录上签名。

由于变电站大多设有自动消防设施，还需按照有关规定定期对自动消防设施进行全面检查测试，并出具检测报告，存档备查，且应当按照有关规定定期对灭火器进行维护保养和维修检查。对灭火器应当建立档案资料，记明配置类型、数量、设置位置、检查维修单位（人员）、更换药剂的时间等有关情况。此外，应及时开展火灾隐患整改、消防安全宣传教育和培训、灭火应急疏散预案和演练等。

对于换流站而言，国网设备部根据实际情况发布《国网设备部关于印发换流站消防系统运行规程（试行）的通知》（设备直流〔2020〕50 号），对换流站消防系统运行要求做出更为明确的十条要求：

（1）设备投运前，需确认站内消防设施已正常投入运行。

（2）站内运维人员应熟悉各类消防系统并掌握其使用方法，应掌握自救逃生知识和技能。

（3）应按照要求定期对各消防系统进行巡视、维护检查，确保消防系统功能正常。

（4）消防演习每半年不少于1次。

（5）例行巡视每日开展一次，全面巡视每月不少于1次。

（6）换流变压器消防系统每年应开展不少于1次试喷测试。

（7）运行设备发生火灾时，应立即启动换流站消防应急预案，当班值长应立即通知驻站消防队并组织人员灭火，现场指定安全负责人。

（8）换流站消防系统备品备件应充足，泡沫消防系统泡沫液储备应满足要求。

（9）消防设施应处于正常工作状态。不得损坏、挪用或者擅自拆除、停用消防设施、器材。消防设施出现故障时，应及时通知单位有关部门，尽快组织维修。

（10）设备运行期间严禁擅自退出消防系统，若确需退出，应征得相关部门批准。

一、变电站消防原则

变电站消防贯彻"预防为主、防消结合"的消防工作方针，按照政府统一领导、部门依法监管、单位全面负责、员工积极参与的原则做好消防安全工作。法人单位的法定代表人或者非法人单位的主要负责人是单位的消防安全责任人，对本单位的消防安全工作全面负责。消防安全管理人对单位的消防安全责任人负责，并且单位应成立安全生产委员会，履行消防安全职责。落实降低消防设施故障、快速灭火、防止火灾扩大三个方面的防范措施。

二、变电站消防安全管理制度

《电力设备典型消防规程》（DL 5027—2015）中关于变电站消防安全管理制度包括以下内容：

（1）各级和各岗位消防安全职责、消防安全责任制考核、动火管理、消防安全操作规定、消防设施运行规程、消防设施检修规程。

（2）电缆、电缆间、电缆通道防火管理制度，涉及消防设施与主体设备或项目同时设计、同时施工、同时投产管理，消防安全重点部位管理。

（3）消防安全教育培训制度，涉及防火巡查、检查，消防控制室值班管理，消防设施、器材管理，火灾隐患整改，用火、用电安全管理。

（4）易燃易爆危险物品和场所防火防爆管理制度，涉及专职和志愿消防队管理，疏散、安全出口、消防车通道管理，燃气和电气设备的检查和管理（包括防雷、防静电）。

（5）消防安全工作考评和奖惩制度，灭火和应急疏散预案及演练。

（6）消防档案管理制度。消防档案应当包括消防安全基本情况和消防安全管理情况。消防档案应当翔实，全面反映单位消防工作的基本情况，并附有必要的图表，根据情况变化及时更新。单位应对消防档案统一保管。

三、变电站灭火原则

变电站的消防安全重点部位有变压器等注油设备、电缆间、电缆夹层及电缆通道、调度室、控制室、通信机房、换流站阀厅、电子设备间、铅酸蓄电池室、档案室、易燃易爆物品存放场所，及发生火灾可能严重危及人身、电力设备和电网安全及对消防安全有重大影响的部位。消防安全重点部位应当建立岗位防火职责，设置明显的防火标志，并在出入口位置悬挂防火警示标示牌。标示牌的内容应包括消防安全重点部位的名称、消防管理措施、灭火和应急疏散方案及防火责任人。

变电站发生火灾，必须立即扑救并报警，同时快速报告单位有关领导。单位应立即实施灭火和应急疏散预案，及时疏散人员，迅速扑救火灾。设有火灾自动报警、固定灭火系统时，应立即启动报警和灭火。火灾报警应报告火灾地点、火势情况、燃烧物和大约数量、范围、报警人姓名、电话号码，以及消防部门需要了解的其他情况。消防队未到达火灾现场前，临时灭火指挥人可由下列人员担任：运行设备火灾时由当值（班）长或调度担任，其他设备火灾时由现场负责人担任。消防队到达火场时，临时灭火指挥人应立即与消防队负责人取得联系并交待失火设备现状和运行设备状况，然后协助消防队灭火。

《国网设备部关于印发换流站消防系统运行规程（试行）的通知》（设备直流〔2020〕50号）规定，当出现火灾报警信号时，监盘人员应立即查看报警报文，同时通过工业视频观察火灾报警区域设备情况，在确保人身安全的情况下派人进行现场检查，必要时穿防火服、佩戴防毒面具或正压式空气呼吸器，运行人员至报警区域确认是否出现火情以及火灾隐患后，再行复归相应报警，如确实发生火灾，由值班负责人组织进行灭火。若阀厅出现火灾报警时，运行人员应立即通过工业视频观察报警阀厅内设备情况，如确实发生火灾，应紧急切断电源，由值班负责人组织进行灭火。配置阀厅消防机器人的换流站应派阀厅消防机器人进入阀厅灭火；未配置阀厅消防机器人的换流站在确保人身安全的情况下，进入阀厅参与灭火的人员应穿防火服、佩戴防毒面具或正压式空气呼吸器。室内火灾应及时检查确认空调通风系统已停运，防火阀已关闭。阀厅火灾还应紧急停运阀内水冷系统。火灾扑灭且确认不会复燃后，应开启排烟系统进行排烟。

电气设备发生火灾，应立即切断有关设备电源，然后进行灭火。对可能带电的电气设备，应使用干粉、二氧化碳、六氟丙烷等灭火器灭火；对于油断路器、变压器，在切断电源后可使用干粉、六氟丙烷等灭火器灭火，不能扑灭时再用泡沫灭火器灭火，不得已时可用干砂灭火，地面上的绝缘油着火，应用干砂灭火。参加灭火人员在灭火的过程中应避免发生次生灾害，灭火人员在空气流通不畅或可能产生有毒气体的场所灭火时应使用正压式消防空气呼吸器。

四、变电站消防技术措施

1. 建（构）筑物火灾危险性分类、耐火等级

变电站建设按照国家工程建设消防标准需要进行消防设计的新建、扩建、改建（含室内外装修、建筑保温、用途变更）工程，建设单位应当依法申请建设工程消防设计审核、消防验收，依法办理消防设计和竣工验收消防备案手续并接受抽查。建设工程或项目的建设、设计、施工、工程监理等单位应当遵守

消防法规、建设工程质量管理法规和国家消防技术标准，应对建设工程消防设计、施工质量和安全负责。作为变电站防火设计要求的《火力发电厂与变电站设计防火标准》（GB 50229—2019），对变电站的建（构）筑物火灾危险性分类及其耐火等级做了明确要求，这是变电站建（构）筑物防范火灾风险的基础，具体见表 1-2-1。

表 1-2-1 　　　　　　　　建（构）筑物的火灾危险性分类及其耐火等级

建（构）筑物名称		火灾危险性分类	耐火等级
主控制楼		丁	二级
继电器室		丁	二级
阀厅		丁	二级
户内直流开关场	单台设备油量 60kg 以上	丙	二级
	单台设备油量 60kg 及以下	丁	二级
	无含油电气设备	戊	二级
配电装置楼（室）	单台设备油量 60kg 以上	丙	二级
	单台设备油量 60kg 及以下	丁	二级
	无含油电气设备	戊	二级
油浸式变压器室		丙	二级
气体或干式变压器室		丁	二级
电容器室（有可燃介质）		丙	二级
干式电容器室		丁	二级
油浸式电抗器室		丙	二级
干式电抗器室		丁	二级
柴油发电机室		丙	二级
空冷器室		戊	二级
检修备品仓库	有含油设备	丁	二级
	无含油设备	戊	二级

续表

建（构）筑物名称	火灾危险性分类	耐火等级
事故储油池	丙	一级
生活、工业、消防水泵房	戊	二级
水处理室	戊	二级
雨淋阀室泡沫设备室	戊	二级
污水、雨水泵房	戊	二级

2. 建（构）筑物消防给水系统

《火力发电厂与变电站设计防火规范》（GB 50229—2019）对变电站建筑（构筑物）火灾防护规定应同步设计消防给水系统。同时，变电站变压器采用水喷雾灭火系统时，变压器室外消火栓用水量不应小于 15L/s，消防水源应有可靠的保证。当变电站内建筑物满足耐火等级不低于二级，体积不超过 3000m³ 且火灾危险性为戊类时，可不设消防给水，此外，当变电站户外配电装置区域（采用水喷雾的油浸式变压器、油浸式电抗器消火栓除外）可不设消火栓。变电站同一时间内的火灾次数宜按一次确定。《电力设备典型消防规程》（DL 5027—2015）也明确了变电站消防给水系统的配置原则，见表 1-2-2。

表 1-2-2　　　　　　变电站（换流站、开关站）消防给水配置原则

条款号	要求
13.7.1	变电站、换流站和开关站应设置消防给水系统和消火栓，消防水源应有可靠保证，同一时间按一次火灾考虑，供水水量和水压应满足一次最大灭火用水，用水量应为室外与室内（如有）消防用水量之和。变电站、开关站和换流站内的建筑物耐火等级不低于二级，体积不超 3000m³，且火灾危险性为戊类时，可不设消防给水
13.7.2	设有消防给水的变电站、换流站和开关站应设置带消防水泵、稳压设施和消防水池的临时（稳）高压给水系统，消防水泵应设置备用泵，备用泵流量和扬程不应小于最大一台消防泵的流量和扬程

续表

条款号	要求
13.7.3	变电站、换流站和开关站的下列建筑物应设置室内消火栓：地上变电站和换流站的主控通信楼、配电装置楼、继电器室、变压器室、电容器室、电抗器室、综合楼、材料库、地下变电站。下列建筑物可不设置室内消火栓：耐火等级为一、二级且可燃物较少的丁、戊类建筑物；耐火等级为三、四级且建筑体积不超过 3000m³ 的丁类厂房和建筑体积不超过 5000m³ 的成类厂房；室内没有生产、生活给水管道，室外消防用水取自储水池且建筑体积不超过 5000m³ 的建筑物

当地下变电站室内设置水消防系统时，应设置水泵接合器。水泵接合器应设置在便于消防车使用的地点，与供消防车取水的室外消火栓或消防水池取水口距离宜为 15～40m。水泵接合器应有永久性的明显标志。具有稳压装置的临时高压给水系统规定消防泵应满足消防给水系统最大压力和流量要求，且稳压泵的设计流量宜为消防给水系统设计流量的 1%～3%，启泵压力与消防泵自动启泵的压力差宜为 0.02MPa，稳压泵的启泵压力与停泵压力之差不应小于 0.05MPa，系统压力控制装置所在处准工作状态时的压力与消防泵自动启泵的压力差宜为 0.07～0.10MPa；气压罐的调节容积应按稳压泵启泵次数不大于 15 次 /h 计算确定，气压罐的最低工作压力应满足任意最不利点的消防设施的压力需求。500kV 及以上的直流换流站宜设置备用柴油机消防泵，其容量应满足直流换流站的全部消防用水要求。消防水泵房应设直通室外的安全出口，当消防水泵房设置在地下时，其疏散出口应靠近安全出口。一组消防水泵的吸水管不应少于两条；当其中一条损坏时，其余的吸水管应能满足全部用水量要求。吸水管上应装设检修用阀门。消防水泵应采用自灌式吸水。消防水泵房应有不少于两条出水管与环状管网连接，当其中一条出水管检修时，其余的出水管应能满足全部用水量要求。消防泵组应设试验回水管，并配装检查用的放水阀门、水锤消除、安全泄压及压力流量测量装置。消防水泵应设置备用泵，备用泵的流量和扬程不应小于最大一台消防泵的流量和扬程。

与此同时，下列建筑应设置室内消火栓并配置喷雾水枪：500kV 及以上的直流换流站的主控制楼、220kV及以上的高压配电装置楼（有充油设备）、220kV及以上户内直流开关场（有充油设备）、地下变电站。

变电站内建筑物可不设室内消火栓有：交流变电站的主控制楼、继电器室、高压配电装置楼（无充油设备）、阀厅、户内直流开关场（无充油设备）、空冷器室、生活、工业消防水泵房、生活污水、雨水泵房、水处理室、占地面积不大于300m²的建筑。

对于换流站，《国网设备部关于进一步落实特高压变电站（换流站）消防应急能力提升措施的紧急通知》（设备监控〔2021〕83号）要求，落实消防水源保障措施，换流站储水容量应不低于4000m³，特高压变电站储水容量应不低于1500m³。定期开展站内消防给水及消火栓系统检查维护。实时监测站内消防水池水位，确保水量充足。制定消防水池补水方案。结合站周边情况，明确站外消防水源，设置消防车取水口，并定期开展消防车取水车道、水源巡视维护。

对于换流站消防供水系统，除上述通用要求外，《国网设备部关于印发换流站消防系统运行规程（试行）的通知》（设备直流〔2020〕50号）在系统组成方面还要求消防水池配置液位计，液位计应有高液位及低液位报警功能，满足现场或消防控制室查看消防水池液位的需求。消防供水系统设有压力表和泄压阀，维持管道中压力低于安全设定值。系统工作原理方面，明确稳压泵、电动消防泵有自动启动、远程启动和就地应急启动三种启动方式。控制柜上设置就地/远方切换开关，当切换开关置于就地位置时，只能手动操作，只有当切换开关置于远方位置时才可以进行自动或远程启动操作。正常运行时，切换开关置于远方位置。

3. 变电站火灾自动报警系统

（1）变电站火灾报警系统的总体要求。火灾自动报警系统应接入本单位或上级24h有人值守的消防监控场所，并有声光警示功能。有人值班的变电站的火灾报警控制器应设置在主控制室；无人值班的变电站的火灾报警控制器宜设置在变电站门厅，并应将火警信号传至集控中心。火灾自动报警系统的设计应符合《火灾自动报警系统设计规范》（GB 50116—2013）的有关规定。

火灾自动报警系统还应符合下列要求：应具备防强磁场干扰措施，在户外安装的设备应有防雷防水、防腐蚀措施。火灾自动报警系统的专用导线或电缆应采用阻燃型屏蔽电缆。火灾自动报警系统的传输线路应采用穿金属管、经阻燃处理的硬质塑料管或封闭式线槽保护方式布线。消防联动控制、通信和报警线路采用暗敷设时宜采用金属管或经阻燃处理的硬质塑料管保护，并应敷设在不燃烧体的结构层内，且保护层厚度不宜小于 30mm；当采用明敷设时，应采用金属管或金属线槽保护，并应在金属管或金属线槽上采取防火保护措施。采用经阻燃处理的电缆可不穿金属管保护，但应敷设在有防火保护措施的封闭线槽内。

《变电站（换流站）消防设备设施完善化改造原则（试行）》（设备变电〔2018〕15 号）中明确消防设施在管理上应等同于主设备，包括维护、保养、检修、更新，落实相关所需资金等。而随着信息技术发展，变电站消防预警报警监测技术也不断演变，火灾自动报警控制系统朝着智能化发展，监测、预警、报警、控制、智能辅助判断一体化进程显著加快，2021 年为进一步提高变电站火灾防范水平、规范变电站消防设备设施的设置标准和运作方式，依据消防相关法律法规及标准，发布《国家电网有限公司关于进一步加强重要变电站（换流站）消防设备管理的通知》（国家电网设备〔2021〕443 号）要求，结合变电站集控站建设，同步推进重要变电站消防集中监控建设，加快实现无人值班变电站消防安全状态全面监控。依托国网输变电设施火灾防护实验室软硬件平台建设和特高压换流站消防自动化建设，同步推进换流站消防设备数字化管控系统建设，加快实现换流站消防设备状态全面集中监控。无人值班变电站消防信号应接入远方有人值班的集中监控区域，具有消防联动功能的火灾自动报警系统的保护对象中应设置消防控制室。火灾自动报警系统应接入本单位或上级有人值守的消防监控场所，并有声光警示功能。无人值班变电站应将火警信号传至上级有关单位。

此外国网设备部《变电站（换流站）消防设备设施完善化改造原则（试行）》（设备变电〔2018〕15 号）中《消防控制室完善化改造原则（试行）》对变电站消防控制室提出较高的要求，具体见表 1-2-3。

表 1-2-3　　　消防控制室完善化改造原则关于变电站消防控制室的要求

条款号	要求
4.1.1	有人值班变电站（换流站）消防控制室宜设置在本站主控制室
4.1.2	无人值班变电站消防控制室原则上应设置在运维班驻地的值班室，对所辖的变电站实行集中管理，设置在其他地点的应由国家电网公司批准确认
4.1.3	消防控制室疏散门应直通室外或安全出口，宜设置在建筑物地上一层
4.1.4	消防控制室应具备远方控制功能
4.1.5	消防控制室应设有用于火灾报警的外线电话
4.1.6	消防控制设备与主控室其他设备应有明显间距
4.1.7	消防控制室内严禁穿过与消防设施无关的电气线路及管路
4.1.8	消防控制室应有相应的竣工图纸、各分系统控制逻辑关系说明、设备使用说明书、系统操作规程、应急预案、值班制度、维护保养制度及值班记录等文件资料
4.1.9	消防控制室应实行每日 24h 值班制度，每班不应少于 2 人，值班人员应持有消防控制室操作职业资格证书
4.1.10	应确保消防控制室的火灾自动报警系统、灭火系统和其他联动控制设备处于正常工作状态，不得将应处于自动状态的设在手动状态
4.1.11	消防控制室的设备应按照 GB 50166《火灾自动报警系统施工及验收标准》的要求进行维护和保养，并做好相关记录
4.1.12	消防控制室设备选型应满足以下要求：属于国家消防产品强制性认证目录中的产品，应具有 CCCF 认证证书并标注认证标志；目录以外的产品，应具有国家级消防产品质检中心出具的检验报告
4.1.13	火灾报警控制器（联动型）应联动变电站辅助设备监控系统，以满足迅速确认火灾和应急处置的要求。变电站辅助设备监控系统至少应具备收到火灾报警信号时联动变电站视频监控、门禁及灯光控制等功能

（2）变电站火灾自动报警系统设置要求。《火力发电厂与变电站设计防火规范》（GB 50229—2019）等相关标准规范明确了变电站下列场所和设备应设置火灾自动报警系统：控制室、配电装置室、可燃介质电容器室、继电器室、通信机房；地下变电站、无人值班变电站的控制室、配电装置室、可燃介质电

容器室、继电器室、通信机房；采用固定灭火系统的油浸式变压器、油浸式电抗器；地下变电站的油浸式变压器、油浸式电抗器、敷设具有可延燃绝缘层和外护层电缆的电缆夹层及电缆竖井；地下变电站户内无人值班的变电站的电缆夹层及电缆竖井。

变电站主要建（构）筑物和设备宜按表1-2-4的规定设置火灾自动报警系统。火灾自动报警系统的设计应符合《火灾自动报警系统设计规范》（GB 50116—2013）的有关规定。有人值班的变电站的火灾报警控制器应设置在主控制室；无人值班的变电站的火灾报警控制器宜设置在变电站门厅，并应将火警信号传至集控中心。

表1-2-4　　　　　　主要建（构）筑物和设备的火灾探测器类型

建筑物和设备	火灾探测器类型
控制室	点型感烟/吸气
通信机房	点型感烟/吸气
阀厅	点型感烟/吸气
户内直流场	点型感烟
电缆层和电缆竖井	缆式线型感温
继电器室	点型感烟/吸气
电抗器室	点型感烟
电容器室	点型感烟
配电装置室	点型感烟
室外变压器	缆式线型感温
室内变压器	缆式线型感温/吸气

注　电抗器室如选用含油设备时，宜采用缆式线型感温探测器。

4. 变电站火灾自动报警系统联动逻辑要求

针对换流站火灾自动报警控制系统联动逻辑，《换流站消防系统运行规程（试行）》（国网设备部设备直流〔2020〕50号）要求：

（1）与消火栓的联动逻辑原则：消火栓手动报警按钮动作后启动消防泵，消防泵启动信号反馈到主控室。

（2）与通风系统和防火阀的联动逻辑原则：任何两个或多个设备动作后根据现场设备配置情况，启动对应楼层声光报警器，同时关闭对应楼层通风风机和对应的防火阀。

（3）与阀厅空调的联动逻辑原则：阀厅内手动报警按钮、极早期烟雾探测器及紫外火焰探测器等设备任何一个设备动作则声光报警动作；任何两个或以上设备动作则启动声光报警动作，同时关闭阀厅空调、送风阀和回风阀。阀厅火灾跳闸直流功能投入，满足阀厅火灾跳闸逻辑时，闭锁对应极（阀组）、跳开相应换流变压器进线开关。

（4）与泡沫喷雾灭火系统的联动逻辑原则：换流变压器、主变压器、平波电抗器用感温电缆火警动作输出对应火灾报警信号，同时设备进线开关跳开，将启动对应泡沫喷雾灭火系统（自动模式下）对着火换流变压器、主变压器、平波电抗器进行灭火。

（5）与水喷雾灭火系统的联动逻辑原则：换流变压器、主变压器、平波电抗器用感温电缆火警动作输出对应火灾报警信号，同时设备进线开关跳开，将启动对应水喷雾灭火系统（自动模式下）对着火换流变压器、主变压器、平波电抗器进行灭火；调相机、柴油消防泵等设备区域火灾探测器检测到火灾则启动对应水喷雾灭火系统（自动模式下）对着火的调相机、柴油消防泵等设备进行灭火。

（6）与室内气体灭火设备的联动逻辑原则：火灾自动报警系统检测到火灾并发信号至火灾报警控制屏，启动声光报警器，同时火灾报警控制屏发信号至气体灭火控制盘，气体灭火控制盘启动气体灭火装置。

第二节　大型充油设备消防要求

变电站（换流站）普遍使用油浸式电力变压器、换流变压器、互感器等设备，广泛大量使用绝缘油作为绝缘材料。绝缘油作为充油设备的主要绝缘部分，在设备中起着绝缘、冷却及灭弧的重要作用。变压器等大型充油设备作为超特高压变电站的主设备，储油量在百吨以上，其消防安全更是重中之重。电力变压器一旦发生严重过载、短路，可燃的绝缘材料和易燃的绝缘油就会受到高温和电弧作用分解燃烧，并产生大量气体，使变压器内部压力急剧增加，造成外壳破裂，大量喷油，进一步扩大火灾危害。

运行中的变压器发生火灾的主要原因有：① 绝缘损坏，如线圈绝缘老化、油质不佳、油量过少、铁芯绝缘老化损坏、检修不慎破坏绝缘等；② 导线接触不良，如螺栓松动、焊接不牢、分接开关损坏等；③ 负载短路，变压器承受过大的短路电流，如果保护系统失灵或整定值过大，就可能烧毁变压器；④ 接触不良，当三相负载不平衡时，中性线上就会出现电流，如果这一电流过大而接地点接地电阻又过大时，接地点就会出现高温，引燃可燃物；⑤ 雷击产生过电压。电力变压器的电流大多由架空线引入，很容易遭到雷击产生过电压侵袭，击穿变压器的绝缘材料，甚至烧毁变压器，从而引起火灾。因此，防止变电站大型充油设备起火，确保大型充油设备初起火灾能被有效发现并扑灭，防止火灾事故损失扩大，采取可靠的防火措施和自动灭火系统就尤为重要。

一、大型充油设备防火措施

针对变电站大型充油设备采取的防火措施，通常包含以下几个方面：

（1）防火间距：户外油浸式变压器、户外配电装置之间及与各建（构）筑物的防火间距，户内外含油设备事故排油要求，应符合《火力发电厂与变电站设计防火规范》（GB 50229）的有关规定。

（2）防火墙：户外油浸式变压器之间设置防火墙时，防火墙的高度应高于变压器储油柜；防火墙的长度不应小于变压器的储油池两侧各 1m，防火墙与变压器散热器外廓距离不应小于 1m，防火墙应达到一级耐火等级。

（3）可跌落式隔声罩 Box-in：Box-in 是用来吸声消声的，因早期的 Box-in 存在影响灭火的消防隐患，《国网运检部关于进一步做好换流站和特高压变电站防火灭火工作的通知》（国网运检〔2018〕71 号）中有关拆除特高压换流站 Box-in 降噪措施顶盖的要求，不能拆除的设置可跌落式（可熔断）Box-in。国家电网公司要求在换流变压器隔声罩（Box-in）内侧和外侧对网侧套管升高座设置单独的喷头保护，管道接入对应换流变压器自动喷雾管道。换流变压器网侧套管升高座与顶部隔声罩吸隔声板应留有一定间隙，防止产生涡流。

（4）事故排油：事故排油是针对充油装备的一项消防措施，可极大降低充油设备火灾规模。设置有带油水分离措施的总事故油池时，位于地面之上的变压器对应的总事故油池容量应按最大一台变压器油量的60%确定；位于地面之下的变压器对应的总事故油池容量应按最大一台主变压器油量的100%确定。事故油坑设有卵石层时，应定期检查和清理，以不被淤泥灰渣及积土堵塞。室外变电站和有隔离油源设施的室内油浸设备失火时，可用水灭火，无放油管路时，不应用水灭火。《国网设备部关于进一步落实特高压变电站（换流站）消防应急能力提升措施的紧急通知》（国网设备监控〔2021〕83号）要求，加强特高压变压器（换流变压器）本体应急排油系统管理。加强应急排油系统维护，做好电源回路监视检查、电动球阀传动模拟试验、渗漏油检查等工作，确保排油系统回路正常、功能可用。排油系统应满足防误动、防拒动、防窝气等技术措施，电动球阀应加装耐火罩（耐火罩通过90min耐火试验），并采用耐火电缆。排油球阀启停、油流监测信号应反馈至控制屏及后台，要准确掌握系统运行状态。储油设施内应铺设鹅卵石层，其厚度不应小于250mm，卵石直径宜为50～80mm，应定期检查和清理，以不被淤泥、灰渣及积土堵塞。排油系统启动条件（各侧断路器跳闸、重瓦斯和火灾报警装置动作、变压器或换流变压器出现爆燃明火），控制屏应设置紧急解锁把手，并纳入防误闭锁管理。

（5）灭火系统：对于火灾风险较大的大型充油设备，通常设置固定灭火系统、消防灭火机器人、涡扇炮等，这部分将进行单独介绍。

二、大型充油设备灭火系统配置要求

《火力发电厂与变电站设计防火规范》（GB 50229—2019）、《电力设备典型消防规程》（DL 5027—2015）规定，建（构）筑物、电力设备或场所应按照国家、行业有关规定、标准，并根据实际需要配置必要的、符合要求的消防设施、消防器材及正压式消防空气呼吸器，并做好日常管理，确保完好有效。消防设施应处于正常工作状态。不得损坏、挪用或者擅自拆除、停用消防设施、器材。消防设施出现故障，应及时通知单位有关部门，尽快组织修复。因工作需要临时停用消防设施或移动消防器材的，应采取临时措施和事先报告单位消防管理部门，并得到本单位消防安全责任人的批准，工作完毕后应及时恢复。对于新建、扩建和改建工程或项目，需要设置消防设施的，消防设施与主体设备或项目应同时设计、同时施工、同时投入生产或使用，并通过消防验收。

相关标准明确变电站单台容量为125MVA及以上的油浸式变压器、200Mvar及以上的油浸电抗器应设置水喷雾灭火系统或其他固定式灭火装置（主要指泡沫灭火系统及排油注氮灭火系统）。其他带油电气设备宜配置干粉灭火器。干式变压器可不设置固定自动灭火系统。

地下变电站的油浸式变压器、油浸式电抗器，宜采用固定式灭火系统。在室外专用储存场地储存作为备用的油浸式变压器、油浸式电抗器，可不设置火灾自动报警系统和固定式灭火系统。当油浸式变压器采用有防火墙隔离的分体式散热器时，布置在户外或半户外的分体式散热器可不设置火灾自动报警系统和固定式灭火系统。

目前变电站（换流站）广泛使用的固定式灭火系统为消防给水及消火栓系统、水喷雾灭火系统、泡沫喷雾灭火系统、排油注氮灭火系统、气体灭火系统及近年推广使用的压缩空气泡沫灭火系统等。

对充油设备的固定灭火系统，《电力设备典型消防规程》（DL 5027—2015）做了具体要求，见表1-2-5。

表1-2-5 　　　　　DL 5027—2015对充油设备的固定灭火系统要求

系统类型	具体要求
水喷雾灭火系统	应符合《水喷雾灭火系统技术规范》（GB 50219—2014）的有关规定
	水喷雾灭火系统管网应有低点放空措施，存有水喷雾灭火水量的消防水池应有定期放空及换水措施

续表

系统类型	具体要求
排油注氮灭火装置	《注氮控氧防火装置》（XF 1206—2014）及《油浸变压器排油注氮装置技术规程》（CECS 187—2005）的有关规定
	排油注氮灭火系统应有防误动的措施
	排油管路上的检修阀处于关闭状态时，检修阀应能向消防控制柜提供检修状态的信号
	消防控制柜接收到消防启动信号后，应能禁止灭火装置启动实施排油注氮动作
	消防控制柜面板应具有如下显示功能的指示灯或按钮：指示灯自检，消音，阀门（包括排油阀、氮气释放阀等）位置（或状态）指示，自动启动信号指示，气瓶压力报警信号指示等。消防控制柜同时接收到火灾探测装置和气体继电器传输的信号后，发出声光报警信号并执行排油注氮动作。火灾探测器布线应独立引线至消防端子箱
泡沫喷雾灭火装置	应符合《泡沫喷雾灭火装置》（XF 834—2009）及《泡沫灭火系统技术标准》（GB 50151—2021）的有关规定

对于换流站，《国网设备部关于进一步落实特高压变电站（换流站）消防应急能力提升措施的紧急通知》（设备监控〔2021〕83 号）要求，原则上换流站内要储备至少 30t 泡沫原液，特高压变电站周边要落实至少 80t 泡沫原液、80t 消防砂等消防资源。

三、大型充油设备的火灾探测器及其要求

变电站火灾风险最高的充油设备及电缆通道普遍采用感温电缆进行火灾探测。此外一些大型换流站加装火焰探测器，部分使用排油注氮灭火系统的采用玻璃球型火灾探测装置或易熔合金型火灾探测装置。

与感温电缆有关的标准涵盖设计、施工及验收、图集、应用场景设计规范要求和产品标准等，详见表 1-2-6。

表 1-2-6　　　　　　　　　感温电缆相关标准规范

序号	标准号	标准名称
1	GB 50116—2013	《火灾自动报警系统设计规范》
2	GB 50166—2019	《火灾自动报警系统施工及验收标准》
3	14X505-1	《火灾自动报警系统设计规范》图示
4	21X505-2	《火灾自动报警系统施工及验收标准》图示
5	GB 50229—2019	《火力发电厂与变电站设计防火标准》
6	GB 16280—2014	《线型感温火灾探测器》

　　具体规定如《火灾自动报警系统设计规范》（GB 50116—2013）中关于缆式线型感温火灾探测器的有关要求见表 1-2-7。

表 1-2-7　　　　《火灾自动报警系统设计规范》中感温电缆的相关要求

章节	条款	内容
3.3 报警区域和探测区域的划分	3.3.2	缆式线型感温火灾探测器探测区域的长度不宜超过 100m
5.3 线型火灾探测器的选择	5.3.3	下列场所或部位，宜选择缆式线型感温火灾探测器： （1）电缆隧道、电缆竖井、电缆夹层、电缆桥架； （2）不易安装点型探测器的夹层、闷顶； （3）其他环境恶劣不适合点型探测器安装的场所
6.2 火灾探测器的设置	6.2.16	线型感温火灾探测器的设置应符合下列规定： （1）探测器在保护电缆、堆垛等类似保护对象时，应采用接触式布置； （2）设置在顶棚下方的线型感温火灾探测器至顶棚的距离宜为 0.1m。探测器的保护半径应符合点型感温火灾探测器的保护半径要求；探测器至墙壁的距离宜为 1～1.5m； （3）光栅光纤感温火灾探测器每个光栅的保护面积和保护半径，应符合点型感温火灾探测器的保护面积和保护半径要求； （4）设置线型感温火灾探测器的场所有联动要求时，宜采用两只不同火灾探测器的报警信号组合； （5）与线型感温火灾探测器连接的模块不宜设置在长期潮湿或温度变化较大的场所

续表

章节	条款	内容
12 典型场所的火灾自动报警系统（电缆隧道）	12.3.2	无外部火源进入的电缆隧道应在电缆层上表面设置线型感温火灾探测器；有外部火源进入可能的电缆隧道在电缆层上表面和隧道顶部，均应设置线型感温火灾探测器
	12.3.3	线型感温火灾探测器采用"S"形布置或有外部火源进入可能的电缆隧道内，应采用能响应火焰规模不大于100mm的线型感温火灾探测器
	12.3.4	线型感温火灾探测器应采用接触式的敷设方式对隧道内的所有的动力电缆进行探测；缆式线型感温火灾探测器应采用"S"形布置在每层电缆的上表面，线型光纤感温火灾探测器应采用一根感温光缆保护一根动力电缆的方式，并应沿动力电缆敷设
	12.3.5	分布式线型光纤感温火灾探测器在电缆接头、端子等发热部位敷设时，其感温光缆的延展长度不应少于探测单元长度的1.5倍；线型光栅光纤感温火灾探测器在电缆接头、端子等发热部位应设置感温光栅
	12.3.6	其他隧道内设置动力电缆时，除隧道顶部可不设置线型感温火灾探测器外，探测器设置均应符合本规范的规定

《火灾自动报警系统施工及验收标准》（GB 50166—2019）中关于缆式线型感温火灾探测器的有关要求见表1-2-8。

表1-2-8 《火灾自动报警系统施工及验收标准》中感温电缆的相关要求

条款	内容
3.3.8	线型感温火灾探测器的安装应符合下列规定： （1）敷设在顶棚下方的线型差温火灾探测器至顶棚距离宜为0.1m，相邻探测器之间的水平距离不宜大于5m，探测器至墙壁距离宜为1.0～1.5m； （2）在电缆桥架、变压器等设备上安装时，宜采用接触式布置，在各种皮带输送装置上敷设时，宜敷设在装置的过热点附近； （3）探测器敏感部件应采用产品配套的固定装置固定，固定装置的间距不宜大于2m；

续表

条款	内容
3.3.8	（4）缆式线型感温火灾探测器的敏感部件应采用连续无接头方式安装，如确需中间接线，应采用专用接线盒连接，敏感部件安装敷设时应避免重力挤压冲击，不应硬性折弯、扭转，探测器的弯曲半径宜大于 0.2m； （5）分布式线型光纤感温火灾探测器的感温光纤不应打结，光纤弯曲时，弯曲半径应大于 50mm，每个光通道配接的感温光纤的始端及末端应各设置不小于 8m 的余量段，感温光纤穿越相邻的报警区域时，两侧应分别设置不小于 8m 的余量段； （6）光栅光纤线型感温火灾探测器的信号处理单元安装位置不应受强光直射，光纤光栅感温段的弯曲半径应大于 0.3m
4.3.7	应对线型感温火灾探测器的敏感部件故障功能进行检查并记录，探测器的敏感部件故障功能应符合下列规定： （1）应使线型感温火灾探测器的信号处理单元和敏感部件间处于断路状态，探测器信号处理单元的故障指示灯应点亮； （2）火灾报警控制器的故障报警和信息显示功能应符合 GB 50166—2019第 4.1.2 条的规定
4.3.8	应对线型感温火灾探测器的火灾报警功能、复位功能进行检查并记录，探测器的火灾报警功能、复位功能应符合下列规定： （1）对可恢复探测器，应采用专用的检测仪器或模拟火灾的方法，使任一段长度为标准报警长度的敏感部件周围温度达到探测器报警设定阈值；对不可恢复的探测器，应采取模拟报警方法使探测器处于火灾报警状态，当有备品时，可抽样检查其报警功能；探测器的火警确认灯应点亮并保持； （2）火灾报警控制器的火灾报警和信息显示功能应符合 GB 50166—2019第 4.1.2 条的规定； （3）应使可恢复探测器敏感部件周围的温度恢复正常，使不可恢复探测器恢复正常监视状态，手动操作控制器的复位键后，控制器应处于正常监视状态，探测器的火警确认灯应熄灭
4.3.9	应对标准报警长度小于 1m 的线型感温火灾探测器的小尺寸高温报警响应功能进行检查并记录，探测器的小尺寸高温报警响应功能应符合下列规定： （1）应在探测器末端采用专用的检测仪器或模拟火灾的方法，使任一段长度为 100mm 的敏感部件周围温度达到探测器小尺寸高温报警设定阈值，探测器的火警确认灯应点亮并保持； （2）火灾报警控制器的火灾报警和信息显示功能应符合 GB 50166—2019第 4.1.2 条的规定； （3）应使探测器监测区域的环境恢复正常，剪除试验段敏感部件，恢复探测器的正常连接，手动操作控制器的复位键后，控制器应处于正常监视状态，探测器的火警确认灯应熄灭

续表

条款	内容
4.8.7	应对具有指示报警部位功能的线型感温火灾探测器的监控报警功能进行检查并记录，探测器的监控报警功能应符合下列规定：应在线型感温火灾探测器的敏感部件随机选取 3 个非连续检测段，每个检测段的长度为标准报警长度，采用专用的检测仪器或模拟火灾的方法，分别给每个检测段加热至设定的报警温度，探测器的火警确认灯应点亮并保持，并指示报警部位

第三节　换流站阀厅消防要求

一、换流阀厅的火灾风险

换流阀是柔性直流输电的"心脏"，是直流电和交流电相互转换的桥梁，在柔性直流主设备中技术含量最高、造价昂贵。柔性直流输电中的换流阀环节价值量约占换流站造价的 25%。部分变压器套管插入直流阀厅布置的换流站，变压器着火后若不能及时控制火灾，可能波及阀厅，造成极其严重的财产损失。

二、换流阀厅的防火措施

1. 阀厅消防系统

《换流站消防系统运行规程（试行）》（国网设备部设备直流〔2020〕50 号）中提出，阀厅消防系统由阀厅火灾报警主机、极早期烟雾探测器分析系统、极早期烟雾探测器、紫外火焰探测器、阴极射线管（Cathode Ray Tube，CRT）图形显示系统、手动报警按钮、声光报警器、光电感烟探测器和灭火器等组成。通过阀厅火灾报警主机、CRT 图形显示系统可查看手动报警按钮、光电感烟探测器、极早期烟感探测器和紫外火焰探测器等消防设施故障或动作信息，还可通过 CRT 图形显示系统查看故障或动作设施的具体位置。直流系统运行期间，阀厅消防系统应投跳闸功能，短时间退出跳闸功能应经相关领导批准并尽快投入，投入阀厅火灾跳闸功能前，应先检查其确无出口信号后方可投入。阀厅消防系统检测元件发生故障时，应及时隔离该故障元件，防止阀厅消防系统误动。阀厅大门和巡视走道应配置适当数量的手提式、推车式灭火器。

阀厅内配置适当数量的极早期烟雾探测器和紫外火焰探测器，阀厅空调进风口、出风口处各配置一台极早期烟雾探测器。每一路极早期烟雾探测器与紫外火焰探测器都有动作与故障两种信号，此两种信号经过信号扩展模块进行信号扩展。扩展后的信号分别送至阀厅火灾报警系统、阀厅火灾跳闸逻辑判别装置，实现相应告警及直流设备跳闸功能。直流设备运行期间，阀厅消防跳闸功能应正确投入，直流设备检修时，阀厅消防跳闸功能应正确退出。阀厅消防跳闸逻辑为：空调新风口处极早期烟雾探测器未检测到烟雾时，若阀厅内任意一个极早期烟雾探测器检测到烟雾报警且阀厅内任意一个紫外火焰探测器检测到弧光，出口跳闸；空调新风口处极早期烟雾探测器检测到烟雾时，则闭锁阀厅内极早期烟雾探测器出口回路，此时若有 2 个及以上紫外火焰探测器同时检测到火警，则跳闸出口。

2. 阀厅防火封堵措施

《防止直流输电系统安全事故的重点要求》（国能综通安全〔2022〕115 号）关于防止火灾事故的章节中对于设备或管线穿过阀厅墙面时，开孔封堵应满足以下要求：

（1）阀厅防火墙上的换流变压器、油浸式平波电抗器套管开孔应待套管安装完毕后采用复合防火板进行封堵，复合防火板结构耐火极限能力应满足烃类火（碳氢火）3h 及以上。

（2）阀厅与控制楼之间墙体上的管线开孔与管线之间的缝隙应采用满足电力火灾 3h 耐火极限要求的防火封堵材料封堵密实。

（3）换流变压器阀侧套管封堵系统应具备防爆措施，防止换流变压器故障爆燃破坏防火封堵。同时应具备防涡流措施，防止形成异常发热现象。

阀厅的封堵抗爆门应采用钢框架结构，固定于防火墙。抗爆板通过不锈钢骨架固定在钢框架之上。其具体构造组成为不锈钢主龙骨、不锈钢辅龙骨、不锈钢板。采用整体一点直接接地。阀侧套管封堵加强主要包含两方面：① 小封堵加强，拆除套管周边原有柔性封堵，利用硅酸铝针刺毯进行缝隙填充，硅酸铝板进行覆盖，最后恢复柔性封堵；② 大封堵加强，不拆除原有金属结构岩棉复合防火板，在结构岩棉复合防火板内侧依次新增不锈钢面硅酸铝复合板、无磁不锈钢龙骨，龙骨中间填充硅酸铝纤维毯、金刚板和压型不锈钢屏蔽板。阀厅封堵加强整体通过一点接地，不经过压条板转接，直接接入阀厅内部接地主网。小封堵压条直接单独接地，抱箍直接单独接地，龙骨直接单独接地。系统工作原理为阀侧套管封堵加强和抗爆门加装，提升封堵系统整体防火性能，满足不低于 3h 的耐火极限要求。固定式抗爆门允许等效静荷载不小于 10kPa，利用钢板的变形吸收爆炸所产生的能量，避免洞口封堵体系在第一时间直接受到换流变压器爆炸时产生的冲击波的冲击。减小了换流变压器网侧套管故障对阀厅建筑及其内部设备的影响，避免事故进一步扩大，从而减少火灾造成的损失。

第四节　变电站电力电缆消防要求

一、变电站电力电缆防火措施

变电站内纵横交错的电缆通道往往密集排布缆线，也是火灾风险较高场所之一，因此电力电缆防火非常重要。防止电缆火灾延燃的措施应包括封、堵、涂、隔、包、细喷雾、悬挂式干粉灭火装置、探火管灭火装置等。

二、电力电缆防火措施的具体要求

国网设备监控〔2021〕83 号通知，要求落实电缆沟防油火延燃措施。靠近充油设备的电缆沟应设有防油火延燃措施，可采用砂浆抹面、卡槽式电缆沟盖板或在普通电缆沟盖板上覆盖防火玻璃丝纤维布等措施。特高压变压器（高抗）、换流变压器区域电缆沟封闭范围为平行集油坑外轮廓高压侧 20m、中低压侧 10m。

《电力工程电缆设计规范》（GB 50217—2018）规定：电缆支架和桥架要求

防火的金属桥架，除应符合该标准第 7 章的规定外，尚应对金属构件外表面施加防火涂层，防火涂料应符合《钢结构防火涂料》（GB 14907—2018）的规定。实施防火分隔的技术特性应符合下列规定：防火封堵、防火墙和阻火段等防火封堵组件的耐火极限不应低于贯穿部位构件（如建筑物墙、楼板等）的耐火极限，且不应低于 1h，其燃烧性能、理化性能和耐火性能应符合《防火封堵材料》（GB 23864—2009）的规定，测试工况应与实际使用工况一致。用于防火分隔的材料产品应符合下列规定：防火封堵材料不得对电缆有腐蚀和损害，且应符合《防火封堵材料》（GB 23864—2009）的规定；防火涂料应符合《电缆防火涂料》（GB 28374—2012）的规定；用于电力电缆的耐火电缆槽盒宜采用透气型，且应符合《耐火电缆槽盒》（GB 29415—2013）的规定；采用的材料产品应适用于工程环境，并应具有耐久可靠性。

《火力发电厂与变电站设计防火标准》（GB 50229—2019）规定：长度超过 100m 的电缆沟或电缆隧道，应采取防止电缆火灾蔓延的阻燃或分隔措施，并应根据变电站的规模及重要性采取下列一种或数种措施：① 采用耐火极限不低于 2h 的防火墙或隔板，并用电缆防火封堵材料封堵电缆通过的孔洞；② 电缆局部涂防火涂料或局部采用防火带、防火槽盒；③ 电缆从室外进入室内的入口处、电缆竖井的出入口处，建（构）筑物中电缆引至电气柜、盘或控制屏、台的开孔部位，电缆贯穿隔墙、楼板的空洞应采用电缆防火封堵材料进行封堵，其防火封堵组件的耐火极限不应低于被贯穿物的耐火极限，且不低于 1h；④ 在电缆竖井中，宜每间隔不大于 7m 采用耐火极限不低于 3h 的不燃烧体或防火封堵材料封堵；⑤ 防火墙上的电缆孔洞应采用电缆防火封堵材料或防火封堵组件进行封堵，并应采取防止火焰延燃的措施，其防火封堵组件的耐火极限应为 3h；⑥ 220kV 及以上变电站，当电力电缆与控制电缆或通信电缆敷设在同一电缆沟或电缆隧道内时，宜采用防火隔板进行分隔；⑦ 长度超过 100m 的电缆沟或电缆隧道，应采取防止电缆火灾蔓延的阻燃或分隔措施；⑧ 在电缆隧道和电缆沟道中，严禁有可燃气、油管路穿越。地下变电站电缆夹层宜采用低烟无卤阻燃电缆。

《变电站（换流站）消防设备设施完善化改造原则（试行）》（设备变电

〔2018〕15号）规定：变电站和换流站内电缆夹层、电缆竖井、电缆沟和电缆隧道内的电缆的敷设、沟道的封堵、感温监测装置应符合国家标准，并规定了固定式灭火系统中弱电信号、控制回路的控制电缆，当位于存在干扰影响的环境又不具备有效抗干扰措施时，应具有金属屏蔽。

《国网设备部关于印发变电站消防设备设施运行管理规程（试行）》（设备变电〔2021〕68号）规定：在电缆隧道和电缆沟道中，严禁有可燃气、油管路穿越，严禁将油色谱在线监测系统的采油管路敷设在电缆沟内。电缆夹层、隧道、竖井和电缆沟内应保持整洁，不得堆放杂物，电缆沟严禁积油。穿越电缆沟、墙壁、楼板进入控制室、电缆夹层、控制保护屏等处电缆沟、洞、竖井应采用耐火泥、防火隔墙等严密封堵。在运行过程中，应严格按照要求开展电缆通道巡视和电缆测温，加强对电联线路负荷和温度的检（监）测，防止过负荷运行，多条并联的电缆应分别进行测量，重点检测电缆、接头和接地系统等关键部位的运行温度。

第二篇
消防产品及其
质量要求

　　消防产品是指专门用于防火、灭火、火灾探测等消防工作的产品。它们对于防止和减少火灾的发生具有重要的作用。

　　变电站（换流站）消防产品涉及防火灭火、火灾探测等品类，本篇介绍了变电站（换流站）的防火涂料、防火封堵材料、泡沫灭火剂、感温电缆及一些消防灭火产品。

　　变电站（换流站）被动防火措施中，采用防火涂料和防火封堵组成保护电缆的重要屏障。泡沫灭火剂是泡沫灭火系统的灭火介质，主要利用水的冷却作用和泡沫隔绝空气的窒息作用来灭火；感温电缆是广泛使用的一种火灾探测器，可将温度值信号或温度单位时间内变化量信号转换为电信号，以达到探测火灾并输出报警信号的目的。在其他消防产品中介绍了灭火器、消防水带、沙箱、悬挂式干粉灭火装置和微型消防站，这些产品是目前变电站（换流站）内的常规灭火器材，保障了变电站（换流站）火灾处理能力。

第一章

防火涂料

第一节　概述

防火涂料是能降低可燃基材火焰传播速度或阻止向可燃物传递热量、进而延缓甚至消除可燃基材的引燃过程，以避免因结构件的力学强度迅速降低而使其快速失稳的一类涂料。即对于可燃基材，防火涂料能延缓甚至消除可燃基材的引燃过程；对于不燃基材，防火涂料能降低基材温升速率、推迟结构件的失稳。防火涂料用作建筑的防火保护，对防止初期火灾和减缓火势的蔓延扩大，以及保障人身财产安全具有重要意义。

防火涂料在中国的研究、开发及应用已有50多年的历史。中国防火涂料的研制始于20世纪60年代末，公安部四川消防科学研究所于70年代中期成功研制膨胀型聚丙烯酸酯乳液防火涂料，此后又相继成功研制膨胀型改性氨基防火涂料、膨胀型过氯乙烯防火涂料及硅酸盐钢结构防火涂料。90年代以来，钢结构防火涂料和饰面型防火涂料的品种不断增多，至今我国的防火涂料产品包含有钢结构防火涂料、饰面型防火涂料、电缆防火涂料和混凝土结构防火涂料等多个类型。

防火涂料主要由基料和防火助剂两部分组成，除了需要具有普通涂料的装饰作用和对基材提供的物理保护作用之外，还需要具有隔热、阻燃及耐火的特殊功能，要求在一定温度下和一定时间内形成防火隔热层，因此防火涂料是一种集装饰和防火为一体的特种涂料。如主要用作建筑物的钢结构防火涂料，当涂覆于钢材构件表面后，应既具有良好的装饰作用，又能使钢构件有一定的耐火能力，同时还具有防腐、防锈、防水、耐酸碱、耐候、耐水、耐盐雾等功能，发生火灾时，防火涂料具有显著的防火隔热效果，能有效地阻止火焰的传播，避免火势的蔓延扩大。

一、防火涂料的分类

（一）按涂层受热后状态分类

根据涂层受热后的状态，防火涂料可分为非膨胀型和膨胀型。非膨胀型防火涂料又称隔热涂料，这类涂料在遇火后，其涂层体积基本上不会发生变化，而是形成一层能够隔绝氧气的釉状保护层，从而起到避免、延缓或中止燃烧反应的作用。非膨胀型防火涂料遇火后形成的釉状保护层，因其热导率一般较大，因此隔热效果也不理想，为了取得较为理想的防火效果，这类涂料的涂层厚度一般较大，也可称为厚型防火涂料。膨胀型防火涂料在遇火时其涂层迅速膨胀、发泡，形成一层泡沫层。泡沫层除了能够隔绝氧气之外，还因其质地疏松而具有良好的隔热性能，可有效降低热量向被保护基材传递的速率，同时涂层膨胀发泡过程中存在体积膨胀等各种物理变化及脱水、碳化等各种化学反应，会消耗大量热量，有利于降低体系的温度，其防火隔热效果显著，该涂料未遇火时的涂层厚度较小，故也称为薄型防火涂料。

《钢结构防火涂料》（GB 14907—2018）规定，膨胀型钢结构防火涂料的涂层厚度不应小于1.5mm，非膨胀型钢结构防火涂料的涂层厚度不应小于15mm，图2-1-1和图2-1-2为膨胀型和非膨胀型防火涂料受火后的状态。

（二）按使用对象分类

根据防火涂料的使用对象，可分为钢结构防火涂料、饰面型防火涂料、电缆防火涂料等多种类型，图2-1-3～图2-1-5分别为饰面型防火涂料、钢结构防火涂料和电缆防火涂料。

图 2-1-1　膨胀型防火涂料受火后　　　　图 2-1-2　非膨胀型防火涂料受火后

图 2-1-3　饰面型防火涂料　图 2-1-4　钢结构防火涂料　图 2-1-5　电缆防火涂料

　　钢结构防火涂料是施涂于建筑物及构筑物钢结构表面，能形成耐火隔热保护层，以提高钢结构耐火极限的一种防火涂料。钢结构防火涂料根据其使用场所可分为室内钢结构防火涂料和室外钢结构防火涂料两类，按火灾防护对象可分为普通钢结构防火涂料和特种钢结构防火涂料，按分散介质可分为水基性钢结构防火涂料和溶剂性钢结构防火涂料，按防火机理可分为膨胀型钢结构防火涂料和非膨胀型钢结构防火涂料。其中，普通钢结构防火涂料是指用于普通工业与民用建（构）筑物钢结构表面的防火涂料；特种钢结构防火涂料是指用于特殊建（构）筑物（如石油化工设施、变配电站等）钢结构表面的防火涂料。

　　饰面型防火涂料是涂覆于可燃性基材（如木材、纤维板、纸板及制品）表面，具有一定的装饰作用，受火后能够膨胀发泡形成隔热保护层的一种防火涂料。饰面型防火涂料按分散介质可分为水基性饰面型防火涂料和溶剂性饰面型防火涂料。

电缆防火涂料是涂覆于电缆（如以橡胶、聚乙烯、聚氯乙烯、交联聚乙烯等材料作为导体绝缘和护套的电缆）表面，具有防火阻燃保护及一定装饰作用的一种防火涂料。电缆防火涂料是在饰面型防火涂料基础上结合自身要求发展起来的，遇火后能产生均匀致密的海绵状泡沫隔热层，有显著的隔热防火效果，从而起到保护电缆、防止火灾发生、阻止火焰蔓延的作用。

（三）其他方式分类

根据防火涂料所用的基料性质，可分为有机型防火涂料、无机型防火涂料和有机无机复合型防火涂料三类。有机型防火涂料是以天然的或合成的高分子树脂、高分子乳液为基料；无机型防火涂料是以无机黏结剂为基料；有机无机复合型防火涂料的基料则是以高分子树脂和无机黏结剂复合而成的。

根据分散介质，可分为溶剂型防火涂料和水性防火涂料。溶剂型防火涂料的分散介质和稀释剂采用有机溶剂，常用的如汽油、环己烷等烃类化合物、二甲苯、甲苯等芳香烃化合物，以及醋酸丁酯、环己酮、乙二醇乙醚等酯、酮、醚类化合物，溶剂型防火涂料存在易燃、易爆、污染环境等缺点，其应用日益受到限制。水性防火涂料以水为分散介质，其基料为水溶性高分子树脂和聚合物乳液等，生产过程和使用过程中具有安全、无毒、不污染环境等优点，是今后防火涂料发展的方向。

二、防火涂料的防火机理

防火涂料的主要组成包括阻燃体系、溶剂体系、成膜树脂及添加剂，其中起阻燃作用的是阻燃体系，其阻燃及防火机理主要包括非膨胀型和膨胀型。

（一）非膨胀型防火涂料的防火机理

非膨胀型防火涂料是由难燃性或不燃性树脂及阻燃剂、防火填料等组成。常用的难燃性树脂为含有卤素、磷、氮类的合成树脂，如卤化的醇酸树脂、聚酯、环氧酚醛、氯丁橡胶、丙烯酸乳液等，硅溶胶、水玻璃、磷酸盐等无机材料也可作为防火涂料的基料。常用的阻燃剂为含磷、卤素的有机化合物以及铝系、硼系等无机化合物。常用的无机填料和颜料均具有耐燃性，如云母粉、高岭土、氧化锌、滑石粉、钛白、碳酸钙等，常用的轻质填料为膨胀珍珠岩、膨胀蛭石等。

非膨胀型防火涂料主要通过防火涂层的隔离作用和吸热作用发挥防火效能。

（1）隔离作用。防火涂料本身是难燃或不燃材料，防火涂层在火焰或高温作用下形成覆盖膜，隔绝基材与空气、火焰的接触，从而阻止燃烧的进一步发展。

（2）吸热作用。防火涂层在火焰或高温作用下，涂层发生熔融、蒸发、分解、化合等吸热反应，使涂层表面降温冷却，保护基材，阻止火焰蔓延。

（二）膨胀型防火涂料的防火机理

膨胀型防火涂料的组成包括成膜树脂、成炭剂、发泡剂、阻燃剂及脱水成炭催化剂等。膨胀型防火涂料使用的树脂既要具有良好的常温使用性能，又要有良好的高温发泡性，常用的有聚醋酸乙烯溶液、聚氨酯、丙烯酸乳液、环氧树脂等。常用的成炭剂为淀粉、季戊四醇及含羟基的树脂等含高碳的多羟基化合物，它能在高温或火焰作用下迅速炭化，形成炭化层。常用的发泡剂为磷酸二氢铵、三聚氰胺及有机磷酸酯，高温下可以分解出大量灭火性气体，并使涂层膨胀，炭化后成为泡沫炭化层。填料及颜料基本上与非膨胀型防火涂料所用的相同。

膨胀型防火涂料主要通过防火涂层的膨胀发泡来达到防火目的。

（1）泡沫炭化层。膨胀型防火涂层在火焰或高温作用下会发生膨胀，形成比原涂层厚度大几十倍的泡沫炭化层，能有效阻挡火焰对基材的燃烧，其阻燃效果通常优于非膨胀型防火涂料。

（2）稀释氧气浓度。膨胀型防火涂层在膨胀发泡过程中，能够分解出 CO_2、NH_3、HCl 等大量的灭火性气体，从而降低空气中的氧气浓度，阻止火势扩散。

第二节　关键性能指标及检测方法

变电站（换流站）内防火涂料的使用随处可见，其中主要以电缆防火涂料和钢结构防火涂料为主。《火力发电厂与变电站设计防火标准》（GB 50229—2019）中规定，长度超过100m的电缆沟或电缆隧道，应采取防止电缆火灾蔓延的阻燃或分隔措施，并应根据变电站的规模及重要性采取相应措施，措施之一便是在电缆局部涂覆防火涂料，如图 2-1-6 所示；而变电站（换流站）内的阀厅等建（构）筑物的钢结构，则通常采用喷涂（抹涂）钢结构防火涂料的方式进行保护，如图 2-1-7 所示。

图 2-1-6　电缆沟（隧道）内的电缆防火涂料

图 2-1-7　换流站阀厅用钢结构防火涂料

一、电缆防火涂料

（一）性能指标

电缆防火涂料是指涂覆于电缆（如以橡胶、聚乙烯、聚氯乙烯、交联聚乙烯等材料作为导体绝缘和护套的电缆）表面，具有防火阻燃保护作用的防火涂料，其执行标准为《电缆防火涂料》（GB 28374—2012），电缆防火涂料的各项技术性能指标见表 2-1-1。出厂检验项目为在容器中的状态、细度、黏度、干燥时间、抗弯性、耐油性和耐盐水性；型式检验项目为表 2-1-1 中规定的全部性能指标。

表 2-1-1　　　　　　　　　　电缆防火涂料的各项技术性能指标

序号	项目		技术性能指标	缺陷类别
1	在容器中的状态		无结块，搅拌后呈均匀状态	C
2	细度（μm）		≤ 90	C
3	黏度（s）		≥ 70	C
4	干燥时间	表干（h）	≤ 5	C
		实干（h）	≤ 24	
5	耐油性（d）		浸泡 7d，涂层无起皱、无剥落、无起泡	B
6	耐盐水性（d）		浸泡 7d，涂层无起皱、无剥落、无起泡	B
7	耐湿热性（d）		经过 7d 试验，涂层无起皱、无剥落、无起泡	B
8	耐冻融循环（次）		经 15 次循环，涂层无起皱、无剥落、无起泡	B
9	抗弯性		涂层无起皱、无脱落、无剥落	A
10	阻燃性（m）		炭化高度 ≤ 2.50	A

注　1. A 为致命缺陷，B 为严重缺陷，C 为轻缺陷。
　　2. 型式检验的产品质量合格判定原则为：A=0、B ≤ 1、B+C ≤ 2。

（二）关键性能指标及检测方法

从电缆防火涂料检测项目的缺陷类别及重要性考虑，耐油性、耐盐水性、耐湿热性、耐冻融循环、抗弯性、阻燃性6个项目可视为电缆防火涂料的关键性能指标，应重点关注。

1.试件制备

试验用基材为电缆外径为（30±2）mm，导体截面积为（3×50）mm² +（1×25）mm²，且护套氧指数值为25.0±0.5的交联聚乙烯绝缘聚氯乙烯护套电力电缆，电缆表面应平整光滑。

试件的长度及数量应符合表2-1-2的要求。

表2-1-2　　　　　　　　试件的长度及数量

序号	试验项目	试件长度（mm）	试件数量
1	耐油性	125	3
2	耐盐水性	125	3
3	耐湿热性	125	3
4	耐冻融循环	125	3
5	抗弯性	2000	3
6	阻燃性	3500	13

试件的涂覆：试件应按产品说明书的规定进行涂覆，涂覆间隔时间不少于24h，每次涂覆应均匀。阻燃性试件其一端500mm的长度不应涂覆电缆防火涂料，其余试件涂覆长度为试件长度。

状态调节：试件达到规定的涂层厚度后，应在温度（23±2）℃、相对湿度（50±5）%的环境条件下调节至质量恒定（相隔24h两次称量，其质量变化率不大于0.5%）。

涂层厚度：经状态调节至质量恒定后，涂层厚度应为（1±0.1）mm。

2.耐油性试验

本试验应在温度（23±2）℃、相对湿度（50±5）%的环境条件下进行。经状态调节后的试件，试验前应用1∶1的石蜡和松香的混合物对其浸泡的端头进行封端，封端长度为3～4mm。将3个试件封端的部分分别浸入3只盛机油的玻璃容器中，浸入深度为2/3试件长度。试验期间，每隔24h应观察一次并记录试验现象。试验至规定时间后取出试件，用滤纸吸干试件表面浸液，目视观察试件，是否有起皱、剥落、起泡现象并予以记录。3个试件中至少应有2个试件满足表2-1-1第5项的规定要求。

3. 耐盐水性试验

本试验应在温度（23±2）℃、相对湿度（50±5）%的环境条件下进行。经状态调节后的试件，试验前应用1:1的石蜡和松香的混合物对其浸泡的端头进行封端，封端长度为3～4mm。将3个试件封端的部分分别浸入3只盛浓度为3%氯化钠溶液的玻璃容器中，浸入深度为2/3试件长度。试验期间，每隔24h应观察一次并记录试验现象。试验至规定时间后取出试件，用滤纸吸干试件表面浸液，目视观察试件，是否有起皱、剥落、起泡现象并予以记录。3个试件中至少应有2个试件满足表2-1-1第6项的规定要求。

4. 耐湿热性试验

试件置于温度（47±2）℃、相对湿度（95±3）%的调温调湿箱中，持续7天。试验期间，每隔24h应观察一次并记录试验现象。试验至规定时间后，取出试件目视观察，是否有开裂、剥落、起泡现象并予以记录。3个试件中至少应有2个试件满足表2-1-1第7项的规定要求。

5. 耐冻融循环性试验

本试验应在温度（23±2）℃、相对湿度（50±5）%的环境条件下进行。将试件悬挂于试验架上，试件间距不小于10mm。将挂有试件的试验架置于（-20±2）℃的低温箱中持续3h，然后立即放入（50±2）℃的烘箱中持续3h，再立即置于温度（23±2）℃、相对湿度（50±5）%的环境条件下持续18h。此为1次循环，按此反复循环试验。每进行一次循环后，目视观察试件是否有起皱、剥落、起泡现象并予以记录。达到规定的循环次数后，3个试件中至少应有2个试件满足表2-1-1第8项的规定要求。

6. 抗弯性试验

本试验应在温度（23±2）℃、相对湿度（50±5）%的环境条件下进行。将试件沿着直径（570±5）mm的圆柱体匀速地绕一圈，该操作在10～20s内完成。将试件恢复原状后反方向按上述方法进行操作，再将试件恢复原状。目视观察试件有无起层、脱落、剥落现象并予以记录。3 个试件中至少应有 2 个满足表 2-1-1 第 9 项的规定要求。

7. 阻燃性试验

试件安装应符合《电缆和光缆在火焰条件下的燃烧试验　第 32 部分：垂直安装的成束电线电缆火焰垂直蔓延试验 AF / R 类》（GB/T 18380.32—2008）中第 5 章中规定的 AF / R 类的试件安装要求，试件未涂覆电缆防火涂料的一端置于钢梯下方。持续供火时间为 40min。在燃烧完全停止后（如果在停止供火 1h 后，试件仍燃烧不止则强行熄灭），除去涂料膨胀层，用尖锐物体按压电缆基材表面，如从弹性变为脆性（粉化）则表明电缆基材开始炭化。然后用钢卷尺或直尺测量喷灯底边至电缆基材炭化处的最大长度，即为试件炭化高度。炭化高度不应超过 2.5m。

二、钢结构防火涂料

（一）性能指标

钢结构防火涂料是指施涂于建（构）筑物钢结构表面，能形成耐火隔热保护层以提高钢结构耐火极限的涂料，其执行标准为《钢结构防火涂料》（GB 14907—2018）。钢结构防火涂料的产品代号以字母 GT 表示，N 和 W 分别代表室内和室外，S 和 R 分别代表水基性和溶剂性，P 和 F 分别代表膨胀型和非膨胀型，耐火性能分级代号见表 2-1-3。

表 2-1-3　　　　　　　耐火性能分级代号

耐火极限（F_r）（h）	耐火性能分级代号	
	普通钢结构防火涂料	特种钢结构防火涂料
$0.50 \leq F_r < 1.00$	$F_p 0.50$	$F_t 0.50$
$1.00 \leq F_r < 1.50$	$F_p 1.00$	$F_t 1.00$
$1.50 \leq F_r < 2.00$	$F_p 1.50$	$F_t 1.50$

续表

耐火极限（F_r）（h）	耐火性能分级代号	
	普通钢结构防火涂料	特种钢结构防火涂料
$2.00 \leqslant F_r < 2.50$	$F_p 2.00$	$F_t 2.00$
$2.50 \leqslant F_r < 3.00$	$F_p 2.50$	$F_t 2.50$
$F_r \geqslant 3.00$	$F_p 3.00$	$F_t 3.00$

注 F_p 采用建筑纤维类火灾升温试验条件；F_t 采用烃类（HC）火灾升温试验条件。

普通钢结构防火涂料采用建筑纤维类火灾升温条件，试验炉内温度应符合《建筑构件耐火试验方法 第 1 部分：通用要求》（GB/T 9978.1—2008）中 6.1 的相关规定，炉内温度按以下关系式进行监测和控制，其标准时间 – 温度曲线见图 2-1-8。

$$T = 345 \times \lg(8t+1) + 20$$

式中 T——炉内的平均温度，℃；

t——时间，min。

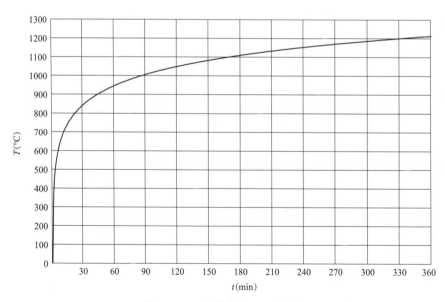

图 2-1-8 标准时间–温度曲线

特种钢结构防火涂料采用烃类火灾升温条件，试验炉内温度应符合《构件用防火保护材料快速升温耐火试验方法》（XF/T 714—2007）中 5.1.2 的相关规定，炉内温度按以下关系式进行监测和控制，其标准时间-温度曲线见图 2-1-9。

$$T = 1080\left(1-0.325e^{-0.167t}-0.675e-2.5t\right)+T_0$$

式中　T——炉内的平均温度，℃；

　　　T_0——炉内初始温度，要求为 5 ~ 40℃；

　　　t——时间，min。

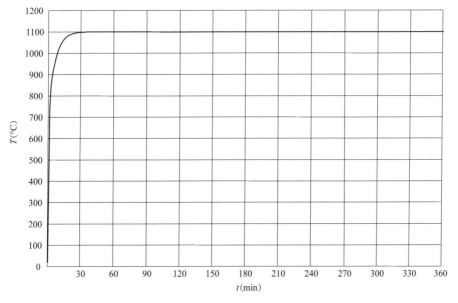

图 2-1-9　标准时间-温度曲线（炉内初始温度以20℃算）

钢结构防火涂料的性能要求分为理化性能和耐火性能，理化性能见表 2-1-4，耐火性能见表 2-1-5。

表 2-1-4　　　　　　　钢结构防火涂料的理化性能

序号	理化性能项目	技术指标		适用类型	缺陷类别
		膨胀型	非膨胀型		
1	在容器中的状态	经搅拌后呈均匀细腻状态或稠厚流体状态，无结块	经搅拌后呈均匀稠厚流体状态，无结块	室内型、室外型	C

续表

序号	理化性能项目	技术指标		适用类型	缺陷类别
		膨胀型	非膨胀型		
2	干燥时间（表干）（h）	≤ 12	≤ 24	室内型、室外型	C
3	初期干燥抗裂性	不应出现裂纹	允许出现 1～3 条裂纹，其宽度应 ≤ 0.5mm	室内型、室外型	C
4	粘接强度（MPa）	≥ 0.15	≥ 0.04	室内型、室外型	A
5	抗压强度（MPa）	—	≥ 0.3（室内型） ≥ 0.5（室外型）	室内型、室外型	C
6	干密度（kgm³）	—	≤ 500（室内型） ≤ 650（室外型）	室内型、室外型	C
7	隔热效率偏差	± 15%	± 15%	室内型、室外型	—
8	pH	≥ 7	≥ 7	室内型、室外型	C
9	耐水性	24h 试验后，涂层应无起层、发泡、脱落现象，且隔热效率衰减量应 ≤ 35%		室内型	A
10	耐冷热循环性	15 次试验后，涂层应无开裂、剥落、起泡现象，且隔热效率衰减量应 ≤ 35%		室内型	A
11	耐曝热性	720h 试验后，涂层应无起层、脱落、空鼓、开裂现象，且隔热效率衰减量应 ≤ 35%		室外型	B
12	耐湿热性	504h 试验后，涂层应无起层、脱落现象，且隔热效率衰减量应 ≤ 35%		室外型	B
13	耐冻融循环性	15 次试验后，涂层应无开裂、脱落、起泡现象，且隔热效率衰减量应 ≤ 35%		室外型	B
14	耐酸性	360h 试验后，涂层应无起层、脱落、开裂现象，且隔热效率衰减量应 ≤ 35%		室外型	B

续表

序号	理化性能项目	技术指标		适用类型	缺陷类别
		膨胀型	非膨胀型		
15	耐碱性	360h 试验后，涂层应无起层、脱落、开裂现象，且隔热效率衰减量应≤35%		室外型	B
16	耐盐雾腐蚀性	30 次试验后，涂层应无起泡，明显的变质、软化现象，且隔热效率衰减量应≤35%		室外型	B
17	耐紫外线辐照性	60 次试验后，涂层应无起层、开裂、粉化现象，且隔热效率衰减量应≤35%		室外型	B

注　1　A 为致命缺陷，B 为严重缺陷，C 为轻缺陷；"—"表示无要求。
　　2　隔热效率偏差只作为出厂检验项目。
　　3　pH 只适用于水基性的钢结构防火涂料。
　　4　型式检验的产品质量合格判定原则为：A 为 0 次，B 不大于 1 次，B+C 不大于 2 次。

表 2-1-5　　　　　　　　钢结构防火涂料的耐火性能

产品分类	耐火性能		缺陷类别
	膨胀型	非膨胀型	
普通钢结构防火涂料	$F_p\,0.50$、$F_p\,1.00$ $F_p\,1.50$、$F_p\,2.00$	$F_p\,0.50$、$F_p\,1.00$、$F_p\,1.50$ $F_p\,2.00$、$F_p\,2.50$、$F_p\,3.00$	A
特种钢结构防火涂料	$F_t\,0.50$、$F_t\,1.00$ $F_t\,1.50$、$F_t\,2.00$	$F_t\,0.50$、$F_t\,1.00$、$F_t\,1.50$ $F_t\,2.00$、$F_t\,2.50$、$F_t\,3.00$	

钢结构防火涂料的出厂检验项目分为常规项目和抽检项目。常规项目应至少包括在容器中的状态、干燥时间、初期干燥抗裂性和 pH 值；抽检项目应至少包括干密度、隔热效率偏差、耐水性、耐酸性、耐碱性。

钢结构防火涂料的型式检验项目为表 2-1-4 和表 2-1-5 规定的全部项目，以及标准中规定的"膨胀型钢结构防火涂料的涂层厚度不应小于 1.5mm，非膨胀型钢结构防火涂料的涂层厚度不应小于 15mm"。

（二）关键性能指标及检测方法

从钢结构防火涂料检测项目的缺陷类别及重要性考虑，粘接强度、耐水性、耐冷热循环性、耐曝热性、耐湿热性、耐冻融循环性、耐酸性、耐碱性、耐盐雾腐蚀性、耐紫外线辐照性及耐火性能11个项目可视为钢结构防火涂料的关键性能指标，应重点关注。

1. 理化性能试件的制备

采用Q235钢材作为试件基材，彻底清除锈迹后，按规定的防锈措施进行防锈处理（适用时）。试件基材的尺寸及数量见表2-1-6。

表2-1-6　　　　　　　　　　　试件基材的尺寸及数量

序号	试件用途	尺寸（mm×mm×mm）	数量（块）
1	粘接强度试验	70×70×6	5
2	耐水性试验	150×70×6 500×500×6	1 1
3	耐冷热循环性试验	150×70×6 500×500×6	1 1
4	耐曝热性试验	150×70×6 500×500×6	1 1
5	耐湿热性试验	150×70×6 500×500×6	1 1
6	耐冻融循环性试验	150×70×6 500×500×6	1 1
7	耐酸性试验	150×70×6 500×500×6	1 1
8	耐碱性试验	150×70×6 500×500×6	1 1
9	耐盐雾腐蚀性试验	150×70×6 500×500×6	1 1
10	耐紫外线辐照性试验	150×70×6 500×500×6	1 1

试件的涂覆和养护：按委托方提供的产品施工工艺（除加固措施外）进行涂覆施工，试件涂层厚度分别为：对于小试件（尺寸小于500mm×500mm），

P 类（1.50±0.20）mm、F 类（15±2）mm；对于大试件（尺寸为 500mm×
500mm），P 类（2.00±0.20）mm、F 类（25±2）mm，且每块大试件的涂层厚
度相互之间偏差不应大于 10%。达到规定厚度后应抹平和修边，保证均匀平
整。对于复层涂料，还应按委托方提供的施工工艺进行面层和底层涂料的施
工。涂覆好的试件涂层面向上水平放置在试验台上干燥养护，除另有规定外，
试件的制备、养护均应在环境温度 5～35℃、相对湿度 50%～80% 的条件下
进行。养护期规定为：P 类不低于 10 天、F 类不低于 28 天，委托方有特殊规
定的按委托方的规定执行。养护期满后方可进行试验。

试件预处理：耐水性试验、耐冷热循环性试验、耐曝热性试验、耐湿热性
试验、耐冻融循环性试验、耐酸性试验、耐碱性试验、耐盐雾腐蚀性试验、耐
紫外线辐照性试验的试件养护期满后用 1∶1 的石蜡与松香的溶液封堵其周边
（封边宽度不得小于 5mm），再次养护 24h 后方可进行试验。

2. 粘接强度试验

将依据要求制作的试件的涂层中央 40mm×40mm 面积内，均匀涂刷高粘
结力的粘结剂（如溶剂型环氧树脂等），然后将钢制联结件粘上并压上 1kg 重
的砝码，小心去除联结件周围溢出的粘结剂，继续在规定的条件下放置 3 天后
去掉砝码，沿钢制联结件的周边切割涂层至板底面，然后将粘结好的试件安装
在试验机上；在沿试件底板垂直方向施加拉力，以 1500～2000N/min 的速度
施加荷载，测得最大的拉伸荷载（要求钢制联结件底面平整与试件涂覆面粘
结）。每一试件的粘结强度按下式计算。粘结强度结果以 5 个试验值中剔除粗
大误差后的平均值表示。

$$f_b = \frac{F}{A}$$

式中　f_b——粘结强度，MPa；

　　　F——最大拉伸荷载，N；

　　　A——粘结面积，mm^2。

3. 耐水性试验

将依据要求制作的试件全部浸泡于盛有自来水的容器中。试验期间应观察
并记录小试件表面的防火涂料涂层外观情况，直至达到规定的试验时间。

取出经过试验的大试件，放在（23±2）℃的环境中养护干燥后，按规定测试其隔热效率并计算衰减量。

4. 耐冷热循环性试验

将依据要求制作的试件置于（23±2）℃的空气中18h，然后将试件放入（−20±2）℃低温箱中冷冻3h，再将试件从低温箱中取出立即放入（50±2）℃的恒温箱中3h。此为1次循环，按此反复循环试验。试验期间，每一次循环结束时应观察并记录小试件表面的防火涂料涂层外观情况，直至达到规定的循环次数。

取出经过试验的大试件，放在（23±2）℃的环境中养护干燥后，按规定测试其隔热效率并计算衰减量。

5. 耐曝热性试验

将依据要求制作的试件垂直放置在（50±2）℃的烘箱中。试验期间，应每隔24h观察并记录小试件表面的防火涂料涂层外观情况，直至达到规定的试验时间。

取出经过试验的大试件，放在（23±2）℃的环境中养护干燥后，按规定测试其隔热效率并计算衰减量。

6. 耐湿热性试验

将依据要求制作的试件垂直放置在湿度（90±5）%、温度（45±5）℃的试验箱中。试验期间，应每隔24h观察并记录小试件表面的防火涂料涂层外观情况，直至达到规定的试验时间。

取出经过试验的大试件，放在（23±2）℃的环境中养护干燥后，按规定测试其隔热效率并计算衰减量。

7. 耐冻融循环性试验

将依据要求制作的试件置于（23±2）℃的自来水中18h，然后将试件放入（−20±2）℃低温箱中冷冻3h，再将试件从低温箱中取出立即放入（50±2）℃的恒温箱中3h。此为1次循环，按此反复循环试验。试验期间，每一次循环结束时应观察并记录小试件表面的防火涂料涂层外观情况，直至达到规定的循环次数。

取出经过试验的大试件，放在（23±2）℃的环境中养护干燥后，按规定测试其隔热效率并计算衰减量。

8.耐酸性试验

将依据要求制作的试件全部浸泡于 3% 的盐酸溶液中。试验期间，应每隔 24h 观察并记录小试件表面的防火涂料涂层外观情况，直至达到规定的试验时间。

取出经过试验的大试件，放在（23±2）℃的环境中养护干燥后，按规定测试其隔热效率并计算衰减量。

9.耐碱性试验

将依据要求制作的试件全部浸泡于 3% 的氨水溶液中。试验期间，应每隔 24h 观察并记录小试件表面的防火涂料涂层外观情况，直至达到规定的试验时间。

取出经过试验的大试件，放在（23±2）℃的环境中养护干燥后，按规定测试其隔热效率并计算衰减量。

10.耐盐雾腐蚀性试验

将依据要求制作的试件按《建筑通风和排烟系统用防火阀门》（GB 15930—2007）中 7.11 的规定进行试验。试验期间，每一次循环结束时应观察并记录小试件表面的防火涂料涂层外观情况，直至达到规定的循环次数。

取出经过试验的大试件，放在（23±2）℃的环境中养护干燥后，按规定测试其隔热效率并计算衰减量。

11.耐紫外线辐照性试验

将依据要求制作的试件按《机械工业产品用塑料、涂料、橡胶材料人工气候老化试验方法 荧光紫外灯》（GB/T 14522—2008）中表 C.1 规定的第 2 种暴露周期类型进行试验。试验期间，每两次循环结束时应观察并记录小试件表面的防火涂料涂层外观情况，直至达到规定的循环次数。

取出经过试验的大试件，放在（23±2）℃的环境中养护干燥后，按规定测试其隔热效率并计算衰减量。

12. 耐火性能试验

试验装置：试验装置为水平燃烧试验炉，典型水平燃烧试验炉如图 2-1-10 所示，水平燃烧试验炉应符合《建筑构件耐火试验方法 第 1 部分：通用要求》（GB/T 9978.1—2008）中第 5 章对试验装置的要求。

图 2-1-10 典型水平燃烧试验炉照片

试验条件：普通钢结构防火涂料采用建筑纤维类火灾升温条件，试验炉内温度及压力应符合《建筑构件耐火试验方法 第 1 部分：通用要求》（GB/T 9978.1—2008）中 6.1 和 6.2 的相关规定；特种钢结构防火涂料采用烃类火灾升温条件，试验炉内温度应符合《构件用防火保护材料快速升温耐火试验方法》（XF/T 714—2007）中 5.1.2 的相关规定，炉内保持正压。试验炉内用于温度和压力测量的仪器设备，其数量、布置方式及测量要求应符合《建筑构件耐火试验方法 第 1 部分：通用要求》（GB/T 9978.1—2008）和《建筑构件耐火试验方法 第 6 部分：梁的特殊要求》（GB/T 9978.6—2008）的相关规定。

试件制作：采用《标准热轧 H 型钢和部分 T 型钢》（GB/T 11263—2017）规定的 HN 400×200 热轧 H 型钢（截面系数为 $161m^{-1}$）和 GB/T 706—2016 规定的 36b 热轧工字钢（截面系数为 $126m^{-1}$）作为试验基材。试件制作时，首先按《建筑构件耐火试验方法 第 6 部分：梁的特殊要求》（GB/T 9978.6—2008）

的相关规定设置试件热电偶（均用于测量试件的平均温度），然后依据产品使用说明书规定的工艺条件对试件受火面进行涂覆，形成涂覆的钢梁试件，并放在规定的条件下养护，养护期由委托方确定。

试件安装、约束与加载：试件应水平、简支安装在水平燃烧试验炉上。试件三面受火，上表面覆盖标准盖板，盖板可采用密度为（650±200）kg/m³的加气混凝土板或轻质混凝土板，每块盖板的厚度为（150±25）mm、长度不大于1m、宽度不小于梁上翼缘的3倍宽度且不小于600mm。盖板与梁的上翼缘之间设一层硅酸铝纤维棉，其宽度等于梁的上翼缘宽度。试件受火长度不小于4000mm，试件的支撑点间距（净跨度）及总长度应符合《建筑构件耐火试验方法 第6部分：梁的特殊要求》（GB/T 9978.6—2008）中对试件尺寸的相关规定。试件的其他安装和约束要求应符合《建筑构件耐火试验方法 第6部分：梁的特殊要求》（GB/T 9978.6—2008）的相关规定。试件加载条件应符合《建筑构件耐火试验方法 第6部分：梁的特殊要求》（GB/T 9978.6—2008）的相关规定，试件承受四点集中荷载模拟的均布荷载，荷载总量对应设计弯矩极限值［按《钢结构设计标准》（GB 50017—2003）中4.1规定进行计算］的60%，且应符合整体稳定性的要求。计算时应采用钢材的设计强度。实际加载量为总荷载量扣除钢梁、标准盖板自重（试验前进行称量）而得出的荷载量。加载量在整个试验过程中应保持恒定（偏差在规定值的 ±5% 以内）。

判定准则：钢结构防火涂料的耐火极限以试件失去承载能力或达到规定的平均温度的时间来确定。承载能力：在整个耐火试验时间内，试件的最大弯曲变形量不应超过 $L_0^2/(400h)$ mm（L_0 为试件的净跨度，h 为试件截面上抗压点与抗拉点之间的距离）。试件温度：在整个耐火试验时间内，试件的平均温度不应超过538℃。

耐火性能的表示：钢结构防火涂料的耐火性能试验结果应包括升温条件、试验基材类型、截面系数、涂层厚度、耐火性能试验时间或耐火极限等信息，并注明涂层构造方式和防锈处理措施。耐火性能试验时间或耐火极限精确至0.01h。

13. 隔热效率试验

试验装置：试验装置应至少包括水平燃烧试验炉、热电偶、炉压测量探头等。试验炉开口尺寸不应小于 1000mm×1000mm，其内衬材料应采用耐高温隔热材料（密度应小于 1000kg/m³，厚度不小于 50mm）。试验炉可采用液体或气体燃料，炉内的温度及压力能得到有效的监视和控制。热电偶（丝径不小于 0.5mm）、炉压测量探头等应符合《建筑构件耐火试验方法　第 1 部分：通用要求》（GB/T 9978.1—2008）中 5.5 的相关规定。

试件安装：试件尺寸为 500mm×500mm×6mm，数量一块，试件的涂覆和养护同理化性能试件的制备相同。试件涂覆面向下水平安装在试验炉上，涂覆面应与试验炉炉盖下表面基本平齐，试件的背火表面覆盖一层名义厚度为 50mm、体积密度为 128kg/m³ 的干燥硅酸铝纤维毯。试件的受火尺寸不应小于 450mm×450mm，其边缘与炉膛内壁之间的距离不应小于 250mm。当多块试件同时进行试验时，相邻试件边缘之间的间距不应大于 500mm。试件的周边与安装框架之间的间隙处应填塞硅酸铝纤维棉。

试验条件：试验炉内温度及压力应符合《建筑构件耐火试验方法　第 1 部分：通用要求》（GB/T 9978.1—2008）中 6.1 和 6.2 的相关规定。

温度测量：试验炉内温度测量方法是在试验炉内距离每块试件下表面 100mm 处的水平面上至少应布置 1 支炉内热电偶，热电偶与炉膛内壁之间的距离不应小于 300mm，热电偶的总数量不应少于 4 支。试件背火面温度测量方法是每块试件的背火面温度采用 2 支热电偶，其中 1 支位于试件背火表面中心，另 1 支位于试件背火表面中心线上距中心 125mm 处。热电偶与试件背火面的固定方式应符合《建筑构件耐火试验方法　第 1 部分：通用要求》（GB/T 9978.1—2008）的相关规定。

试验结果：试件的隔热效率以试件背火面平均温度达到 500℃时的试验时间来表示，单位为 min。

隔热效率偏差：钢结构防火涂料的隔热效率偏差采用下式计算：

$$\eta = \frac{T_{标} - T_0}{T_0} \times 100\%$$

式中　η——隔热效率偏差，%；

　　　T_0——基准隔热效率，min；

　　　$T_{标}$——标准隔热效率，min。

隔热效率衰减量：钢结构防火涂料的隔热效率衰减量采用下式计算：

$$\theta = \frac{T_0 - T}{T_0} \times 100\%$$

式中　θ——隔热效率衰减量，%；

　　　T_0——基准隔热效率，min；

　　　T——耐久性试验后大试件的隔热效率，min。

注：当 $T \geqslant T_0$ 时，表示试件的隔热效率无衰减。

第二章 防火封堵材料

第一节 概述

变电站（换流站）作为电网的核心环节，有着电网的重要电气设备和纵横交织密集分布的电缆通道。此类场景电缆通道中接地系统损坏、绝缘老化、过负荷、接触不良、外力破坏等问题均可导致电缆火灾，且失火后伴随释放大量浓烟、有毒有害气体，火势易随电缆通道蔓延扩大，因为电缆通道的隐蔽而难以扑灭，且火源难以精确定位、救援困难，易波及相邻电缆线路造成二次灾害，导致事故扩大化，甚至引发大面积停电，且火灾事故后恢复重建时间久，经济损失和社会影响大。在变电站（换流站）中，多利用建筑（构筑物）的固定结构件或加以辅助功能的材料，实现防止火灾危害蔓延扩大、降低着火危害功能。电力电缆或穿管中被动防火措施可总结为五个字：封、堵、包、隔、涂，即采用常见的防火封堵材料和电缆防火涂料、电缆用阻燃包带等原材料，一般由多种防火材料组合起来同时使用，形成防火封堵组件或系统，变电站（换流站）中电缆沟常见的防火墙即为此类防火封堵系统之一。

一、防火封堵材料相关产品

从概念上来看，防火封堵材料是指具有防火功能和防烟功能，并用于密封或者堵塞建（构）筑物和其他各类设施的环形间隙、贯穿孔洞及建筑缝隙，方便更换且符合有关性能要求的材料，其分类如图2-2-1所示。

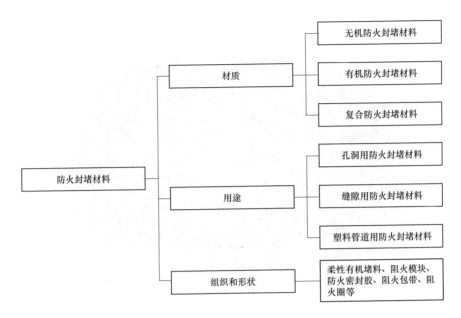

图 2-2-1　防火封堵材料分类

　　符合《防火封堵材料》（GB 23864—2009）规定的防火封堵材料是应急管理部消防合格评定中心自愿性认证消防产品，主要包括柔性有机堵料、无机堵料、防火封堵板材、阻火包、阻火模块、防火密封胶、缝隙封堵材料、泡沫封堵材料和阻火包带。

　　防火封堵组件是由多种防火封堵材料及耐火隔热材料共同构成的、用以维持结构耐火性能且便于更换的综合组合系统。

　　柔性有机堵料俗称防火泥，呈胶泥状态，其黏结剂为有机材料，具有柔韧性、可塑性等特点，如图 2-2-2 所示。传统的柔性有机堵料一般采用改性有机树脂粘接剂、黏土、氯化石蜡、氢氧化铝等阻燃材料组成，长久不固化，受火会固化和部分膨胀，起到阻火隔热作用。但在市场上也充斥着劣质产品，有的堵料太干燥不柔软的柔性有机堵料无法正常安装使用，不便于施工有效填塞孔洞缝隙；有的堵料太软，在封堵施工过程中就出现软化坍塌；有的堵料在经过一段时长后开始软化变形或发霉，遇到温度升高，软化流淌失效。

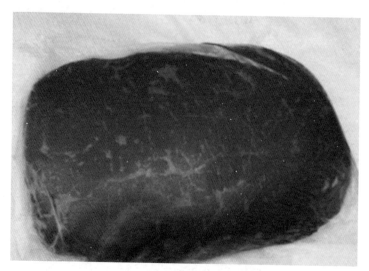

图 2-2-2 柔性有机堵料

无机堵料也称防火灰泥，是以无机材料为主要成分的粉末状固体，与外加剂调和使用时，具有相当的和易性，如图 2-2-3 所示。

图 2-2-3 无机堵料

阻火包是一类将防火材料包装制作而成的包状防火产品，它适用于对电缆桥架进行防火分隔或者对较大孔洞进行防火封堵，如图 2-2-4 所示。传统的阻火包有多个品种，填料广泛使用的有膨胀珍珠岩＋阻燃膨胀体系、生蛭石＋膨胀珍珠岩、生蛭石＋岩棉团、生蛭石＋耐火纤维棉团等，原理都是靠防火材料隔热阻火，未加膨胀阻燃体系的膨胀珍珠岩型阻火包在耐火试验时由于受火面阻火包袋受火粉化，包体内填充物垮塌、陷落，最终不能有效封堵孔洞而失效。生蛭石类阻火包能否膨胀主要取决于蛭石的质量，蛭石是天然矿物，膨胀倍率和膨胀温度差别较大，有的受火几乎不膨胀，因而阻火包也会在受火过程中出现坍缩。

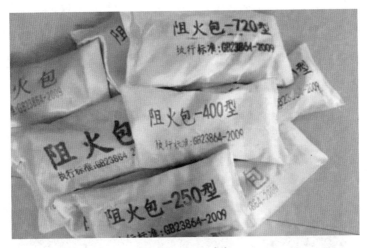

图 2-2-4　阻火包

防火封堵板材是一种用防火材料加工制作而成的板材，其切割和钻孔较为容易，适用于对大型孔洞进行防火封堵，如图 2-2-5 所示。目前国内生产的防火封堵板材类型主要有传统的硅酸钙板、氧化镁氯化镁板及新型的岩棉涂层板、钢板基材的膨胀复合型防火封堵板材等。其中传统型的封堵板材抗弯强度高，而氧化镁氯化镁板多为手工制作，生产规模普遍不大，且在耐火性能试验中发现此类板材极易炸裂，部分此类板材采用耐高温的硅氧耐火纤维网或碳纤维网增强拉结作用，避免受火炸裂，但多数都是玻纤网复合，产品不合格率较高。此外部分硅酸钙型防火封堵板材受火炸裂情况较少，但耐火时长两小时后受火面也会出现软化开裂现象。

按材质分类，防火封堵板材可分为有机难燃型板材、无机不燃型板材、复合难燃型板材和防火涂层板四种。其中，有机难燃型板材是由难燃玻璃纤维增强塑料制成，其拉伸性能、弯曲性能、压缩强度性能高，耐腐性能、耐候性能好，适用于室内、室外的各类环境条件；无机不燃型板材由无机不燃材料制成，刚性好，适用于户内环境条件；复合难燃型板材以无机不燃材料为基体，外表面或内外表面复合有机高分子难燃材料，其氧指数高，拉伸、弯曲、压缩强度好，刚性好，耐腐性、耐候性较好，适用于户内外各种环境条件；防火涂层板由矿棉构成，外表涂刷防火涂料达到一定厚度，形成矿棉板涂层板。

按使用场合，防火封堵板材可分为下列型式：① A 型板，适用于需要载人的大型电缆孔洞、电缆竖井封堵；② B 型板，适用于一般电缆孔洞封堵，可用于构筑电缆隧道阻火墙、制作耐火隔板；③ C 型板，适合作电缆层间隔板，制作各种形状的防火罩、防火挡板。

图 2-2-5　防火封堵板材

阻火模块是指由耐火材料制作而成的具有一定形状及尺寸规格的固体防火产品，其切割和钻孔较为容易，适用于对电缆桥架及孔洞进行防火封堵，如图 2-2-6 所示。阻火模块分为五种：① 耐火砖（无机堵料制成，不燃型）；② 非自黏型阻火模块（需采用黏结剂黏结）；③ 自黏型阻火模块（有砌筑凹凸咬合设置，安装时无需黏结剂，并方便拆卸）；④ 柔韧自黏型阻火模块（也称防火发泡块，具有柔韧性，适用封堵范围广）；⑤ 电磁屏蔽密封模块（由阻火型橡胶制成、具备防火和高强度机械密封多重性能的新型封堵材料，按照阻火模块或者组件归类）。

图 2-2-6　阻火模块

防火密封胶是指同时具有密封功能和防火功能的一种液态防火材料，如图 2-2-7 所示。

图 2-2-7　防火密封胶

泡沫封堵材料是指注入孔洞后能够自行膨胀发泡从而将孔洞密封的一类防火材料，如图 2-2-8 所示。

图 2-2-8　泡沫封堵材料

阻火包带是指用防火材料制作而成的可缠绕、卷曲的一类柔性带状防火产品，缠绕于塑料管道的外表面，通过使用钢带包覆等适当方式进行固定，遇火后阻火包带会发生膨胀，从而对软化的管道进行挤压，封堵因塑料管道燃烧或者软化而产生的缝隙和孔洞，如图2-2-9所示。

图2-2-9　阻火包带

广义的防火封堵材料还包括如下产品：

（1）阻燃槽盒。阻燃槽盒是由复合材料制成的具有阻燃特性和防火功能的、可代替金属桥架的电缆槽盒，如图2-2-10所示。阻燃槽盒分为3种：①有机难燃型槽盒，由难燃玻璃纤维增强塑料制成，其拉伸性能、弯曲性能、压缩强度性能高，耐腐性能、耐候性能好，适用于室内、室外的各类环境条件；②无机不燃型槽盒，由无机不燃材料制成，刚性好，适用于户内环境条件；③复合难燃型槽盒，其基体为无机不燃材料，并复合有机高分子难燃材料制作而成，多为玻璃钢产品，其氧指数高，拉伸性能、弯曲性能、压缩强度性能高，刚性、耐腐性能、耐候性能较好，适用于室内、室外的各类环境条件。

图2-2-10　阻燃槽盒

（2）耐火电缆槽盒。耐火电缆槽盒是电缆桥架系统中的关键部件，由无孔托盘或有孔托盘和盖板组成，能满足规定的耐火维持工作时间要求，是可用于铺装并支撑电缆及相关连接器件的连续刚性结构体，如图 2-2-11 所示。

图 2-2-11　耐火电缆槽盒

（3）电缆用阻燃包带。电缆用阻燃包带缠绕在电缆表面，是具有阻止电缆阻火蔓延的带状材料，如图 2-2-12 所示。

图 2-2-12　电缆用阻燃包带

二、防火封堵材料应用介绍

在变电站（换流站）中使用防火封堵材料的场景主要是各类电缆通道，如电缆隧道、电缆竖井、电缆沟、穿盘柜、电缆夹层等区域，此外还包括部分穿管穿线区域，如换流变压器套管穿墙至阀厅区域等。

目前防火封堵材料施工较为成熟和完善，电网内部也有各种典型的工艺做法，形成不同场景的防火封堵组件形式安装图。

《电力工程电缆防火封堵施工工艺导则》（DL/T 5707—2014）等标准给出了典型的电缆防火封堵做法，典型的穿墙做法如图 2-2-13 所示。

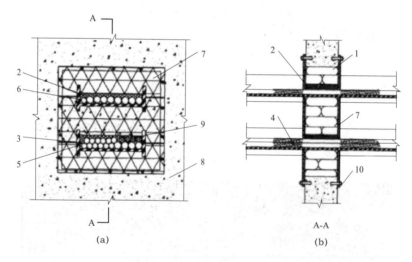

图 2-2-13　电缆穿墙采用耐火隔板和阻火包封堵示意图

（a）示意图；（b）A 处剖面图

1—阻火包；2—柔性有机堵料；3—柔性有机堵料或防火密封胶；4—防火涂料；5—电缆桥架；6—电缆；7—耐火隔板；8—混凝土墙或砖墙；9—备用电缆通道；10—膨胀螺栓

典型的穿盘、穿柜做法见图 2-2-14。

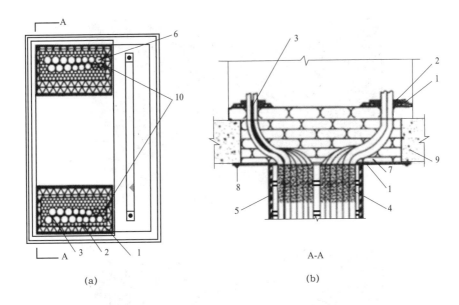

图 2-2-14 盘、柜、箱采用耐火隔板和阻火包封堵示意图

（a）示意图；（b）A 处剖面图

1—耐火隔板；2—柔性有机堵料；3—防火密封胶；4—防火涂料；5—电缆桥架；6—电缆；

7—阻火包；8—膨胀螺栓；9—楼板；10—备用电缆通道

实际工程中使用的各种形式的防火封堵做法如图 2-2-15 所示。

（a）

（b）

图 2-2-15 各种形式的防火封堵（一）

（a）电缆沟防火墙；（b）电缆夹层电缆穿楼板

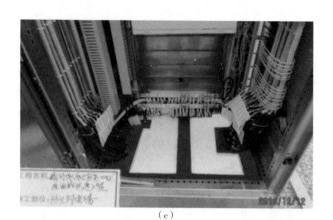

(c)

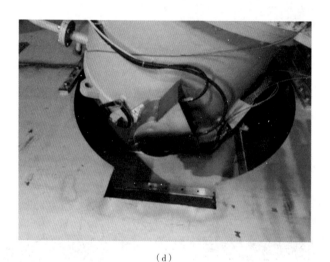

(d)

图2-2-15 各种形式的防火封堵（二）

（c）电缆穿电控柜；（d）换流变压器套管－阀厅防火封堵

第二节 关键性能指标及检测方法

一、防火封堵材料的关键性能指标

防火封堵材料的关键性能指标和检测方法主要由《防火封堵材料》
（GB 23864—2009）规定。关键性能指标分为燃烧性能、耐火性能和理化性能，其中理化性能中主要是耐环境气候性能和功能性参数。

对燃烧性能的具体要求主要是材料是不燃的或者阻燃的，如阻火包用织物应满足损毁长度不大于 150mm、续燃时间和阴燃时间均不超过 5s，且燃烧滴落物不能引起脱脂棉燃烧或阴燃的要求；柔性有机堵料和防火密封胶的燃烧性能应不低于《塑料燃烧性能的测定水平法和垂直法》（GB/T 2408—2021）规定的 HB 级；泡沫封堵材料的燃烧性能应满足平均燃烧时间不超过 30s、平均燃烧高度不大于 250mm 的要求；其他封堵材料的燃烧性能应不低于《塑料燃烧性能的测定水平法和垂直法》（GB/T 2408—2021）规定的 V-0 级。这都要求防火封堵材料本身不能是可燃易燃材料。通常情况下这类要求较容易满足，除非部分新材料应用未成熟。

耐火性能见表 2-2-1，耐火性能是防火封堵材料最重要的技术指标，因为防火封堵材料在应用中主要起阻火作用，需要有一定耐火极限。因为不同场景中耐火要求不同，所以材料的耐火极限也是分级的，一般应兼顾安全性和经济性，选择合适耐火等级的防火封堵材料。

表 2-2-1　　　　　　　防火封堵材料的耐火性能技术要求

序号	技术参数	耐火极限（h）		
		1	2	3
1	耐火完整性	≥ 1.00	≥ 2.00	≥ 3.00
2	耐火隔热性	≥ 1.00	≥ 2.00	≥ 3.00

柔性有机堵料等防火封堵材料的理化性能技术要求见表 2-2-2，缝隙封堵材料和防火密封胶的理化性能技术要求见表 2-2-3，阻火包带的理化性能技术要求见表 2-2-4。通常最关键的是腐蚀性、耐水性、耐油性、耐湿热性、耐冻融循环性、耐酸性和耐碱性。经常会有以次充好的防火封堵材料应用于电缆封堵，造成电缆护套腐蚀、绝缘下降的情况，此外，部分防火封堵材料耐环境、气候不佳的，寿命极短，应用中可能发生脱落、粉化、垮塌，失去阻火功能。

表 2-2-2　柔性有机堵料等防火封堵材料的理化性能技术要求

序号	检验项目	技术指标						缺陷分类
		柔性有机堵料	无机堵料	阻火包	阻火模块	防火封堵板材	泡沫封堵材料	
1	外观	胶泥状物体	粉末状固体，无结块	包体完整，无破损	固体表面平整	板材表面平整	液体	C
2	表观密度（kg/m³）	≤2.0×10³	≤2.0×10³	≤1.2×10³	≤2.0×10³	—	≤1.0×10³	C
3	初凝时间（min）	—	10≤t≤45	—	—	—	t≤15	B
4	抗压强度（MPa）	—	0.8≤R≤6.5	—	R≥0.10	—	—	B
5	抗弯强度（MPa）	—	—	—	—	≥0.10	—	B
6	抗跌落性	—	—	包体无破损	—	—	—	B
7	腐蚀性（d）	≥7，不应出现锈蚀、腐蚀现象	≥7，不应出现锈蚀、腐蚀现象	—	≥7，不应出现锈蚀、腐蚀现象	—	≥7，不应出现锈蚀、腐蚀现象	B
8	耐水性（d）	≥3，不溶胀、不开裂	≥3，不溶胀、不开裂	≥3，不溶胀、不开裂；阻火包内装材料无明显变化，包体完整，无破损	阻火包内装材料无明显变化，包体完整，无破损	包体完整，无破损	—	B
9	耐油性（d）	≥3，不溶胀、不开裂	≥3，不溶胀、不开裂	≥3，不溶胀、不开裂；阻火包内装材料无明显变化，包体完整，无破损	阻火包内装材料无明显变化，包体完整，无破损	包体完整，无破损	—	C
10	耐湿热性（h）	≥120，不开裂、不粉化	≥120，不开裂、不粉化	阻火包内装材料无明显变化	阻火包内装材料无明显变化	阻火包内装材料无明显变化	—	B
11	耐冻融循环/（次）	≥15，不开裂、不粉化	≥15，不开裂、不粉化	—	—	—	—	B
12	膨胀性能（%）	—	—	—	≥120	—	≥150	B

注　抗压强度指标中弹性阻火模块除外。

表 2-2-3　　　　　　　缝隙封堵材料和防火密封胶的理化性能技术要求

序号	检验项目	技术指标		缺陷分类
		缝隙封堵材料	防火密封胶	
1	外观	柔性或半硬质固体材料	液体或膏状材料	C
2	表观密度（kg/m³）	≤ 1.2 × 10³	≤ 2.0 × 10³	C
3	腐蚀性（d）	—	≥ 7，不应出现锈蚀、腐蚀现象	B
4	耐水性（d）	≥ 3，不溶胀、不开裂		B
5	耐碱性（d）			B
6	耐酸性（d）			C
7	耐湿热性（h）	≥ 360，不开裂、不粉化		B
8	耐冻融循环（次）	≥ 15，不开裂、不粉化		B
9	膨胀性能（%）	≥ 300		B

注　膨胀性能指标中玻璃幕墙用弹性防火密封胶除外。

表 2-2-4　　　　　　　　阻火包带的理化性能技术要求

序号	检验项目		技术要求	缺陷分类
1	外观		带状软质卷材	C
2	表观密度（kg/m³）		≤ 1.6 × 10³	C
3	耐水性（d）		≥ 3，不溶胀、不开裂	B
4	耐碱性（d）			B
5	耐酸性（d）			C
6	耐湿热性（h）		≥ 120，不开裂、不粉化	B
7	耐冻融循环（次）		≥ 15，不开裂、不粉化	B
8	膨胀性能（%）	未浸水（或水泥浆）	≥ 10	B
		浸入水中 48h 后		
		浸入水泥浆 48h 后		

二、典型防火封堵材料的关键性能指标的检测方法

防火封堵材料的耐火性能测试通常分为工况试件测试和标准试件测试。工况测试即对于工程现场某个具体防火封堵组件，选择一种耐火升温条件模拟火灾情形测试；标准试件测试主要用来评价某种防火封堵材料的耐火性能，一般都采用《防火封堵材料》（GB 23864—2009）附录 A 部分进行。变电站（换流站）目前最常用的防火封堵材料是防火封堵板材、阻火包、柔性有机堵料、无机堵料、阻火模块，此外少量使用防火密封胶和阻火包带产品。

耐火性能检测的通常原则是试件安装应反映实际使用情况，根据测试要求将试件垂直或水平安装于燃烧试验炉上进行试验。在背火面的防火封堵材料、贯穿物及框架上布置热电偶以测量背火面温升情况。

1. 试件背火面温度

测量并观察背火面封堵材料表面的温度、距封堵材料背火面 25mm 处电缆表面的温度、距封堵材料背火面 25mm 处穿管表面的温度和距封堵材料背火面 25mm 处框架表面的温度。

2. 完整性

测量并观察试件背火面是否有火焰或热气流穿出点燃棉垫，以及试件背火面是否出现连续火焰达 10s 以上。棉垫的要求与使用应符合《建筑构件耐火试验方法　第 1 部分：通用要求》（GB/T 9978.1—2008）的规定。

3. 隔热性

测量并记录背火面所有测温点包括移动热电偶的温升，以及任一测温点温升达到 180℃ 的时间。

耐火极限判定依据规定，完整性丧失或失去隔热性的任何一项时，即表明该防火封堵材料的完整性或隔热性已达到极限状态，所记录的时间即为该防火封堵材料的完整性丧失或失去隔热性的极限耐火时间。

完整性丧失的特征是，在试件的背火面有如下现象出现：① 点燃棉垫；② 有连续 10s 的火焰穿出。

隔热性丧失的特征是，在试件的背火面有如下现象出现：① 被检试样背火

面任何一点温升达到180℃；② 任何贯穿物背火端距封堵材料25mm处表面温升达到180℃；③ 背火面框架表面任何一点温升达到180℃。

防火封堵材料耐火性能的检测方法如下：

阻火包、防火封堵板材、无机堵料按照《防火封堵材料》（GB 23864—2009）附录A中A.1的标准试件安装方式进行耐火性能测试，如图2-2-16所示。

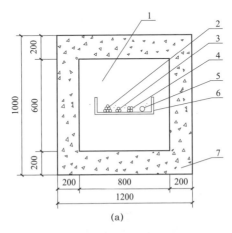

(a)

1—封堵材料；2—6根（7×1.5）mm²KVV电缆；3—3根（3×50+1×25）mm²YJV电缆；4—4根（3×50+1×25）mm²YJV电缆；5—DN32钢管；6—不带孔钢质电缆桥架（500mm宽，100mm高，1.5mm厚）；7—C30混凝土框架

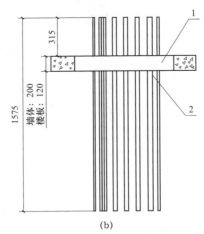

(b)

1—封堵材料；2—热电偶

图2-2-16　电缆贯穿标准试件的安装方式

（a）安装方式；（b）俯视图

柔性有机堵料和泡沫封堵材料、部分防火密封胶则按照《防火封堵材料》（GB 23864—2009）附录 A 中 A.2 的标准试件安装方式进行耐火性能测试，如图 2-2-17 所示。

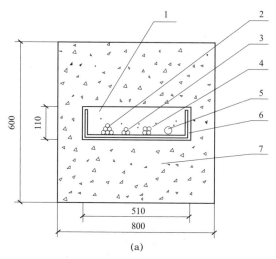

(a)

1—封堵材料；2—6 根（7×1.5）mm² KVV 电缆；3—3 根（3×50+1×25）mm² YJV 电缆；4—4 根（3×50+1×25）mm² YJV 电缆；5—DN32 钢管；6—不带孔钢质电缆桥架（500 mm 宽，100 mm 高，1.5mm 厚）；7—C30 混凝土框架

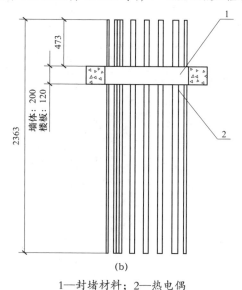

(b)

1—封堵材料；2—热电偶

图 2-2-17　柔性有机堵料、泡沫封堵材料电缆贯穿标准试件的安装方式

（a）安装方式；（b）俯视图

耐火性能测试中模拟实际工况安装的防火封堵材料安装试件如图 2-2-18 ～图 2-2-23 所示。

图 2-2-18　防火密封胶试件

图 2-2-19　阻火模块试件

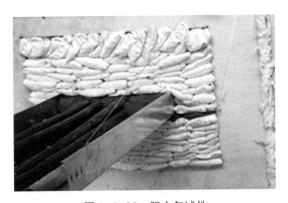

图 2-2-20　阻火包试件

图 2-2-21 无机堵料试件

图 2-2-22 防火封堵板材（涂层板）试件

图 2-2-23 柔性有机堵料试件

第三章

泡沫灭火剂

第一节　概　述

近几年来，随着电力需求的日益增大，电力系统快速发展，综合自动化变电站改造工作步伐的不断推进，与之配套的消防系统也出现了翻天覆地的变化。气体灭火系统、水喷雾灭火系统、泡沫喷雾灭火系统、压缩空气泡沫灭火系统等成为变电站消防的主力军，其中泡沫灭火剂作为泡沫灭火系统的灭火介质，有着灭火效率高、使用范围广等诸多优点，是现代变电站高效灭火的主要选择，具有较高的研究价值。

泡沫灭火剂是由泡沫原液与水按一定比例混合而成，或者百分之百使用原液。通常泡沫原液由发泡剂、泡沫稳定剂、降黏剂、抗冻剂、助溶剂、防腐剂及水组成。产生发泡的方式分为化学反应和机械作用，后者是通过加压将水和泡沫原液充分混合，再通过管道及发泡装置产生丰富的泡沫，泡沫是表面被液体包围的气泡群，体积小且密度小。密度范围仅在 $0.5g/cm^3$ 以内，远远小于一般可燃液体的密度，而且具有黏附性、流动性、持久性和抗烧性等诸多特点，因而可以漂浮或黏附于易燃或可燃物表面或充满某一空间，形成一个致密的泡沫覆盖保护层，从而破坏燃烧条件，达到有效地控制和扑灭火灾的目的。

泡沫灭火剂发展至今种类繁多，一般以发泡机理、发泡倍数、发泡基和用途进行分类，具体如图 2-3-1 所示。

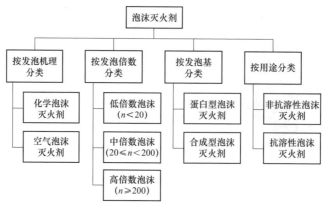

图 2-3-1 泡沫灭火剂分类

一、按发泡机理分类

通过发泡机理分类可分为化学泡沫灭火剂和空气泡沫灭火剂。

发泡机理也可称为发泡原理，化学泡沫灭火剂的发泡原理是通过化学反应产生泡沫。化学泡沫灭火剂的主要成分是硫酸铝和碳酸氢钠两种药剂以及促进反应添加的氟碳表面活性剂、碳氢表面活性剂，经过一定比例混合后发生如下化学反应：

$$Al_2(SO_4)_3 + 6NaHCO_3 \rightarrow 3Na_2SO_4 + 2Al(OH)_3 \downarrow + 6CO_2 \uparrow$$

该反应产生了大量的泡沫，并且在泡沫中包含的气体为二氧化碳，对燃烧有良好的抑制效果，可谓是一举两得。

虽然化学泡沫灭火剂具有良好的灭火性能，但是其中的化学反应，导致发泡所需条件多、要求高、设备复杂。这就需要较多的资金去购置和维护，这些因素限制了它的推广和使用。而空气泡沫灭火剂有着设备简单、操作方便、所需资金较少等优势，并逐渐取代了化学泡沫灭火剂，在泡沫灭火系统中被广泛使用。

空气泡沫的发泡机理是将泡沫灭火剂的水溶液与空气通过一定比例混合，加压进入泡沫产生器中混合搅拌产生泡沫，泡沫中所含气体为空气。

二、发泡倍数分类

泡沫液中，混合液产生的泡沫体积与混合液体积的比值称为发泡倍数。通过发泡倍数可分为低倍数泡沫、中倍数泡沫和高倍数泡沫三类。

低倍数泡沫的发泡倍数在 20 倍以下，泡沫直径约为 1mm，泡沫厚度约为 5×10^{-2} mm，其灭火原理可分为三部分：① 泡沫喷在着火液体上后，能浮在液面起覆盖作用；② 泡沫导热效率低，能够有效地隔绝热量，当浮于液面之上时，又能够吸收液体的热量，遏制液体表面温度的持续升高，减缓了液面蒸发速度，散热减少，液面温度也随之降低；③ 泡沫之间有一定黏性，阻止液体蒸气穿过，使液体和燃烧区隔绝。当液体完全被泡沫封盖之后，得不到可燃蒸气的补充，火焰被迫熄灭。

根据发泡基的类型和用途，低倍数泡沫灭火剂又可分为普通蛋白泡沫、氟蛋白泡沫、水成膜泡沫、合成泡沫和抗溶泡沫五种。

中倍数泡沫的发泡倍数在 20 ～ 200 倍，泡沫直径约为 2mm，泡沫厚度约为 1.5×10^{-3} mm。高倍数泡沫的发泡倍数在 201 ～ 1000 倍。泡沫直径约为 5mm，泡沫厚度约为 2×10^{-3} mm。中、高倍数泡沫灭火剂主要适用于非水溶性可燃液体火灾和一般固体物质火灾，具有发泡倍数高、密度小、流动性较好、水渍损失小、灭火后恢复工作容易等特点，主要灭火作用是抑制作用。在向起火点供给泡沫时，泡沫易被破坏，从而使水分开始汽化。高倍数泡沫在供给泡沫时，能够快速覆盖整个火焰区，大量的泡沫汽化在有限的空间内导致水蒸气饱和，形成贫氧区，从而使燃烧速度降低并停止燃烧。中高倍数泡沫适合于有限空间全淹没灭火，尤其适用于煤矿坑道、飞机库、汽车库、船舶、仓库、地下室等，还可应用于地面大面积油类火灾灭火。

三、发泡基分类

通过发泡基可将泡沫灭火剂分为蛋白型泡沫灭火剂和合成型泡沫灭火剂。

蛋白型泡沫灭火剂常见可分为三类：① 蛋白（P，protein）泡沫液是由含蛋白的原料经部分水解制得的泡沫液，生产工艺简单、成本低。缺点是流动性差、抗油污能力差，不能以液下喷射方式灭火；②氟蛋白（FP，fluoro protein）泡沫液是在蛋白泡沫液基础上添加了氟碳表面活性剂，不仅解决了流动性和抗油污能力差等缺点，还能够采用液下喷射的方法扑救大型油类产品储罐的火灾。实际灭火时还可以与干粉灭火剂联合使用，灭火性能显著提高，灭火速度比蛋白型泡沫灭火剂快30%；③成膜氟蛋白（FFFP，film forming fluoro protein foam）泡沫液可在某些烃类表面形成一层水膜的氟蛋白泡沫液。喷射后在可燃液体表面形成水膜，水膜不仅能够隔离空气，阻止油气挥发，而且其流动性更好，可加速灭火，但是成膜氟蛋白泡沫液灭火主要还是依靠泡沫，水膜仅起辅助作用。

合成（S，synthetic）泡沫液：以表面活性剂的混合物和稳定剂为基料制成的泡沫液。合成泡沫液、水成膜（AFFF，aqueous film forming foam）泡沫液、中倍数泡沫液、高倍数泡沫液均属于合成型泡沫液。通常所说的合成泡沫液，是根据标准《泡沫灭火剂》（GB 15308—2006）中的定义来划分，就是S型合成泡沫液，仅是合成型泡沫液的一个类别。

水成膜泡沫液：也称为轻水泡沫，是以碳氢表面活性剂和氟碳表面活性剂为基料的泡沫液，可在某些烃类表面上形成一层水膜，流动性好、灭火速度快，功能上类似于成膜氟蛋白泡沫液。其最大的特点是保存期较长，蛋白类泡沫液的保存期一般为2年，水成膜泡沫液的保存期可以达到8年。

四、用途分类

泡沫液根据用途可以分为抗溶性泡沫液和非抗溶性泡沫液。抗溶性泡沫液又称抗醇型泡沫液，由于水溶性甲、乙、丙类液体对普通泡沫有较强的脱水性，泡沫脱水从而加速破裂，失去灭火功效。抗溶性泡沫液与水混合并在机械作用下产生泡沫时，可在泡沫壁上形成一种薄膜，这种薄膜能有效防止水溶性溶剂吸收泡沫中的水分，当施加到醇类或其他极性溶剂表面时，可抵抗其对泡沫的破坏性，从而保护了泡沫，使泡沫较好地覆盖在水溶性溶剂的液面上。对于水溶性甲、乙、丙类液体和其他对普通泡沫有破坏作用的甲、乙、丙类液体，必须选用抗溶（AR，alcohol resistant）泡沫液。非抗溶性泡沫液则主要用于扑救 A 类火灾及 B 类非极性液体火灾，如纸板、木制品、油品、油脂类火灾。目前，变电站及石油化工常用的氟蛋白泡沫灭火剂、水成膜泡沫灭火剂、蛋白泡沫灭火剂、合成泡沫灭火剂等均为此类泡沫灭火剂，它们在汽油、煤油、柴油等储罐火灾的扑救方面起到良好的灭火效果。

第二节 关键性能指标及检测方法

目前针对泡沫灭火剂的国家强制性标准是《泡沫灭火剂》（GB 15308—2006），针对目前变电站灭火剂的适用和使用情况，仅对低倍数泡沫灭火剂的关键项目、性能指标及缺陷类别作介绍，具体见表 2-3-1。

表 2-3-1　　　　　　泡沫灭火剂的关键性能指标以及检测方法

关键项目	样品状态	技术指标	不合格类型
凝固点	温度处理前	特征值为 -4 ～ 0	C
比流动性	温度处理前、后	泡沫液流量不小于标准参比液流量或泡沫液粘度值不大于标准参比液黏度值	C
pH 值	温度处理前、后	6.0 ～ 9.5	C
表面张力	温度处理前	与特征值的偏差不大于 10%	C
界面张力	温度处理前	与特征值的偏差不大于 1.0mN/m 或不大于特征值的 10%，按上述两个差值中较大判定	C
抗冻结、融化性	温度处理前、后	无可见分层和非均相	B
扩散系数	温度处理前、后	正值	B
发泡倍数	温度处理前、后	与特征值的偏差不大于 1.0 或不大于特征值的 20%，按上述两个差值中较大判定	B
25% 析液时间	温度处理前、后	与特征值的偏差不大于 20%	B

凝固点即泡沫原液的凝固点，根据使用地区和场景的环境温度极限，判断选用合适凝固点的泡沫灭火剂，通常泡沫灭火剂存储的最低温度是凝固点加5℃。因此凝固点的准确性尤为重要，在特殊环境下，尤其是低温环境下发生火灾，首先确保灭火剂要能够正常地喷射出，而没有发生低温凝固现象。

抗冻结、融化性考验的是泡沫液在经历一定条件下耐候试验后的稳定性。一般泡沫液的存储条件没具体要求，充装在容器内或室内、室外，温差变化大，日复一日长期存放。因此灭火剂是否稳定，是否会发生沉淀、分层、非均相现象，会直接影响到灭火剂性能。

表面/界面张力指标反映了灭火剂的扩散性，张力越大泡沫扩散性越慢，从而在灭火时不能很快地覆盖着火处，影响灭火效果。表面/界面张力不合格主要与生产工艺相关，原料配置不当、表面活性剂不足、泡沫液与水混合配制不当等都会增加表面/界面张力。表面/界面张力是目前泡沫灭火剂极易出现不合格的项目。

发泡倍数的高低对泡沫的稳定性和灭火性能都有一定影响。对于低倍数泡沫，发泡倍数一般范围在6～8倍较好。当发泡倍数低于6时，产生的泡沫不够稳定，且发射时冲力较大，易于冲击燃烧的液面，使覆盖在起火面的泡沫被冲散，油面暴露在空气中发生复燃，因而不利于灭火。而当发泡倍数高于8时，虽然泡沫的比重减少，发射时的冲击力也相应减少，但泡沫的含水量较小、流动性差，灭火效果也不好。

以上仅罗列了部分灭火剂的理化性能和相关介绍，部分项目的主要目的还是为了灭火成功。低倍泡沫液应达到的最低灭火性能级别见表2-3-2。各灭火性能级别对应的灭火时间和抗烧时间见表2-3-3。

表2-3-2　　　　　　　　低倍泡沫液应达到的最低灭火性能级别

泡沫液类型	灭火性能级别	抗烧水平	不合格类型
AFFF/非AR	I	D	A
AFFF/AR	I	A	A

续表

泡沫液类型	灭火性能级别	抗烧水平	不合格类型
FFFP/非AR	I	B	A
FFFP/AR	I	A	A
FP/非AR	II	B	A
FP/AR	II	A	A
P/非AR	III	B	A
P/AR	III	B	A
S/非AR	III	D	A
S/AR	III	C	A

表 2-3-3　　　各灭火性能级别对应的灭火时间和抗烧时间

灭火性能级别	抗烧水平	缓释放		强释放	
		灭火时间（min）	抗烧时间（min）	灭火时间（min）	抗烧时间（min）
I	A	不要求		≤ 3	≥ 10
	B	≤ 5	≥ 15	≤ 3	不测试
	C	≤ 5	≥ 10	≤ 3	
	D	≤ 5	≥ 5	≤ 3	
II	A	不要求		≤ 4	≥ 10
	B	≤ 5	≥ 15	≤ 4	不测试
	C	≤ 5	≥ 10	≤ 4	
	D	≤ 5	≥ 5	≤ 4	
III	B	≤ 5	≥ 15	不测试	
	C	≤ 5	≥ 10		
	D	≤ 5	≥ 5		

　　由表2-3-3可见，灭火级别越高，灭火性能要求越高。其中强释放和缓释放代表的是泡沫灭火剂灭火时两种不同的灭火方式，强释放是直接将泡沫混合液打在起火的液面上进行灭火，缓释放则是通过将泡沫混合液打在一个高于起火液面的挡板上，再流淌到起火液面边缘上的灭火方式。抗烧水平试验是在灭火成功后将装有一定燃料的抗烧罐放在油盘中央并点燃，观察油面是否在一定时间内再次复燃，复燃了多大面积比例。需要注意的是该操作是建立在灭火成功的基础上，如果灭火失败，该操作也无意义。

第四章

感温电缆

第一节 概 述

　　感温电缆是缆式线型感温火灾探测器的简称，是广泛使用的一种火灾探测器，属于线型感温火灾探测器的一种。它能响应某一连续线路周围温度参数，将温度值信号或是温度单位时间内变化量信号转换为电信号，以达到探测火灾并输出报警信号的目的，通常都有配套使用的火灾报警控制器。线型感温火灾探测器分类见表2-4-1。

表 2-4-1　　　　　　　　　　线型感温火灾探测器分类

按敏感部件形式	按动作性能	按可恢复性能	按定位方式	按探测报警功能
缆式 空气管式 分布式光纤 光纤光栅 线式多点型	定温 差温 差定温	可恢复式 不可恢复式	分布定位 分区定位	探测型 探测报警型

　　图2-4-1为某公司生产的新型缆式线型感温火灾探测器，其内置高度集成的片上芯片系统，可通过RS-485总线与上位机——线型感温火灾探测器监测系统配接，上传感温电缆的阈值设置信息、感温电缆感知到的实时温度等各种属性信息，在监测平台上通过图形化的方式进行呈现。

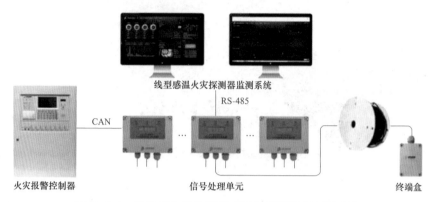

线型感温火灾探测器监测系统

RS-485

CAN

火灾报警控制器　　　　　　　　　信号处理单元　　　　　　　　　终端盒

图 2-4-1　某公司生产的新型感温电缆监测系统组网图

第二节　感温电缆的功能与结构

一、可恢复式缆式线型感温火灾探测器

可恢复式缆式线型感温电缆主要包括信号处理单元（微机头）、可恢复式感温电缆和终端盒，结构如图 2-4-2 所示。可恢复式定温感温电缆通常是两芯绞合结构，加载一定电压，每芯导体的外面是负温度系数的热敏绝缘材料，如聚烯烃类高分子聚合物绝缘层。当温度升高时，热敏绝缘材料绝缘电阻变小，在两芯电缆间形成一定短路电流（部分厂家增加了用于温度补偿功能的二芯线，为四芯结构）。

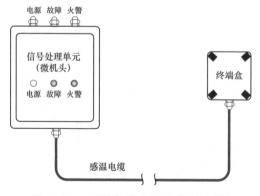

电源　故障　火警

信号处理单元
（微机头）

电源　故障　火警

终端盒

感温电缆

图 2-4-2　可恢复缆式线型感温探测器

正常情况下，信号处理单元的电压通过终端电阻在感温电缆形成微弱的监视电流，当感温电缆出现断路时发出断路故障信号；当环境温度升高时，热敏绝缘材料的绝缘电阻变小，导体泄漏电流变大，根据泄漏电流的大小可以实现定温报警。感温电缆线芯之间组成探测回路，以电阻值的变化响应现场设备或环境温度的变化，从而实现感温探测报警的目的。感温探测器由微机头、终端盒及感温电缆三部分组成，感温电缆是其测温部分。它的测温点贯穿整条感温电缆，当感温电缆上任何一点 T_1 的温度升高时，该处导线之间的接触电阻 R 降低，导致出现"临时"低阻值接头，微机调制器接收 T_1 点的温度信号值与其额定报警值进行比较，并判断是否报警。当线缆上另外一点 T_2 的温度高于 T_1 点时，T_2 处导线之间的接触电阻会变得低于 T_1 点的电阻，导致出现新的"临时"低阻值接头，微机调制器监测 T_2 点温度值并判断是否报警，直至出现新的高温点来取代当前监测点，从而起到实时监控最高温度点的功能。温度正常后泄漏电流恢复正常，只要未造成结构性损坏，就可以重复使用。

可恢复式差定温感温电缆通常采用四芯绞合结构（部分厂家增加了用于温度补偿功能的二芯线，为六芯结构），两对双绞线组合，分别用于监测泄漏电流的变化率，实现定温和差温报警。

从技术上讲，可恢复感温电缆是可以实现报警定位的，但由于感温电缆探测区域长度不宜超过 100m，报警定位意义不大，一般采取分区报警的方式，因此多数使用的可恢复型感温电缆未加载分布定位功能。

可恢复感温电缆的优点为：①非破坏性报警。由于可恢复式感温电缆是根据其探测回路电阻值变化的工作原理，报警信号是在其器件常态下产生的，因此它在报警过后仍能恢复正常的工作状态。除非保护现场的温度过高，同时感温电缆暴露在高温下的时间过久（直接接触温度高于 250℃），才会导致感温层发生结构性的改变。②报警温度可调。报警温度是根据保护现场的环境温度、感温电缆的使用长度及所要求的报警温度值三项参数，在其微机控制器上由报警温度选择开关设定。报警温度一定范围可调，所以它不仅能用来监测火灾情况，也可以用来监测设备运行时温度过高的情况。③具有智能温度补偿功能。当保护区环境温度波动剧烈，超出正常范围时，探测器能提高不动作温度范围。④电磁兼容性好。可恢复式感温电缆具有良好的接地措施、隔离检测和软件抗干扰技术，可以较好地应用于强电磁场干扰的场所。⑤故障信号齐全。可恢复式感温电缆的报警信号是由其微机控制器对保护现场感温电缆探测回路的电阻值进行适时监测分析得出的。由于这个信号的形成与感温电缆的物理性短路或者断路状态完全无关，所以无论什么原因造成感温电缆探测回路的短路或断路，探测器都会唯一识别并报出相应的故障信号，这种特性使得可恢复式缆式线型感温火灾探测器的自检测和自保护功能趋于完善，极大地提高了其运行的故障识别可靠性。

可恢复式感温电缆的缺点在于造价相对较高，故障频率相对也高，报警可靠性不如不可恢复式。

二、不可恢复式缆式线型感温火灾探测器

不可恢复式缆式线型感温电缆常见的构造：内部有两根绞合的弹性钢丝，每根钢丝外面包裹有绝缘的温度敏感材料，当周边温度上升到预定动作温度时，温度敏感材料融化破裂，绞合钢丝短路，发出报警信号，优点是经济实用，不受电磁干扰，较少误报，维护简便。不可恢复式缆式线型感温火灾探测器在变电站有部分应用。图2-4-3为不可恢复式感温电缆接线原理图。

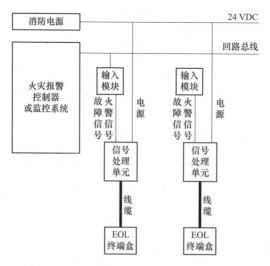

图2-4-3 不可恢复式感温电缆接线原理图

不可恢复式感温电缆的优点是感温电缆只有"开""关"两个状态，原理简单、稳定可靠；感温电缆沿全长均具有连续的灵敏度，任何一点或一段受热均可报警；灵敏度不受使用长度和环境温度的影响；产品价格相对低廉。缺点有：① 破坏性报警，报警方式为一次性破坏式，每个报警信号都要在电缆体发生物理性损坏的前提下形成，感温电缆在每次报警后都要进行更换。在类似电缆隧道等安装环境十分不便的地方，更换相当困难，且费工、费时。② 不易监测非火灾情况引起的超温现象。③ 报警温度固定，只能在一个固定的温度设置点上产生报警信号，因而不能满足某些因现场环境温度呈周期性变化而相应改变报警温度设置点要求的应用场所。④ 故障信号不全，普通型感温电缆的报警信号与其短路信号无法区分。这个缺点在实际应用中很容易因为意外的机械性损伤或其他原因造成的短路故障而引发误报警，从而导致火灾自动报警及消防联动控制系统的消防设备误动作。⑤ 电磁兼容性差，普通型感温电缆易受电磁干扰引发误报警，从而降低了探测器的可靠性。

三、感温电缆在变电站的典型应用

《火力发电厂与变电站设计防火标准》（GB 50229—2019）第11.5.26条明确变电站主要建（构）筑物和设备宜按表2-4-2的规定设置火灾自动报警系统。

表2-4-2　　　　　主要建（构）筑物和设备的火灾探测器类型

建筑物和设备	火灾探测器类型
控制室、通信机房、继电器室	点型感烟/吸气
直流场、电抗（容）器室、配电装置室	点型感烟
电缆层和电缆竖井、室外变压器	缆式线型感温
室内变压器、调相机润滑油系统	缆式线型感温/吸气

注　电抗器室如选用含油设备时，宜采用缆式线型感温探测器。

目前特高压变压器按常规变电站采用两套缆式线型感温火灾探测器火警信

号或一套缆式线型感温火灾探测器火警信号＋手动报警按钮确认火警信号的联动控制方式，加上主变压器各侧断路器跳闸的动作信号启动固定式灭火系统。启动逻辑如图 2-4-4 所示。

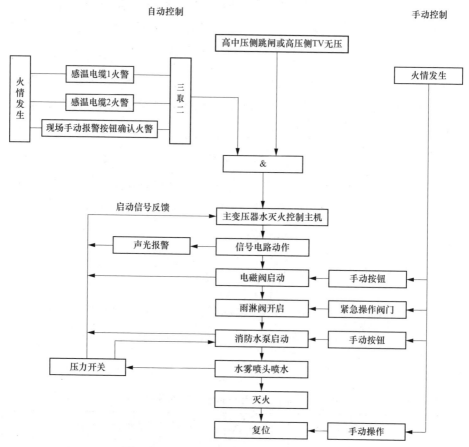

图 2-4-4　变压器灭火系统常见启动逻辑图

图 2-4-5 为加装火焰探测器固定灭火系统自动启动逻辑图。通过加装火焰探测器，提高了灭火系统动作的及时性、准确性，尽可能减少火灾对电力系统带来的破坏性。加装火焰探测器后，变压器联动控制启动条件提升为变压器灭火系统启动需要同时满足两个条件：① 缆式线型感温火灾探测器或火焰探测器动作信号；② 各侧断路器跳闸位置信号。

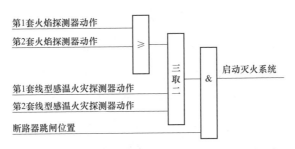

图 2-4-5 加装火焰探测器固定灭火系统自动启动逻辑图

目前，多数变电站使用可恢复缆式线型定温（85℃和105℃）感温探测器，就是常说的可恢复式感温电缆（报警温度85℃和105℃）。户外最常用的是105℃报警温度的带金属护套和屏蔽层的感温电缆，优点是耐久性和耐候性通常比普通护套的感温电缆要好，抗电磁干扰性较强，如图2-4-6所示。

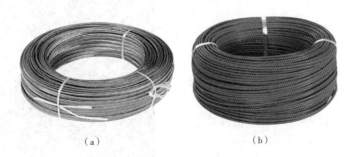

图 2-4-6 铠装感温电缆和室内用感温电缆

（a）铠装感温电缆；（b）室内用感温电缆

室内多采用85℃报警温度的感温电缆，敷设示意图和实际应用场景如图2-4-7和图2-4-8所示。

感温电缆在使用时，如果不能采用正确的安装、使用方法，会出现误报警等情况，因此，需要严格按照供应商要求进行。常见的故障原因包括：① 环境温度超过感温电缆不动作温度；② 施工时线缆强力锐折导致感温电缆破损；③ 使用不规范的卡具；④ 感温电缆浸水或环境湿度过高；⑤ 终端接线盒或中间接线盒受潮；⑥ 安装方式不对；⑦ 感温电缆老化失效；⑧ 电磁干扰等。

不带铠装编织护套的感温电缆，在户外变压器上几个月就开始褪色，带铠装编织护套的感温电缆则老化速度变慢。变电站（换流站）内室外变压器使用的感温电缆日晒雨淋，不仅会让感温电缆护套老化、粉化，也会改变感温电缆热敏绝缘材料的性能，而热敏绝缘材料是感温电缆的关键响应部件，当环境气候变化使得热敏绝缘材料的电阻率和绝缘性能发生较大改变时，就会出现误报火警、误报故障甚至完全无法使用的情况。部分厂家声称产品的护套为抗老化、耐磨损的尼龙材质、聚四氟乙烯材质等，实际可能是 PVC 或 PE 等。尽管《线型感温火灾探测器》（GB 16280—2014）有相关多项耐环境气候测试要求，在变电站（换流站）户外严苛的环境条件下，部分缆式线型感温火灾探测器使用寿命可能大幅缩短。

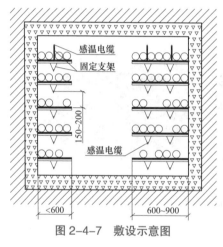

图 2-4-7　敷设示意图

图 2-4-8　实际应用场景

感温电缆的电磁干扰问题理论上是存在的，《线型感温火灾探测器》（GB 16280—2014）也有相关的电磁兼容试验要求。部分研究提到，无法证实现场使用的缆式线型感温火灾探测器部分误报警情况是否属于电磁干扰，但是往往设计方让采用带屏蔽层、带金属编织铠装的感温电缆，但也有部分场合为了降低投资采用非屏蔽型感温电缆。

对于选型问题，部分室外场所使用定温 105℃ 的感温电缆，但部分站点选用可调定温的，将部分探测器设置 65℃。但有些感温电缆（85℃ 报警温度）的不报警温度是 60℃，因缆式线型火灾探测器报警温度有一定误差，且使用过程中可能存在报警温度误差变大的情况，在夏日高温季节，若报警温度设置过低，在运户外变压器表面温度可能接近报警温度，有误报火警的风险。

布线防护问题包括信号处理器、终端盒和中间接线盒的安装防护问题。具体问题有：① 部分变压器用缆式线型感温火灾探测器将终端接线盒、中间接线盒置于露天室外，防护等级无法满足场所的要求，导致接线盒、终端盒进水受潮，部分信号处理器和终端接线盒均置于模块箱内，但模块箱无法保证温湿度要求，影响产品性能；② 现场施工存在任意弯曲、拖拽、甚至机械碰撞造成感温电缆损伤的可能，因肉眼很难辨别感温电缆内部热敏绝缘材料是否受到损伤，也给后期探测器稳定运行带来挑战；③ 部分感温电缆与变压器用强电弱电电缆槽盒一起走线，存在干扰，一旦槽盒内电线电缆起火，会有误报变压器火警的可能；④ 部分感温电缆弯折处存在弯曲半径过小，甚至扭曲打结的情形，不符合相关规范要求；⑤ 变电站缆式线型感温火灾探测器模块箱穿管处封堵是传统柔性有机堵料，此类产品耐候性较差，部分产品质量较差，对感温电缆可能造成腐蚀损伤；⑥ 部分模块箱内有电加热除湿装置，因而在模块箱内引入了强电，《火灾自动报警系统设计规范》（GB 50116—2013）第 6.8.2 条规定，模块严禁设置在配电（控制）柜（箱）内，若将强电引入感温电缆模块箱会存在一定隐患。

第三节　关键性能指标及检测方法

感温电缆产品标准《线型感温火灾探测器》（GB 16280—2014）参考《火灾报警系统　第 5 部分：点型感温火灾探测器》（ISO 7240-5）和《消防报警系统中的感温火灾探测器》（UL—521）编制。对于可恢复式差、定温探测器，标准规定了 20 余项试验项目，见表 2-4-3。

表 2-4-3　　　　　　　可恢复式差、定温探测器试验项目

序号	章条	试验项目	探测器编号		
			1	2	3
1	5.1.8	试验前检查试验	√	√	√
2	5.2	基本功能试验	√	√	√

续表

序号	章条	试验项目	探测器编号		
			1	2	3
3	5.3	电源性能试验	√		
4	5.4	标准温度的定温报警动作温度试验[a]	√	√	√
5	5.5	标准温度的差温报警动作性能试验[b]	√	√	√
6	5.6	定温报警不动作试验[a]	√	√	√
7	5.7	差温报警不动作试验[b]	√	√	√
8	5.8	响应时间及一致性试验[a]	√	√	√
9	5.9	定位性能试验[e]		√	
10	5.10	高温运行定温报警动作温度试验[a]	√		
11	5.11	高温运行差温报警动作性能试验[b]	√		
12	5.12	低温运行定温报警动作温度试验[a]	√		
13	5.13	低温运行差温报警动作性能试验[b]	√		
14	5.14	环境温度变化条件下的响应性能试验[a, c]	√		
15	5.15	抗拉试验			√
16	5.16	冷弯试验			√
17	5.17	交变湿热（运行）试验	√		
18	5.18	高温暴露耐受试验			√
19	5.19	绝缘电阻试验		√	
20	5.20	电气强度试验		√	
21	5.21	射频电磁场辐射抗扰度试验		√	
22	5.22	射频场感应的传导骚扰抗扰度试验		√	
23	5.23	静电放电抗扰度试验		√	
24	5.24	电快速瞬变脉冲群抗扰度试验		√	

续表

序号	章条	试验项目	探测器编号		
			1	2	3
25	5.25	浪涌（冲击）抗扰度试验		√	
26	5.26	工频磁场抗扰度试验		√	
27	5.27	小尺寸高温响应性能试验 [d]	√		
28	5.28	SO$_2$ 腐蚀（耐久）试验	√		
29	5.29	盐雾腐蚀（耐久）试验	√		

注　1　缆式线型感温火灾探测器、空气管式线型感温火灾探测器、线式多点型感温火灾探测器1号试样以0.1倍制造商标称的最大使用长度随机选取为"敏感部件长度1"的敏感部件，2号试样以0.4倍制造商标称的最大使用长度随机选取为"敏感部件长度2"的敏感部件，3号试样以0.9倍制造商标称的最大使用长度随机选取为"敏感部件长度3"的敏感部件进行5.6、5.7试验。

　　2　在1号试样的敏感部件中随机抽取长度为1.5倍标准报警长度的感部件作为试样1-1进行SO$_2$腐蚀（耐久）试验。

　　3　在1号试样的敏感部件中另外随机取长度为1.5倍标准报警长度的部件作为试样1-2进行盐雾腐蚀（耐久）试验。

　　4　"√"表示进行该项试验。

　　a　适用于定温、差定温探测器。

　　b　适用于差温、差定温探测器。

　　c　适用于缆式线型感温火灾探测器、空气管式线型感温火灾探测器、线式多点型感温火灾探测器。

　　d　探测器适用于标准报警长度不大于1m的探测器。

　　e　适用于分布定位探测器和分区定位探测器。

根据表2-4-3，试验项目可以大致分为五部分：基本要求、功能验证、电气安全、电磁兼容、耐环境气候性能。每项指标都是比较基础的要求，这里仅以定温探测器的标准温度动作性能为例介绍测试方法，其他不再一一赘述。

试验步骤如下：随机选取要求长度的敏感部件3段，分别按制造商规定的正常安装方式安装。如使用说明书给出多种安装方式，试验中应采用对探测器工作最不利的安装方式。将部件放在温箱中，使其处于正常监视状态。调节温箱使温箱处于标准要求的工作状态，稳定10min（或制造商标称时间）。按要求的升温速率升温至试样动作，记录试样不同部位的动作温度。在（25±2）℃的起始温度［对于动作温度设定值不小于138℃的试样，起始温度为（50±2）℃］、气流速率为（0.8±0.1）m/s的条件下，对探测器任一段标准报警长度的敏感部件，以1℃/min的升温速率升温，定温和差定温探测器设定的动作温度和不动作温度应符合表2-4-4规定。

表2-4-4　　　　定温和差定温探测器设定的动作温度和不动作温度要求

探测器动作温度 T_1（℃）	探测器不动作温度 T_2（℃）
60	40
70	45
85	60
105	75
138	85
180	108

注　产品的允许使用环境最高温度不超过不动作温度。

探测器动作温度误差不应大于设定值的10%，不大于制造商标称的最小误差。具有多个报警温度点的探测器，探测器设定的动作温度和不动作温度值应在表2-4-4中给出的数值内对应选取，且每一个报警温度点均应满足探测器动作温度误差不应大于设定值的10%，不大于制造商标称的最小误差。定温和差定温探测器的响应时间应满足表2-4-5的规定。

表2-4-5　　　　　　　定温和差定温探测器的响应时间要求

探测器动作温度 T（℃）	探测器响应时间 t（s）
$60 \leqslant T < 85$	$\leqslant 15$
$85 \leqslant T < 100$	$\leqslant 30$
$T \geqslant 100$	$\leqslant 45$

第五章 其他消防产品

第一节　灭火器

　　19 世纪初，世界上第一具灭火器雏形在一位英国船长的手中诞生，此后的两百多年里，灭火器被传播到世界各地，结合工业的发展和对消防知识的探索研究，灭火器已经发展成为一种十分成熟且极其重要的用于扑救初期火灾的消防产品，是一种量大面广的群众性消防工具。

　　灭火器按照类型可划分为手提式、简易式和推车式三种，无论哪一种类型的灭火器，在我国均是强制性认证产品，执行的产品标准有强制性国家标准和消防救援行业标准，灭火器类型以及对应的产品标准见表 2-5-1。

表 2-5-1　　　　　　　　　　灭火器类型以及对应的产品标准

灭火器类型	执行的产品标准及名称
手提式灭火器	《手提式灭火器　第 1 部分：性能和结构要求》（GB 4351.1—2005）
推车式灭火器	《推车式灭火器》（GB 8109—2005）
简易式灭火器	《简易式灭火器》（XF 86—2009）

　　手提式灭火器和简易式灭火器外观大致相同，实物如图 2-5-1 所示。简易式灭火器的体积更小，更加便携，被更多地应用于家庭和家用汽车上。而推车式灭火器因其灭火剂容量大、喷射距离远等特点，一般应用于厂房、仓库等

灭火级别需求较高的场所，实物如图 2-5-2 所示。手提式灭火器则兼顾上述两者的优点，拿取方便、使用方法简单、灭火级别范围广，因此应用广泛，在商场、交通工具、民用住宅等各类场所均有配备，已成为单位和家庭必备的灭火器材之一。

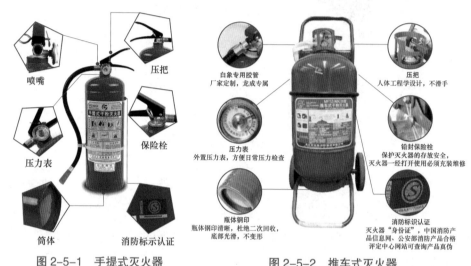

图 2-5-1　手提式灭火器　　　　　图 2-5-2　推车式灭火器

除了依照灭火器类型划分，还可以按照充装的灭火剂类别将灭火器分为水基型灭火器、干粉型灭火器和二氧化碳灭火器。

水基型灭火器充装的药剂一般有泡沫灭火剂和水系灭火剂两种，泡沫灭火剂通常灌装的是水成膜泡沫灭火剂，利用泡沫灭火剂或水系灭火剂特性去达到灭火目的，对灭 B 类火有着最好的灭火效果。水基型灭火器在日常使用或购买中需要注意的是使用温度。在北方城市选购灭火器，注意灭火器的贴花标识上标注的最低使用温度要低于该地区冬季的最低气温，以保证灭火器可以正常使用。

干粉型灭火器充装药剂为普通干粉灭火器和超细干粉（指 90% 粒径小于或等于 20 μm 的固体粉末）。按照灭火类别（也可称为药剂类别）可划分为 BC 类干粉灭火剂和 ABC 干粉灭火剂。BC 类干粉灭火剂主要成分是碳酸氢钠，ABC 干粉灭火剂的主要成分是磷酸铵盐，现在市面上 ABC 干粉灭火器主要使用的是充装含有 75% 左右的磷酸二氢铵和 15% 左右的硫酸铵，也就是俗称的"90 粉"。干粉灭火剂的灭火原理主要是冷却、稀释氧含量、覆盖和抑制链式反应。干粉遇到高温分解时会吸收大量的热，并释放出蒸气和二氧化碳；干粉的另一作用是消除燃烧物产生的活性游离子，使燃烧的连锁反应中断；干粉灭火器作为市面上最常见、市场占有率最高、销量最大的灭火器，也是假冒伪劣产品泛滥的重灾区。最容易造假的部分就是干粉灭火剂的成分，由于本身储存在钢瓶内，看不见摸不着，不到需要灭火的时候也不会启动喷射，再加上灭火剂成本较高，而造假却可以用任何材料代替干粉灭火剂，在利益的驱动下导致市面上流通着许多假冒伪劣的干粉灭火器，因此选购干粉灭火器一定要擦亮双眼，正规的进货渠道、知名的灭火器品牌、可靠的检测报告、批量采购前的进货送检都很有必要。

无论是水基型灭火器还是干粉型灭火器，对灭火场所和灭火对象都有一定的污染和破坏作用，因此在特定场所下（如包括精密仪器、电子设备、图书、档案等的场所），二氧化碳灭火器有着得天独厚的优势。二氧化碳以液态的形式充压在瓶体内，喷射时液态转化为气态，会吸收大量的热，并且短暂时间内释放的大量二氧化碳气体会稀释和排斥周围的氧气，以抑制燃烧、完全中断燃烧。虽然二氧化碳灭火器有着独特的洁净灭火优势，但在实际灭火中由于没有覆盖的作用，在扑灭明火的初期，可燃物的温度仍然较高，在停止二氧化碳灭火剂喷射后，高温下的可燃物与含量逐渐升高的氧气直接接触，使得扑灭明火后的短时间内容易再次发生复燃。二氧化碳灭火器由于储压压力高、瓶体制作工艺要求高，也是三者灭火器中价格最高的，因此市面上很少能见到，生产厂家也是按需生产。

第二节　消防水带

消防水带全称为有衬里消防水带，是通过一端的消防接口和出水口连接，一端与消防水枪或泡沫枪等喷射器材连接，能承受一定压力，将远处的消防供水或泡沫混合液等阻燃液体输送到起火场所的软管，主要由外部编织层和胶管衬里（或覆盖层）两部分组成。消防水带实物如图 2-5-3 所示。

图 2-5-3　消防水带

编织层是由一股或多股经线纬线编织而成的筒状织物层，衬里（或覆盖层）是塑料粒子经过高温熔化、挤塑、降温、定型而成，将两者套在一起，通入一定温度的硫化蒸汽、加压保持一定时间，配合胶黏剂黏合从而得到了一定长度的消防水带。外部织物层通过改变经纬线总经根数和编织股数，为水带提供了不同程度的耐压能力，总经根数越多，编制股数越大，其耐压能力就越强，相应的在实际使用中水带的耐磨性能也逐渐提高。涂层或覆盖层是在外部编织层上又增加了一层胶层，以增加对织物层保护，提高耐磨及对环境的耐受能力。

消防水带执行标准为《消防水带》（GB 6246—2011）。消防水带型号规格较多，不同的内径及长度、设计工作压力、试验压力及最小爆破压力见表 2-5-2 和表 2-5-3。

表 2-5-2　　　　　　　　　　　　　　内径及长度

内径（mm）	长度（m）
25	15
40	20
50	25

续表

内径（mm）	长度（m）
65	30
80	40
100	60
125	200
150	—
200	—
250	—
300	—

表 2-5-3　　　　　　设计工作压力、试验压力及最小爆破压力　　　　　（MPa）

设计工作压力	试验压力	最小爆破压力
0.8	1.2	2.4
1.0	1.5	3.0
1.3	2.0	3.9
1.6	2.4	4.8
2.0	3.0	6.0
2.5	5.0	7.5

消防水带的质量优劣影响其在实际火灾扑救过程中的使用效果。消防水带的长度不合格，可能导致水带前端无法接近着火位置，阻燃液体不能有效灭火；水压试验不合格，可能导致水带在填充高压水后发生渗漏，降低水带内压力，从而使得喷射距离下降，影响火灾扑救；爆破试验不合格，可能导致在实际火灾扑救过程中水带破裂，无法实施灭火工作；黏附性不合格，可能出现水带衬里因黏附而不能使用的情况；附着强度不合格，其承压能力可能不足，无

法起到扑灭火灾的作用；耐磨性能不合格，可能导致在地面拖动使用时，消防水带渗漏或者破裂；热空气老化性能不合格，可能出现水带使用寿命短的情况，由于消防水带的使用频次不高，在实际火灾发生时，生产日期较早的水带可能出现破裂或无法承压的状况，影响火灾扑救工作。

第三节　消防沙箱

在变电站，消防沙箱一般设置于变压器等充油设备旁，并需设置醒目标识，标识上必须有"消防沙箱"四个字。沙箱内部存有干燥的消防沙，并配备消防铲和消防桶等工具。消防沙可以吸纳易燃液体，比如变电站场地内有油渍，可以倒上沙子覆盖然后清扫；消防沙还可以用于扑救 D 类金属火灾，而且成本低廉。消防沙箱实物如图 2-5-4 所示。

图 2-5-4　消防沙箱

不同电压等级的变电站里，黄沙配置用量与现场实际情况有关，表 2-5-4 是典型变电站现场黄沙配置表。

表 2-5-4　　　　　　　　　　典型变电站现场黄沙配置表

电压等级（kV）	配置部位	配置量（m³）	备注
1000	主变压器	12	12 台变压器共用
500	主变压器	12	12 台变压器共用

续表

电压等级（kV）	配置部位	配置量（m³）	备注
220	室外油浸式主变压器	1	沙箱数与主变压器数相同，每只沙箱配备 3～5 把消防铲
110	室外油浸式主变压器	1	沙箱数与主变压器数相同，每只沙箱配备 3～5 把消防铲
35	室外油浸式主变压器	1	沙箱数与主变压器数相同，每只沙箱配备 3～5 把消防铲

第四节　悬挂式干粉灭火装置

悬挂式干粉灭火装置由储存容器、压力表和喷射嘴等组成，具有自动报警、自动喷洒干粉灭火剂的完整功能，是具有短管网或无管网的单一的固定灭火装置。实物如图 2-5-5 所示。

图 2-5-5　悬挂式干粉灭火装置

悬挂式干粉灭火装置在喷淋头的喷嘴处装有感温玻璃球，当温度达到指定值时玻璃球爆破，灭火器内部压力将干粉向喷淋头处喷洒，具有灭火速度快、小巧美观等特点，灭火速度比一般的手提式灭火器快很多，在变电站或换流站中，该灭火装置一般用于电缆夹层等地下隐蔽场所。图 2-5-6 为安装于变电站电缆夹层的悬挂式干粉灭火装置。

图 2-5-6 电缆夹层用悬挂式干粉灭火装置

悬挂式干粉灭火器的保护面积一般按 $10m^2$ 计算，保护半径为 3m，如果安装位置比较高，则保护面积相应减少。悬挂式干粉灭火器的动作温度有 57、68、79℃ 和 93℃ 四种。根据空间大小计算灭火器的数量，挂式灭火器需要吊顶安装，安装高度不宜超过 5m。表 2-5-5 给出了 6、8、10kg 三种规格灭火装置的灭火级别、有效保护半径和面积。

表 2-5-5　　　　　　　　　不同规格灭火装置及有效保护半径、面积

规格（kg）	灭火级别	有效保护半径（m）	有效保护面积（m²）
6	3A、89B	0.47	17
8	3A、113B	0.53	22
10	4A、144B	0.56	28

第五节　微型消防站

微型消防站是依托单位志愿消防队伍或社区群防群治队伍，以救早、灭小和"三分钟到场"扑救初起火灾为目标建设的最小消防组织单元。根据初起火灾消防特征，按需配备灭火器、水带、水枪等灭火器材；还可选配灭火毯、消防服、消防头盔、消防靴、消防斧等多种消防应急装备。微型消防站如图2-5-7所示。

图 2-5-7　微型消防站

麻雀虽小五脏俱全，作为最小的消防组织单元，微型消防站并不单单提供一些消防救援的器材设施，还要配置人员。配备人员的职责分工应明确，在火灾发生的初期启动相应的应急预案，采取通报警情、指挥、作战、疏散等处置措施，在等待消防队伍救援的同时有条不紊地迅速开展上述活动，抓住灭火最佳时期，最大限度地发挥微型灭火站的特点，在一定程度上减少人员伤亡和财产损失。在实际应用中，变电站依托站内消防队伍和运维班组，在初起火灾阶段可快速处置或控制火灾蔓延。

单位微型消防站一般分为三级：① 一级微型消防站建立在设有消控室的重

点单位；② 对于没有消控室且拥有 10 名及以上员工的重点单位，应建立二级微型消防站；③ 单位员工数小于 10 人的重点单位则建立三级微型消防站。

变电站（换流站）中一般均设有消控室，应建立一级微型消防站，表 2-5-6 中是某 500kV 变电站微型消防站配置的消防器材。

表 2-5-6　　　　　　某 500kV 变电站微型消防站配置的消防器材

类别	名称	数量	单位
灭火器材	手提式二氧化碳灭火器	4	具
	推车式二氧化碳灭火器	2	台
	喷雾水枪	4	支
	直流水枪	2	支
	消防水带	4	条
	消火栓扳手	2	把
破拆工具	消防斧	2	把
	手动破拆工具组	2	个
沟通工具	对讲机	4	只
防护装备	消防头盔	4	顶
	防护服	4	套
	消防手套	4	双
	安全腰带	4	条
	防护靴	4	双
	正压式消防空气呼吸器	4	只
	过滤式消防自救呼吸器	10	只

第三篇
消防系统及其技术要求

　　变电站消防系统主要由火灾探测系统、消防给水系统和灭火系统组成。对于变电站消防系统来说，从设计初期到建成投运的施工建设阶段和维护管理阶段是两个极其重要的阶段，建设阶段的验收主要检查安装质量和调试要求是否符合相关规范要求，后期维护是由变电站运维人员在日常工作中对站内消防系统进行定期巡查，排查安全隐患。

　　变电站消防系统是站内系统的重要组成部分，能够起到及时预警火灾及扑救火灾的作用。火灾报警和消防给水系统是每座变电站（换流站）必须配备的基础消防系统，固定式灭火系统主要用于配置有主变压器或调相机的变电站（换流站），包括水喷雾、泡沫喷雾和排油注氮灭火系统等，还有针对电缆沟等狭小空间内使用的探火管灭火装置。本篇分别对火灾自动报警、消防给水和消火栓系统、水喷雾灭火系统等八种系统的组成、系统安装质量技术要求、调试验收技术要求以及运行维护技术要求进行详细描述，为变电站（换流站）消防系统的建设和运维提供参考。

第一章 火灾自动报警系统

火灾自动报警系统可以根据火灾产生的烟雾或环境温度改变释放出报警信号，以提醒人员疏散、启动变电站自动灭火设备。

第一节 系统构成

火灾自动报警系统作为变电站（换流站）的火灾探测及预警、联动控制的核心系统，与自动灭火系统、消防应急照明和疏散指示系统、防烟排烟系统以及防火分隔系统等共同组成消防系统。变电站火灾自动报警系统由火灾探测报警系统和消防联动控制系统组成。

一、火灾探测报警系统

火灾探测报警系统由火灾报警控制器、触发器件和火灾警报装置等组成，能及时、准确地探测保护对象的初起火灾，并做出报警响应，告知变电站内的人员火灾的发生，从而使变电站中的人员有足够的时间在火灾发展蔓延到危害生命安全的程度前疏散至安全地带，是保障人员生命安全的最基本的消防系统。图 3-1-1 为火灾探测报警系统，其触发器件是感烟、感温探测器，火灾警报装置是声光警报器。

二、消防联动控制系统

消防联动控制系统由控制设备、监控设备、受控设备和中间模块等组成。

（1）控制设备：消防联动控制器、消防电气控制装置等。

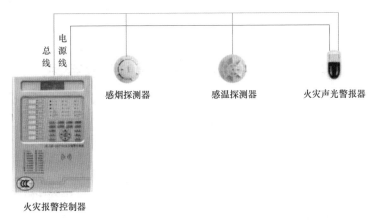

图 3-1-1　火灾探测报警系统

（2）监控设备：CRT 图形显示装置。

（3）受控设备：消防电动装置、消火栓按钮和消防电话等。

（4）中间模块：输入输出模块、中继模块等。

当火灾发生、报警信号到达消防联动控制器后，控制器按设定逻辑准确发出联动控制信号给消防泵、报警阀组等消防设备，完成对灭火系统、消防应急照明和疏散指示系统、防烟排烟系统等其他消防系统的联动控制，接收并显示受控设备的动作反馈信号。消防联动控制系统的构成如图 3-1-2 所示。

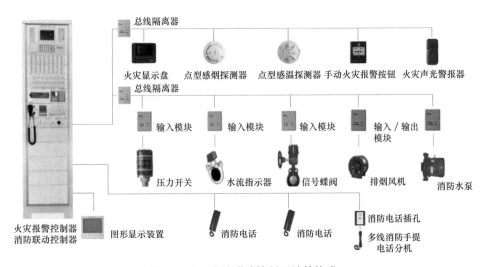

图 3-1-2　消防联动控制系统的构成

第二节 系统安装质量技术要求

变电站和换流站内的火灾自动报警系统配置、设计及选型应符合《火灾自动报警系统设计规范》（GB 50116—2013），安装及完善化改造过程中的施工和验收应符合《火灾自动报警系统施工及验收标准》（GB 50166—2019）。

组件安装质量检查是对系统各组成组件、系统布线及附件的安装质量进行检查，以确定是否满足规范及设计要求。

一、布线的安装检查

系统的布线检查包括对防护管路敷设、槽盒敷设和系统线路敷设的检查。

（一）防护管路敷设

（1）各类管路明敷时，应采用单独的卡具吊装或支撑物固定，吊杆直径不应小于6mm；各类管路暗敷时，应敷设在不燃结构内，且保护层厚度不应小于30mm。

（2）管路经过建筑物的沉降缝等变形缝处应采取补偿措施，线缆跨越变形缝的两侧应固定且留有适当余量。

（3）敷设在多尘或潮湿场所管路的管口和管路连接处时，均应做密封处理。

（4）符合下列条件时，管路应在便于接线处装设接线盒：

1）管路长度每超过30m且无弯曲时；

2）管路长度每超过20m且有1个弯曲时；

3）管路长度每超过10m且有2个弯曲时；

4）管路长度每超过8m且有3个弯曲时。

（5）金属管路入盒外侧应套锁母，内侧应装护口；在吊顶内敷设时，盒的内外侧均应套锁母。塑料管入盒应采取相应的固定措施。

检查方法：直观检查及尺量检查。

（二）槽盒敷设

（1）槽盒敷设时，应在下列部位设置吊点或支点，吊杆直径不应小于6mm：

1）槽盒始端、终端及接头处；

2）槽盒转角或分支处；

3）直线段不大于3m处。

（2）槽盒接口应平直，槽盖应齐全完好。槽盖并列安装时应便于开启。

检查方法：直观检查及尺量检查。

（三）系统线路敷设

系统线路敷设前，应按照设计文件的要求对材料进行检查，导线的种类、电压等级应符合设计文件要求。同一工程中的导线应根据不同用途选择不同颜色，相同用途的导线颜色应相同。

（1）在管内或槽盒内的布线应在建筑抹灰及地面工程结束后进行，管内或槽盒内不应有积水及杂物。

（2）系统应单独布线。除设计要求以外，系统不同回路、不同电压等级和交流与直流的线路不应布在同一管内或槽盒的同一槽孔内。

（3）线缆在管内或槽盒内不应有接头或扭结。导线应在接线盒内采用焊接、压接、接线端子的方式可靠连接。

（4）从接线盒、槽盒等处引到探测器底座、控制设备、扬声器的线路，当采用可弯曲金属电气导管保护时，其长度不应大于2m。可弯曲金属电气导管应入盒，盒外侧应套锁母，内侧应装护口。

（5）系统的布线除应符合上述规定外，还应符合《建筑电气工程施工质量验收规范》（GB 50303—2015）的相关规定。

（6）系统导线敷设结束后，应使用500V绝缘电阻表测量每个回路导线对地的绝缘电阻，且绝缘电阻值不应小于20MΩ。

检查方法：直观检查、尺量检查及绝缘电阻表测量。

二、系统部件的安装检查

系统部件的安装检查包括控制与显示类设备、探测器和系统其他部件的安装检查。

（一）系统部件资料

系统中国家强制认证产品的名称、型号、规格应与认证证书和检验报告一致，系统中非国家强制认证产品的名称、型号、规格应与检验报告一致；检验报告中未包括的配接产品接入系统时，应提供系统组件兼容性检验报告。

（二）控制与显示类设备

控制与显示类设备主要包括火灾报警控制器、消防联动控制器、火灾显示盘控制中心监控设备、家用火灾报警控制器、消防电话总机、可燃气体报警控制器、电气火灾监控设备、防火门监控器、消防设备电源监控器、消防控制室图形显示装置、传输设备、消防应急广播控制装置等设备。

1.控制与显示类设备的安装要求

（1）应安装牢固，不应倾斜。

（2）安装在轻质墙上时，应采取加固措施。

（3）落地安装时，其底边宜高出地（楼）面 100～200mm。

检查方法：直观检查及尺量检查。

2.控制与显示类设备的引入线缆的施工要求

（1）配线应整齐，不宜交叉，并应固定牢靠。

（2）线缆芯线的端部均应标明编号，并应与设计文件一致，字迹应清晰且不易褪色。

（3）端子板的每个接线端接线不应超过 2 根。

（4）线缆应留有不小于 200mm 的余量。

（5）线缆应绑扎成束。

（6）线缆穿管、槽盒后，应将管口、槽口封堵。

检查方法：直观检查及尺量检查。

3.控制与显示类设备的其他安装要求

（1）控制与显示类设备应与消防主电源、备电源直接连接，不应使用电源插头。主电源应设置明显的永久性标识。

（2）控制与显示类设备的蓄电池的型号、规格、容量应符合设计文件的规定，蓄电池的安装应符合产品使用说明书的要求。

（3）控制与显示类设备的接地应牢固，并应设置明显的永久性标识。

检查方法：直观检查、尺量检查及审查施工设计文件。

（三）探测器

各类探测器在即将调试时方可安装，在调试前应妥善保管并应采取防尘、防潮、防腐蚀措施。各类探测器应按规定要求安装，且安装时应确保探测器报警确认灯朝向便于人员观察的主要入口方向。

1.点型感烟火灾探测器、点型感温火灾探测器、一氧化碳火灾探测器、点型家用火灾探测器、独立式火灾探测报警器

（1）探测器至墙壁、梁边的水平距离不应小于0.5m。

（2）探测器周围水平距离0.5m内不应有遮挡物。

（3）测器至空调送风口最近边的水平距离不应小于1.5m，至多孔送风顶棚孔口的水平距离不应小于0.5m。

（4）在宽度小于3m的内走道顶棚上安装探测器时，宜居中安装。点型感温火灾探测器的安装间距不应超过10m，点型感烟火灾探测器的安装间距不应超过15m，探测器至端墙的距离不应大于安装间距的50%。

（5）探测器宜水平安装，当确需倾斜安装时，倾斜角不应大于45°。

检查方法：直观检查、尺量检查及角度尺检查。

2.线型光束感烟火灾探测器

（1）探测器光束轴线至顶棚的垂直距离宜为0.3～1m；高度大于12m的空间场所增设的探测器的安装高度应符合设计文件和《火灾自动报警系统设计规范》（GB 50116—2013）的规定。

（2）发射器和接收器（反射式探测器的反射板和探测器）之间的距离不宜

超过100m。

（3）相邻两组探测器光束轴线的水平距离不应大于14m。探测器光束轴线至侧墙水平距离不应大于7m，且不应小于0.5m。

（4）发射器和接收器（反射式探测器的反射板和探测器）应安装在固定结构上，且应安装牢固；确需安装在钢架等容易发生位移形变结构上时，结构的位移不应影响探测器的正常运行。

（5）发射器和接收器之间的光路上应无遮挡物。

（6）应保证接收器避开日光和人工光源直接照射。

检查方法：直观检查及尺量检查。

3. 线型感温火灾探测器

（1）敷设在顶棚下方的线型感温火灾探测器，至顶棚距离宜为0.1m，相邻探测器之间水平距离不宜大于5m；探测器至墙壁距离宜为1～1.5m。

（2）在电缆桥架、变压器等设备上安装时，宜采用接触式布置；在各种皮带输送装置上敷设时，宜敷设在装置的过热点附近。

（3）探测器敏感部件应采用产品配套的固定装置固定，固定装置的间距不宜大于2m。

（4）缆式线型感温火灾探测器的敏感部件应采用连续无接头方式安装，如确需中间接线，应采用专用接线盒连接；敏感部件安装敷设时，应避免重力挤压冲击。不应硬性折弯、扭转。探测器的弯曲半径宜大于0.2m。

（5）分布式线型光纤感温火灾探测器的感温光纤严禁打结，光纤弯曲时，弯曲半径应大于50mm，每个光通道配接的感温光纤的始端及末端应各设置不小于8m的余量段；感温光纤穿越相邻的报警区域时，两侧应分别设置不小于8m的余量段。

（6）光纤光栅线型感温火灾探测器的信号处理单元安装位置不应受强光直射，光纤光栅感温段的弯曲半径应大于0.3m。

检查方法：直观检查及尺量检查。

4. 管路采样式吸气感烟火灾探测器

（1）高灵敏度吸气感烟火灾探测器，当设置为高灵敏度时，可安装在天棚高度大于16m的场所，并应保证至少有两个采样孔低于16m。

（2）非高灵敏度吸气感烟火灾探测器不宜安装在天棚高度大于16m的场所。

（3）采样管应牢固安装在过梁、空间支架等建筑结构上。

（4）在大空间场所安装时，每个采样孔的保护面积、保护半径应符合点型感烟火灾探测器的保护面积、保护半径的要求，当采样管道布置形式为垂直采样时，每2℃温差间隔或3m距离间隔（取最小者）应设置一个采样孔，采样孔不应背对气流方向。

（5）采样孔的直径应根据采样管的长度及敷设方式、采样孔的数量等因素确定，并应符合设计文件和产品使用说明书的要求；采样孔需要现场加工时，应采用专用打孔工具。

（6）当采样管道采用毛细管布置方式时，毛细管长度不宜超过4m。

（7）采样管和采样孔应设置明显的火灾探测器标识。

检查方法：直观检查及尺量检查。

5. 点型火焰探测器和图像型火灾探测器

（1）安装位置应保证其视场角覆盖探测区域，并应避免光源直接照射在探测器的探测窗口上。

（2）探测器的探测视角内不应存在遮挡物。

（3）在室外或交通隧道场所安装时，应采取防尘、防水措施。

检查方法：直观检查及尺量检查。

6. 电气火灾监控探测器

（1）探测器周围应适当留出更换与标定的作业空间。

（2）剩余电流式电气火灾监控探测器负载侧的中性线不应与其他回路共用，且不应重复接地。

（3）测温式电气火灾监控探测器应采用产品配套的固定装置固定在保护对象上。

检查方法：直观检查。

7. 探测器底座

（1）应安装牢固，与导线连接必须可靠压接或焊接；当采用焊接时，不应使用带腐蚀性的助焊剂。

（2）连接导线应留有不小于150mm的余量，且在其端部应设置明显的永久性标识。

（3）穿线孔宜封堵，安装完毕的探测器底座应采取保护措施。

检查方法：直观检查及尺量检查。

（四）系统其他部件

1. 手动火灾报警按钮、消火栓按钮、防火卷帘手动控制装置、气体灭火系统手动与自动控制转换装置、气体灭火系统现场启动和停止按钮

（1）手动火灾报警按钮、防火卷帘手动控制装置、气体灭火系统手动与自动控制转换装置、气体灭火系统现场启动和停止按钮应设置在明显和便于操作的部位；其底边距地（楼）面的高度宜为1.3～1.5m，且应设置明显的永久性标识；消火栓按钮应设置在消火栓箱内；疏散通道上设置的防火卷帘两侧均应设置手动控制装置。

（2）应安装牢固，不应倾斜。

（3）连接导线应留有不小于150mm的余量，且在其端部应设置明显的永久性标识。

检查方法：直观检查及尺量检查。

2. 模块和模块箱

（1）同一报警区域内模块宜集中安装在金属箱内，不应安装在配电柜、箱或控制柜、箱内。

（2）应独立安装在不燃材料或墙体上，安装牢固，并应采取防潮、防腐蚀等。

检查方法：直观检查。

3. 消防设备电源监控系统传感器

（1）传感器与裸带电导体应保证安全距离，金属外壳的传感器应有保护

接地。

（2）传感器应独立支撑或固定，安装牢固，并应采取防潮、防腐蚀等措施。

（3）传感器输出回路的连接线，应采用截面面积不小于 10mm² 的双绞铜芯导线，并应留有不小于 150mm 的余量，其端部应设置明显的永久性标识。

（4）传感器的安装不应破坏被监控线路的完整性，不应增加线路接点。

检查方法：直观检查及尺量检查。

4. 防火门监控模块与电动闭门器、释放器、门磁开关等现场部件

（1）防火门监控模块至电动闭门器、释放器、门磁开关等现场部件之间连接线的长度不应大于 3m。

（2）防火门监控模块、电动闭门器、释放器、门磁开关等现场部件应安装牢固。

（3）门磁开关的安装不应破坏门扇与门框之间的密闭性。

检查方法：直观检查及尺量检查。

5. 消防电气控制装置

（1）消防电气控制装置在安装前应进行功能检查，检查结果不合格的装置不应安装。

（2）消防电气控制装置外接导线的端部应设置明显的永久性标识。

（3）消防电气控制装置应安装牢固，不应倾斜；安装在轻质墙体上时，应采取加固措施。

检查方法：直观检查。

三、系统接地检查

系统接地及专用接地线的安装应满足设计要求。交流供电和 36V 以上直流供电的消防用电设备的金属外壳应有接地保护，其接地线应与电气保护接地干线（PE 线）相连接。

检查方法：直观检查。

第三节　系统调试验收技术要求

一、一般规定

（1）施工结束后，建设单位应组织施工单位或设备制造企业对系统进行调试。系统调试前，应编制调试方案。

（2）系统调试应包括系统部件功能调试和分系统的联动控制功能调试，并应符合下列规定：

1）应对系统部件的主要功能、性能进行全数检查，系统部件的主要功能、性能应符合现行国家标准的规定。

2）应逐一对每个报警区域、防护区域或防烟区域设置的消防系统进行联动控制功能检查，系统的联动控制功能应符合设计文件和《火灾自动报警系统设计规范》（GB 50116—2013）的规定。

3）不符合规定的项目应进行整改，并应重新进行调试。

（3）火灾报警控制器、可燃气体报警控制器、电气火灾监控设备、消防设备电源监控器等控制类设备的报警和显示功能应符合下列规定：

1）火灾探测器、可燃气体探测器、电气火灾监控探测器等探测器发出报警信号或处于故障状态时，控制类设备应发出声、光报警信号，记录报警时间。

2）控制类设备应显示发出报警信号部件或故障部件的类型和地址注释信息。

（4）消防联动控制器的联动启动和显示功能应符合下列规定：

1）消防联动控制器接收到满足联动触发条件的报警信号后，应在3s内发出控制相应受控设备动作的启动信号，点亮启动指示灯，记录启动时间。

2）消防联动控制器应接收并显示受控部件的动作反馈信息，显示部件的类型和地址注释信息。

（5）消防控制室图形显示装置的消防设备运行状态显示功能应符合下列

规定：

1）消防控制室图形显示装置应接收并显示火灾报警控制器发送的火灾报警信息、故障信息、隔离信息、屏蔽信息和监管信息。

2）消防控制室图形显示装置应接收并显示消防联动控制器发送的联动控制信息、受控设备的动作反馈信息。

3）消防控制室图形显示装置显示的信息应与控制器的显示信息一致。

（6）气体灭火系统、防火卷帘系统、防火门监控系统、自动喷水灭火系统、消火栓系统、防烟与排烟系统、消防应急照明及疏散指示系统、电梯与非消防电源等相关系统的联动控制调试，应在各分系统功能调试合格后进行。

（7）系统设备功能调试、系统的联动控制功能调试结束后，应恢复系统设备之间、系统设备和受控设备之间的正常连接，并应使系统设备、受控设备恢复正常工作状态。

二、调试准备

（1）系统调试前，应按设计文件的规定，对设备的型号、规格、数量、备品备件等进行查验，并对系统的线路进行检查。

（2）系统调试前，应对系统部件进行地址设置及地址注释，并应符合下列规定：

1）应对现场部件进行地址编码设置，一个独立的识别地址只能对应一个现场部件。

2）与模块连接的火灾警报器、水流指示器、压力开关、报警阀、排烟口、排烟阀等现场部件的地址编号应与连接模块的地址编号一致。

3）控制器、监控器、消防电话总机及消防应急广播控制装置等控制类设备应对配接的现场部件进行地址注册，并应按现场部件的地址编号及具体设置部位录入部件的地址注释信息。

（3）系统调试前，应对控制类设备进行联动编程，对控制类设备手动控制单元控制按钮或按键进行编码设置，并应符合下列规定：

1）应按照系统联动控制逻辑设计文件的规定，进行控制类设备的联动编程并录入控制类设备中。

2）对于预设联动编程的控制类设备，应核查控制逻辑和控制时序是否符合系统联动控制逻辑设计文件的规定。

3）应按照系统联动控制逻辑设计文件的规定，进行消防联动控制器手动控制单元控制按钮或按键的编码设置。

（4）对系统中的控制与显示类设备应分别进行单机通电检查。

三、调试

（一）火灾报警控制器及其现场部件调试

1. 火灾报警控制器调试

切断火灾报警控制器的所有外部控制连线，将任一个总线回路的火灾探测器、手动火灾报警按钮等部件连接，接通电源，使控制器处于正常监视状态。火灾报警控制器的自检功能、操作级别、屏蔽功能、主电源和备电源的自动转换功能、故障报警功能（包括备电源连线故障报警功能、配接部件连线故障报警功能）、短路隔离保护功能、火警优先功能、消音功能、二次报警功能、负载功能、复位功能应符合规定。

火灾报警控制器应依次与其他回路相连接，使控制器处于正常监视状态，在备电工作状态下，火灾报警控制器的配接部件连线故障报警功能、短路隔离保护功能、负载功能和复位功能应符合规定。

2. 现场部件离线故障报警功能调试

使由火灾报警控制器供电的探测器、手动火灾报警按钮处于离线状态，使不由火灾报警控制器供电的探测器的电源线和通信线分别处于断开状态，火灾报警控制器应发出故障声、光报警信号，记录报警时间，显示故障部件的类型和地址注释信息。

3. 点型感烟、点型感温、点型一氧化碳火灾探测器火灾报警功能调试

采用专用的检测仪器或模拟火灾的方法使可恢复探测器监测区域的烟雾浓度、温度、气体浓度达到探测器的报警设定阈值，或采取模拟报警方法使不可

恢复探测器处于火灾报警状态（当有备品时，可抽样检查其报警功能），探测器的火警确认灯应点亮并保持。火灾报警控制器应发出火灾声、光报警信号，记录报警时间，显示发出火警部件的类型和地址注释信息。

4. 线型光束感烟火灾探测器火灾报警功能调试

调整探测器的光路调节装置，使探测器处于正常监视状态。

采用减光率为 0.9dB 的减光片或等效设备遮挡光路，探测器不应发出火灾报警信号。

采用产品生产企业设定的减光率为 1 ～ 10dB 的减光片或等效设备挡遮光路，探测器的火警确认灯应点亮并保持。火灾报警控制器应发出火灾声、光报警信号记录报警时间，显示发出火警部件的类型和地址注释信息。

采用减光率为 11.5dB 的减光片或等效设备遮挡光路，探测器的火警或故障确认灯应点亮。火灾报警控制器应发出火灾或故障声、光报警信号，记录报警时间，显示发出火警部件或故障部件的类型和地址注释信息。

5. 线型感温火灾探测器敏感部件故障报警、火灾报警功能调试

使线型感温火灾探测器的信号处理单元和敏感部件间处于断路状态，探测器信号处理单元的故障指示灯应点亮。火灾报警控制器应发出故障声、光报警信号，记录报警时间，显示发出故障部件的类型和地址注释信息。

恢复探测器正常连接。采用专用的检测仪器或模拟火灾的方法使可恢复探测器任一段长度为标准报警长度的敏感部件周围温度达到探测器报警设定阈值，采取模拟报警方法使不可恢复的探测器处于火灾报警状态（当有备品时，可抽样检查其报警功能），探测器的火警确认灯应点亮并保持。火灾报警控制器应发出火灾声、光报警信号，记录报警时间，显示发出火警部件的类型和地址注释信息。

6. 管路采样式吸气感烟火灾探测器采样管路气流故障报警、火灾报警功能调试

根据产品说明书改变探测器的采样管路气流，使探测器处于故障状态，探测器或其控制装置的故障指示灯应点亮。火灾报警控制器应发出故障声、光报警信号，记录报警时间，显示故障部件的类型和地址注释信息。

恢复探测器的正常采样管路气流，使探测器和控制器处于正常监视状态，在采样管最末端采样孔加入试验烟，使监测区域的烟雾浓度达到探测器报警设定阈值，探测器或其控制装置的火警确认灯应在 120s 内点亮并保持。火灾警控制器应发出火灾声、光报警信号，记录报警时间，显示发出火警部件的类型和地址注释信息。

7. 点型火焰测器和图像型火灾探测器火灾报警功能调试

在探测器监视区域内最不利处，采用专用检测仪器或模拟火灾的方法，向探测器释放试验光波，探测器的火警确认灯火警确认灯应在 30s 点亮并保持。报警控制器应发出火灾报警信号，记录报警时间，显示发出火警部件的类型和地址注释信息。

8. 手动火灾报警按钮火灾报警功能调试

操作报警按钮使按钮动作，报警按钮的火警确认灯应点亮并保持。火灾报警控制器应发出火灾声、光报警信号，记录报警时间，显示发出火警部件的类型和地址注释信息。

9. 火灾显示盘调试

火灾显示盘的接收和显示火灾报警信号的功能、消音功能、复位功能、操作级别、非火灾报警控制器供电火灾显示盘的主电源和备电源的自动转换功能等应符合规定。

使火灾显示盘的主电源处于故障状态，火灾报警控制器应发出故障声、光报警信号，记录报警时间，显示故障部件的类型和地址注释信息。

（二）消防联动控制器及其现场部件调试

1. 消防联动控制器调试

将消防联动控制器与火灾报警控制器连接，将任一备调回路的输入/输出模块与消防联动控制器、备调回路的模块与其受控设备连接，切断各受控现场设备的控制连线，接通电源，使消防联动控制器处于正常监视状态。

消防联动控制器的自检功能、操作级别、屏蔽功能、主电源和备电源的自动转换功能、故障报警功能（包括备电源连线故障报警功能、配接部件连线故障报警功能）、总线隔离器的隔离保护功能、消音功能、负载功能、复位功能、控制器自动和手动工作状态转换显示功能应符合规定。

依次将其他备调回路的输入/输出模块与消防联动控制器、模块与其受控设备连接，切断所有受控现场设备的控制连线，使控制器处于正常监视状态。在备电工作状态下，控制器的配接部件连线故障报警功能、总线隔离器的隔离保护功能、负载功能、复位功能应符合规定。

2. 模块调试

使模块与消防联动控制器的通信总线处于离线状态，控制器应发出故障声、光报警信号，记录报警时间，显示故障部件的类型和地址注释信息。

使模块与连接部件之间的连线断路，控制器应发出故障声、光报警信号，记录报警时间，显示故障部件的类型和地址注释信息。

核查输入模块和连接设备的接口是否兼容，给输入模块提供模拟的输入信号，输入模块应在 3s 内动作并点亮动作指示灯。消防联动控制器应接收并显示模块的动作反馈信息，显示设备的名称和地址注释信息。

撤除模拟输入信号，手动操作控制器的复位键，控制器应处于正常监视状态，输入模块的动作指示灯应熄灭。

核查输出模块和受控设备的接口是否兼容，操作消防联动控制器向输出模块发出启动控制信号，输出模块应在 3s 内动作并点亮动作指示灯。消防联动控制器应有启动光指示，显示启动设备的名称和地址注释信息。

操作消防联动控制器向输出模块发出停止控制信号，输出模块应在 3s 内动作并熄灭动作指示灯。

（三）消防专用电话系统调试

1. 消防电话总机调试

使消防电话总机处于正常工作状态，消防电话总机的自检功能、故障报警功能、消音功能、电话分机呼叫电话总机功能、电话总机呼叫电话分机功能应符合规定。

2. 消防电话分机调试

消防电话分机的呼叫电话总机功能、接收电话总机呼叫功能应符合规定。

3. 消防电话插孔调试

消防电话插孔的通话功能应符合规定。

（四）可燃气体探测报警系统调试

1. 可燃气体报警控制器调试

对于多线制可燃气体报警控制器，将所有回路的可燃气体探测器与控制器相连接；对于总线制可燃气体报警控制器，将任一回路的可燃气体探测器与控制器相连接。切断可燃气体报警控制器的所有外部控制连线，接通电源，使控制器处于正常监视状态。

可燃气体报警控制器的自检功能、操作级别、可燃气体浓度显示功能、主电源和备电源的自动转换功能、故障报警功能（包括备电源连线故障报警功能、配接部件连线故障报警功能）、总线制可燃气体报警控制器的短路隔离功能、可燃气体报警功能、消音功能、负载功能、复位功能应符合规定。

对于总线制可燃气体报警控制器，依次将其他回路与可燃气体报警控制器相连接，使控制器处于正常监视状态。在备电工作状态下，可燃气体报警控制器的配接部件连线故障报警功能、总线制可燃气体报警控制器的短路隔离功能、负载功能、复位功能应符合规定。

2. 可燃气体探测器调试

对探测器施加浓度为探测器报警设定值的可燃气体标准样气，探测器的报警确认灯应在30s内点亮并保持。控制器应发出可燃气体声、光报警信号，记录报警时间，显示可燃气体报警部件的类型和地址注释信息。清除探测器内的可燃气体，手动操作控制器的复位键，控制器应处于正常监视状态，探测器的报警确认灯应熄灭。

将线型可燃气体探测器发射器发出的光全部遮挡，探测器或其控制装置的故障指示灯应在100s内点亮，控制器应发出故障声、光报警信号，记录报警时间显示故障部件的类型和地址注释信息。

（五）电气火灾监控系统调试

1. 电气火灾监控设备调试

切断电气火灾监控设备的所有外部控制连线，将任一备调总线回路的电气火灾探测器与监控设备相连，接通电源，使监控设备处于正常监视状态。

电气火灾监控设备的自检功能、操作级别、故障报警功能、监控报警功能消音功能、复位功能应符合规定。

依次将其他回路的电气火灾探测器与监控设备连接，使监控设备处于正常监视状态，监控设备故障报警功能、监控报警功能、复位功能应符合规定。

2. 剩余电流式电气火灾监控探测器调试

按设计文件的规定对探测器进行报警值设定。采用剩余电流发生器对探测器施加报警值的剩余电流，探测器的报警确认灯应在30s内点亮并保持。监控设备应发出电气火灾监控声、光报警信号，记录报警时间，显示电气火灾监控报警部件的类型和地址注释信息，显示发出报警信号探测器的报警值。

3. 测温式电气火灾监控探测器调试

按设计文件的规定对探测器进行报警值设定。采用发热试验装置给监控探测器加热至设定的报警温度，探测器的报警确认灯应在40s内点亮并保持。监控设备应发出电气火灾监控声、光报警信号，记录报警时间，显示电气火灾监控报警部件的类型和地址注释信息，显示发出报警信号探测器的报警值。

4. 故障电弧探测器调试

切断探测器的电源线和被监测线路，将故障电弧发生装置接入探测器，接通探测器的电源，使探测器处于正常监视状态。

操作故障电弧发生装置，在1s内产生9个及以下半周期故障电弧，探测器不应发出报警信号。

操作故障电弧发生装置，在1s内产生14个及以上半周期故障电弧，探测器的报警确认灯应在30s内点亮并保持。监控设备应发出电气火灾监控声、光报警信号，记录报警时间，显示电气火灾监控报警部件的类型和地址注释信息，显示发出报警信号探测器的报警值。

（六）消防设备电源监控系统调试

1. 消防设备电源监控器调试

将任一备调总线回路的传感器与消防设备电源监控器相连，接通电源，使监控器处于正常监视状态。

消防设备电源监控器的自检功能、消防设备电源工作状态实时显示功能、主电源和备电源的自动转换功能、故障报警功能（包括备电源连线故障报警功能、配接部件连线故障报警功能）、消音功能、消防设备电源故障报警功能、复位功能应符合规定。

依次将其他回路的传感器与监控器连接，使监控器处于正常监视状态。在备电工作状态下，监控器的配接部件连线故障报警功能、消防设备电源故障报警功能、复位功能应符合规定。

2. 传感器调试

切断被监控消防设备的供电电源，监控器应发出消防设备电源故障声、光报警信号，记录报警时间，显示电源故障设备的类型和地址注释信息。

（七）消防控制室图形显示装置调试

将消防控制室图形显示装置与火灾报警控制器、消防联动控制器等设备相连，接通电源，使消防控制室图形显示装置处于正常监视状态。消防控制室图形显示装置的图形显示功能（包括建筑总平面图显示功能、保护对象的建筑平面图显示功能、系统图显示功能）、通信故障报警功能、消音功能、信号接收和显示功能、信息记录功能、复位功能应符合规定。

（八）消防应急广播系统调试

1. 火灾警报器调试

操作控制器使火灾声警报器启动，在警报器生产企业声称的最大设置间距、距地面 1.5 ~ 1.6m 处，声警报的 A 计权声压级应大于 60dB；环境噪声大于 60dB 时，声警报的 A 计权声压级应高于环境噪声 15dB。带有语音提示功能的声警报应能清晰播报语音信息。

操作控制器使火灾光警报器启动，在正常环境光线下，警报器的光信号在警报器生产企业声称的最大设置间距处应清晰可见。

2. 消防应急广播控制设备调试

将各广播回路的扬声器与消防应急广播控制设备连接，接通电源，使消防应急广播控制设备处于正常工作状态。消防应急广播控制设备的自检功能、主电源和备电源的自动转换功能、故障报警功能、消音功能、应急广播启动功能、现场语言播报功能、应急广播停止功能应符合规定。

3. 扬声器调试

操作消防应急广播控制设备使扬声器播放应急广播信息，扬声器播放的语音信息应清晰；在扬声器生产企业声称的最大设置间距、距地面 1.5 ～ 1.6m 处，应急广播的 A 计权声压级应大于 60dB；环境噪声大于 60dB 时，应急广播的 A 计权声压级应高于环境噪声 15dB。

4. 火灾警报、消防应急广播控制调试

将消防应急广播控制设备与消防联动控制器连接，使消防联动控制器处于自动状态。根据系统联动控制逻辑设计文件的规定，使报警区域内符合联动控制触发条件的两只火灾探测器，或一只火灾探测器和一只手动火灾报警按钮发出火灾报警信号。

火灾警报和消防应急广播系统的功能应符合下列规定：① 消防联动控制器应发出火灾警报装置和应急广播控制装置动作的启动信号，点亮启动指示灯；② 消防应急广播系统与普通广播或背景音乐广播系统合用时，消防应急广播控制装置应停止正常广播；③ 报警区域内所有的火灾声光警报器和扬声器应按下列方式交替工作：报警区域内所有的火灾声光警报器应同时启动，持续工作 8 ～ 20s 后，所有的火灾声光警报器应同时停止警报；警报停止后，所有的扬声器应同时进行 1 ～ 2 次消防应急广播，每次广播 10 ～ 30s 后，所有的扬声器应停止播放广播信息；④ 消防控制室图形显示装置应显示火灾报警控制器的火灾报警信号、消防联动控制器的启动信号，且显示的信息应与控制器一致。

联动控制功能检查过程中，在报警区域内所有的火灾声光警报器或扬声器持续工作时，手动操作消防联动控制器总线控制盘上火灾警报或消防应急广播停止控制按钮、按键，系统报警区域内所有的火灾声光警报器或扬声器应停止正在进行的警报或应急广播。手动操作消防联动控制器总线控制盘上火灾警报或消防应急广播启动控制按钮、按键，报警区域内所有的火灾声光警报器或扬声器应恢复警报或应急广播。

（九）防火卷帘系统调试

1.防火卷帘控制器调试

将防火卷帘控制器与防火卷帘卷门机、手动控制装置、火灾探测器连接，接通电源，使防火卷帘控制器处于正常监视状态。防火卷帘控制器的自检功能、主电源和备电源的自动转换功能、故障报警功能、消音功能、手动控制功能、速放控制功能应符合规定。

2.防火卷帘控制器现场部件调试

采用专用的检测仪器或模拟火灾的方法，使防火卷帘控制器配接的点型感烟火灾探测器监测区域的烟雾浓度达到探测器的报警设定阈值、点型感温火灾探测器监测区域的温度达到探测器的报警设定阈值，探测器的火警确认灯应点亮并保持。防火卷帘控制器应在3s内发出卷帘信号，控制防火卷帘下降至距楼板面1.8m处或楼板面。

手动操作手动控制装置的防火卷帘下降、停止、上升控制按键（钮），防火卷帘控制器应发出卷帘动作声、光信号，并控制卷帘执行相应的动作。

3.疏散通道上设置的防火卷帘系统联动控制调试

使防火卷帘控制器与卷门机连接，并与消防联动控制器连接，接通电源，使防火卷帘控制器处于正常监视状态，消防联动控制器处于自动控制工作状态。

根据系统联动控制逻辑设计文件的规定，使一只专门用于联动防火卷帘的感烟火灾探测器，或报警区域内符合联动控制触发条件的两只感烟火灾探测器发出火灾报警信号，消防联动控制器和防火卷帘系统设备的功能应符合下列规定：① 消防联动控制器应发出控制防火卷帘下降至距楼板面1.8m处的启动信号，点亮启动指示灯；② 防火卷帘控制器应控制防火卷帘下降至距楼板面

1.8m 处；③ 消防联动控制器应接收并显示防火卷帘下降至距楼板面 1.8m 处的反馈信号；④ 消防控制室图形显示装置应显示火灾报警控制器的火灾报警信号、消防联动控制器的启动信号和设备动作的反馈信号，且显示的信息应与控制器的显示一致。

根据系统联动控制逻辑设计文件的规定，再使一只专门用于联动防火卷帘的感温火灾探测器发出火灾报警信号，消防联动控制器和防火卷帘系统设备的功能应符合下列规定：① 消防联动控制器应发出控制防火卷帘下降至楼板面的启动信号；② 防火卷帘控制器应控制防火卷帘下降至楼板面；③ 消防联动控制器应接收并显示防火卷帘下降至楼板面的反馈信号；④ 消防控制室图形显示装置应显示火灾报警控制器的火灾报警信号、消防联动控制器的启动信号和设备动作的反馈信号，且显示的信息应与控制器的显示一致。

4.非疏散通道上设置的防火卷帘系统控制调试

使防火卷帘控制器与卷门机连接，并与消防联动控制器连接，接通电源，使防火卷帘控制器处于正常监视状态，消防联动控制器处于自动控制工作状态。

根据系统联动控制逻辑设计文件的规定，使报警区域内符合联动控制触发条件的两只火灾探测器发出火灾报警信号，消防联动控制器和防火卷帘系统设备的功能应符合下列规定：① 消防联动控制器应发出控制防火卷帘下降至楼板面的启动信号，点亮启动指示灯；② 防火卷帘控制器应控制防火卷帘下降至楼板面；③ 联动控制器应接收并显示防火卷帘下降至楼板面的反馈信号；④ 消防控制室图形显示装置应显示火灾报警控制器的火灾报警信号、消防联动控制器的启动信号和设备动作的反馈信号，且显示的信息应与控制器的显示一致。

使消防联动控制器处于手动控制工作状态，手动操作消防联动控制器总线控制盘上的防火卷帘下降控制按钮、按键，消防联动控制器和防火卷帘系统设备的功能应符合下列规定：① 对应的防火卷帘控制器应控制防火卷帘下降；② 消防联动控制器应接收并显示防火卷帘下降至楼板面的反馈信号；③ 消防控制室图形显示装置应显示消防联动控制器的启动信号和设备动作的反馈信号，且显示的信息应与控制器的显示一致。

（十）防火门监控系统调试

1. 防火门监控器调试

将任一备调总线回路的监控模块与防火门监控器相连，接通电源，使防火门监控器处于正常监视状态。防火门监控器的自检功能、主电源和备电源的自动转换功能、故障报警功能（包括备电源连线故障报警功能、配接部件连线故障报警功能）、消音功能、启动及反馈功能、防火门故障报警功能应符合规定。

依次将其他总线回路的监控模块与监控器相连，使监控器处于正常监视状态。在备电工作状态下，监控器的配接部件连线故障报警功能、启动及反馈功能防火门故障报警功能应符合规定。

2. 防火门监控器现场部件调试

使监控模块处于离线状态，监控器应发出故障声、光报警信号，显示故障部件的类型和地址注释信息。

使监控模块与连接部件之间的连线断路，监控器应发出故障声、光报警信号，显示故障部件的类型和地址注释信息。

操作防火门监控器，使监控模块动作，监控模块应控制防火门定位装置和释放装置动作，常开防火门应完全闭合，监控器应接收并显示常开防火门定位装置的闭合反馈信号、释放装置的动作反馈信号，显示发送反馈信号部件的类型和地址注释信息。

使常闭防火门处于开启状态，监控器应发出防火门故障声、光警报信号，显示故障防火门的地址注释信息。

3. 防火门监控系统联动控制调试

使防火门监控器与消防联动控制器连接，消防联动控制器处于自动控制工作状态。

根据系统联动控制逻辑设计文件的规定，使报警区域内符合联动控制触发条件的两只火灾探测器，或一只火灾探测器和一只手动火灾报警按钮发出火灾报警信号，消防联动控制器和防火门监控系统设备的功能应符合下列规定：① 消防联动控制器应发出控制防火门闭合的启动信号，点亮启动指示灯；

② 防火门监控器应控制报警区域内所有常开防火门关闭；③ 防火门监控器应接收并显示每一樘常开防火门完全闭合的反馈信号；④ 消防控制室图形显示装置应显示火灾报警控制器的火灾报警信号、消防联动控制器的启动信号、受控设备的动作反馈信号，且显示的信息应与控制器的显示一致。

（十一）气体、干粉灭火系统调试

1. 气体、干粉灭火控制器调试

切断驱动部件与气体灭火装置间的连接，使气体、干粉灭火控制器和消防联动控制器相连，接通电源；使气体、干粉灭火控制器处于正常监视状态。气体、干粉灭火控制器的自检功能、主电源和备电源的自动转换功能、故障报警功能、消音功能、延时设置功能、手动和自动转换功能、手动控制功能、反馈信号接收和显示功能、复位功能应符合规定。

2. 气体、干粉灭火控制器现场部件调试

使现场启动和停止按钮处于离线状态，气体、干粉灭火控制器应发出故障声、光报警信号，显示故障部件的类型和地址注释信息。

手动操作手动与自动控制转换装置动作，手动与自动控制状态显示装置应能准确显示系统的控制方式，气体、干粉灭火控制器应能准确显示手动与自动控制转换装置的工作状态。

3. 气体、干粉灭火系统控制调试

切断驱动部件与气体、干粉灭火装置间的连接，使气体、干粉灭火控制器与火灾报警控制器、消防联动控制器相连接，使气体、干粉灭火控制器和消防联动控制器处于自动控制工作状态。

根据系统联动控制逻辑设计文件的规定，使防护区域内符合联动控制触发条件的一只火灾探测器或一只手动火灾报警按钮发出火灾报警信号，消防联动控制器和气体、干粉灭火系统设备的功能应符合下列规定：① 消防联动控制器应发出控制灭火系统动作的首次启动信号，点亮启动指示灯；② 灭火控制器应控制启动防护区域内设置的声光警报器；③ 消防联动控制器应接收并显示灭火控制器的启动信号、受控设备动作的反馈信号；④ 消防控制室图形显示装置应显示灭火控制器的控制状态信息、火灾报警控制器的火灾报警信号、消防联动控制器的启动信号、灭火控制器的启动信号、受控设备的动作反馈信号，且显示的信息应与控制器的显示一致。

根据系统联动控制逻辑设计文件的规定，使防护区域内符合联动控制触发条件的另一只火灾探测器或另一只手动火灾报警按钮发出火灾报警信号，消防联动控制器和气体、干粉灭火系统设备的功能应符合下列规定：① 消防联动控制器应发出控制气体灭火系统动作的第二次启动信号；② 灭火控制器应进入启动延时，显示延时时间；③ 灭火控制器应控制关闭该防护区域的电动送排风阀门、防火阀、门窗；④ 延时结束，灭火控制器应控制启动灭火装置和防护区域外设置的火灾声光警报器、喷洒光警报器；⑤ 灭火控制器应接收并显示受控设备动作的反馈信号；⑥ 消防联动控制器应接收并显示灭火控制器的启动信号、受控设备动作的反馈信号；⑦ 消防控制室图形显示装置应显示灭火控制器的控制状态信息、火灾报警控制器的火灾报警信号、消防联动控制器的启动信号、灭火控制器的启动信号、受控设备的动作反馈信号，且显示的信息应与控制器的显示一致。

在联动控制进入启动延时阶段时，操作灭火控制器对应该防护区域的停止按钮、按键，消防联动控制器和气体、干粉灭火系统设备的功能应符合下列规定：① 灭火控制器应停止正在进行的操作；② 消防联动控制器应接收并显示灭火控制器的手动停止控制信号；③ 消防控制室图形显示装置应显示灭火控制器的手动停止控制信号。

手动操作防护区域内设置的现场启动按钮，消防联动控制器和气体、干粉灭火系统设备的功能应符合下列规定：① 灭火控制器应控制启动防护区域内设置的火灾声光警报器；② 灭火控制器应进入启动延时，显示延时时间；③ 灭火控制器应控制关闭该防护区域的电动送排风阀门、防火阀、门、窗；④ 延时期间，手动操作防护区域内设置的现场停止按钮，灭火控制器应停止正在进行的操作；⑤ 消防联动控制器应接收并显示灭火控制器的启动信号、停止信号；⑥ 消防控制室图形显示装置应显示灭火控制器的启动信号、停止信号，且显示的信息应与控制器的显示一致。

（十二）自动喷水灭火系统调试

1. 消防泵控制箱、柜调试

使消防泵控制箱、柜与消防泵连接，使消防泵控制箱、柜处于正常监视状态，消防泵控制箱、柜的操作级别、自动和手动工作状态转换功能、手动控制功能、自动启泵功能、主/备泵自动切换功能、手动控制插入优先功能应符合规定。

2. 系统联动部件调试

使水流指示器、压力开关、信号阀动作，消防联动控制器应接收并显示设备的动作反馈信号，显示设备的名称和地址注释信息。

调整消防水箱、消防水池液位探测器的水位信号，模拟设计文件规定的水位，液位探测器应动作，消防联动控制器应接收并显示设备的动作信号，显示设备的名称和地址注释信息。

3. 湿式、干式喷水灭火系统控制调试

使消防联动控制器与消防泵控制箱、柜等设备连接，接通电源，使消防联动控制器处于自动控制工作状态。

根据系统联动控制逻辑设计文件的规定，使报警阀防护区域内符合联动控制触发条件的一只火灾探测器或一只手动火灾报警按钮发出火灾报警信号，同时使报警阀的压力开关动作，消防联动控制器和自动喷水灭火系统设备的功能应符合下列规定：① 消防联动控制器应发出控制消防泵启动的启动信号，点亮启动指示灯；② 消防泵控制箱、柜应控制启动消防泵；③ 消防联动控制器应接收并显示干管水流指示器的动作反馈信号，显示设备的名称和地址注释信息；④ 消防控制室图形显示装置应显示火灾报警控制器的火灾报警信号、消防联动控制器的启动信号、受控设备的动作反馈信号，且显示的信息应与控制器的显示一致。

根据系统联动控制逻辑设计文件的规定，手动操作消防联动控制器直接手动控制单元的消防泵启动控制按钮、按键，消防联动控制器和自动喷水灭火系统设备的功能应符合下列规定：① 对应的消防泵控制箱、柜应控制消防泵启动；② 手动操作消防联动控制器直接手动控制单元的消防泵停止控制按钮、按键，对应的消防泵控制箱、柜应控制消防泵停止运转；③ 消防控制室图形显示装置应显示消防联动控制器的直接手动启动、停止控制信号。

4. 预作用喷水灭火系统控制调试

使消防联动控制器与消防泵控制箱、柜及预作用阀组等设备相连，接通电源，使消防联动控制器处于自动控制工作状态。

根据系统联动控制逻辑设计文件的规定，使报警阀防护区域内符合联动控制触发条件的两只火灾探测器，或一只火灾探测器和一只手动火灾报警按钮发出火灾报警信号，消防联动控制器和自动喷水灭火系统设备的功能应符合下列规定：① 消防联动控制器应发出控制预作用阀组开启的启动信号；系统设有快速排气装置时，消防联动控制器应同时发出控制排气阀前电动阀开启的启动信号，点亮启动指示灯；② 预作用阀组、排气阀前的电动阀应开启；③ 消防联动控制器应接收并显示预作用阀组、排气阀前电动阀的动作反馈信号，显示设备的名称和地址注释信息；④ 开启预作用喷水灭火系统的末端试水装置，消防联动控制器应接收并显示干管水流指示器的动作反馈信号，显示设备的名称和地址注释信息；⑤ 消防控制室图形显示装置应显示火灾报警控制器的火灾报警信号、消防联动控制器的启动信号、受控设备的动作反馈信号，且显示的信息应与控制器的显示一致。

根据系统联动控制逻辑设计文件的规定，手动操作消防联动控制器手动控制单元的预作用阀组、排气阀前电动阀的开启控制按钮、按键，消防联动控制器和自动喷水灭火系统设备的功能应符合下列规定：① 对应的预作用阀组、排气阀前电动阀应开启；② 手动操作消防联动控制器手动控制单元的预作用阀组排气阀前电动阀关闭控制按钮、按键，对应的预作用阀组、排气阀前电动阀应关闭；③ 消防控制室图形显示装置应显示消防联动控制器的直接手动启动、停止控制信号。

在消防控制室对消防泵直接手动控制功能的调试要求，同湿式、干式喷水灭火系统控制功能的调试要求。

5.雨淋系统控制调试

使消防联动控制器与消防泵控制箱、柜及雨淋阀组等设备相连接，接通电源，使消防联动控制器处于自动控制工作状态。

根据系统联动控制逻辑设计文件的规定，使雨淋阀组防护区域内符合联动控制触发条件的两只感温火灾探测器，或一只感温火灾探测器和一只手动火灾报警按钮发出火灾报警信号，消防联动控制器和自动喷水灭火系统设备的功能应符合下列规定：① 消防联动控制器应发出控制雨淋阀组开启的启动信号，点亮启动指示灯；② 雨淋阀组应开启；③ 消防联动控制器应接收并显示雨淋阀组、干管水流指示器的动作反馈信号，显示设备的名称和地址注释信息；④ 消防控制室图形显示装置应显示火灾报警控制器的火灾报警信号、消防联动控制器的启动信号、受控设备的动作反馈信号，且显示的信息应与控制器的显示一致。

根据系统联动控制逻辑设计文件的规定，手动操作消防联动控制器直接手动控制单元的雨淋阀组的开启控制按钮、按键，消防联动控制器和自动喷水灭火系统设备的功能应符合下列规定：① 对应的雨淋阀组应开启；② 手动操作消防联动控制器直接手动控制单元的雨淋阀组关闭控制按钮、按键，对应的雨淋阀组应关闭；③ 消防控制室图形显示装置应显示消防联动控制器的直接手动启动、停止控制信号。

在消防控制室对消防泵直接手动控制功能的调试要求，同湿式、干式喷水灭火系统控制功能的调试要求。

6.自动控制的防护冷却水幕系统控制调试

使消防联动控制器与消防泵控制箱、柜及雨淋阀组等设备相连，接通电源，使消防联动控制器处于自动控制工作状态。

根据系统联动控制逻辑设计文件的规定，使防火卷帘所在报警区域内符合联动控制触发条件的一只火灾探测器或一只手动火灾报警按钮发出火灾报警信号，使防火卷帘下降至楼板面，消防联动控制器和自动喷水灭火系统设备的功能应符合下列规定：① 消防联动控制器应发出控制雨淋阀组开启的启动信号，点亮启动指示灯；② 雨淋阀组应开启；③ 消防联动控制器应接收并显示防火卷帘下降至楼板面的限位反馈信号和雨淋阀组、干管水流指示器的动作反馈信号，显示设备的名称和地址注释信息；④ 消防控制室图形显示装置应显示火灾报警控制器的火灾报警信号、防火卷帘下降至楼板面的限位反馈信号、消防联动控制器的启动信号、受控设备的动作反馈信号，且显示的信息应与控制器的显示一致。

雨淋阀组直接手动控制功能的调试要求，同雨淋系统控制功能的调试要求。

在消防控制室对消防泵直接手动控制功能的调试要求，同湿式、干式喷水灭火系统控制功能的调试要求。

7. 自动控制的防火分隔水幕系统控制调试

使消防联动控制器与消防泵控制箱、柜及雨淋阀组等设备连接，接通电源，使消防联动控制器处于自动控制工作状态。

根据系统联动控制逻辑设计文件的规定，使报警区域内符合联动控制触发条件的两只感温火灾探测器发出火灾报警信号，消防联动控制器和自动喷水灭火系统设备的功能应符合下列规定：① 消防联动控制器应发出控制雨淋阀组开启的启动信号，点亮启动指示灯；② 雨淋阀组应开启；③ 消防联动控制器应接收并显示雨淋阀组、干管水流指示器的动作反馈信号，显示设备的名称和地址注释信息；④ 消防控制室图形显示装置应显示火灾报警控制器的火灾报警信号、消防联动控制器的启动信号、受控设备的动作反馈信号，且显示的信息应与控制器的显示一致。

雨淋阀组直接手动控制功能的调试要求，同雨淋系统控制功能的调试要求。

在消防控制室对消防泵直接手动控制功能的调试要求，同湿式、干式喷水灭火系统控制功能的调试要求。

（十三）消火栓系统调试

1. 系统联动部件调试

消防泵控制箱（柜）、压力开关、信号阀、消防水池（箱）液位探测器的调试要求，同自动喷水灭火系统中相应设备的调试要求。

2. 消火栓按钮调试

使消火栓按钮处于离线状态，消防联动控制器应发出故障声、光报警信号，显示故障部件的类型和地址注释信息。

使消火栓按钮动作，消火栓按钮启动确认灯应点亮并保持；消防联动控制器应发出声、光报警信号，记录启动时间，显示部件的类型和地址注释信息。

消防泵启动后，消火栓按钮回答确认灯应点亮并保持。

3. 消火栓系统控制调试

使消防联动控制器与消防泵控制箱、柜等设备连接，接通电源，使消防联动控制器处于自动控制工作状态。

根据系统联动控制逻辑设计文件的规定，使任一报警区域的两只火灾探测器，或一只火灾探测器和一只手动火灾报警按钮发出火灾报警信号，同时使消火栓按钮动作，消防联动控制器和消火栓系统设备的功能应符合下列规定：① 消防联控制器应发出消火栓按钮启动声、光报警信号，记录启动时间，显示部件的类型和地址注释信息；② 消防联动控制器应发出控制消防泵启动的启动信号，点亮启动指示灯；③ 消防泵控制箱、柜应控制消防泵启动；④ 消防动控制器应接收并显示消防泵出水管上的低压压力开关、高位消防水箱出水管上的流量开关的动作反馈信号，显示设备的名称和地址注释信息；⑤ 消防控制室图形显示装置应显示火灾报警控制器的火灾报警信号、消火栓按钮的启动信号、消防联动控制器的启动信号、受控设备的动作反馈信号，且显示的信息应与控制器的显示一致。

在消防控制室对消防泵直接手动控制功能的调试要求，同湿式、干式喷水灭火系统控制功能的调试要求。

（十四）防烟排烟系统调试

1. 风机控制箱、柜调试

使风机控制箱、柜与加压送风机或排烟风机相连，接通电源，使风机控制箱、柜处于正常监视状态。风机控制箱、柜的操作级别、自动和手动工作状态转换功能、手动控制功能、自动启动功能、手动控制插入优先功能应符合规定。

2. 系统联动部件调试

手动操作消防联动控制器总线控制单元电动送风口、电动挡烟垂壁、排烟口、排烟阀、排烟窗、电动防火阀的控制按钮、按键，对应的受控设备应灵活启动，消防联动控制器应接收并显示受控设备的动作反馈信号，显示动作设备的名称和地址注释信息。

排烟风机处于运行状态时，使排烟防火阀关闭，风机应停止运转，消防联动控制器应接收排烟防火阀关闭、风机停止的动作反馈信号，显示动作设备的名称和地址注释信息。

3. 加压送风系统控制调试

使消防联动控制器与风机控制箱、柜等设备连接，接通电源，使消防联动控制器处于自动控制工作状态。

根据系统联动控制逻辑设计文件的规定，使报警区域内符合联动控制触发条件的两只火灾探测器，或一只火灾探测器和一只手动火灾报警按钮发出火灾报警信号，消防联动控制器和机械加压送风系统设备的功能应符合下列规定：① 消防联动控制器应按设计文件的规定发出控制电动送风口开启、加压送风机启动的启动信号，点亮启动指示灯；② 相应的电动送风口应开启，风机控制箱、柜应控制加压送风机启动；③ 消防联动控制器应接收并显示电动送风口、加压送风机的动作反馈信号，显示设备的名称和地址注释信息；④ 消防控制室图形显示装置应显示火灾报警控制器的火灾报警信号、消防联动控制器的启动信号、受控设备的动作反馈信号，且显示的信息应与控制器的显示一致。

根据系统联动控制逻辑设计文件的规定，在消防控制室手动操作消防联动控制器直接手动控制单元的加压送风机开启控制按钮、按键，消防联动控制器和机械加压送风系统设备的功能应符合下列规定：① 对应的风机控制箱、柜应控制加压送风机启动；② 手动操作消防联动控制器直接手动控制单元的加压送风机停止控制按钮、按键，对应的风机控制箱、柜应控制加压送风机停止运转；③ 消防控制室图形显示装置应显示消防联动控制器的直接手动启动、停止控制信号。

4. 电动挡烟垂壁、排烟系统控制调试

使消防联动控制器与风机控制箱、柜等设备连接，接通电源，使消防联动控制器处于自动控制工作状态。

根据系统联动控制逻辑设计文件的规定，使防烟分区内符合电动挡烟垂壁、排烟系统联动控制触发条件的两只感烟火灾探测器发出火灾报警信号，消防联动控制器、电动挡烟垂壁和排烟系统设备的功能应符合下列规定：① 消防联动控制器接收火灾报警控制器的火灾报警信号后，应按设计文件的规定发出控制电动挡烟垂壁下降，控制排烟口、排烟阀、排烟窗开启，控制空调系统的电动防火阀关闭的启动信号，点亮启动指示灯；② 电动挡烟垂壁、排烟口、排烟阀、排烟窗、空调系统的电动防火阀应动作；③ 消防联动控制器应接收并显示电动挡烟垂壁、排烟口、排烟阀、排烟窗、空调系统电动防火阀的动作反馈信号，显示设备的名称和地址注释信息；④ 消防联动控制器接收到排烟口、排烟阀的动作反馈信号后，应发出控制排烟风机启动的启动信号；⑤ 消防联动控制器应接收并显示排烟分机启动的动作反馈信号，显示设备的名称和地址注释信息；⑥ 消防控制室图形显示装置应显示火灾报警控制器的火灾报警信号、消防联动控制器的启动信号、受控设备的动作反馈信号，且显示的信息应与控制器的显示一致。

根据系统联动控制逻辑设计文件的规定，在消防控制室手动操作消防联动控制器直接手动控制单元的排烟风机开启控制按钮、按键，消防联动控制器和排烟系统设备的功能应符合下列规定：① 对应的风机控制箱、柜应控制排烟风机启动；② 手动操作消防联动控制器直接手动控制单元的排烟风机停止控制按钮、按键，对应的风机控制箱、柜应控制排烟风机停止运转；③ 消防控制室图形显示装置应显示消防联动控制器的直接手动启动、停止控制信号。

（十五）消防应急照明和疏散指示系统调试

1. 集中控制型消防应急照明和疏散指示系统联动控制调试

使火灾报警控制器、消防联动控制器与应急照明控制器等设备连接，接通电源，使消防联动控制器处于自动控制工作状态。

根据系统联动控制逻辑设计文件的规定，使报警区域内符合联动控制触发条件的两只火灾探测器，或一只火灾探测器和一只手动火灾报警按钮发出火灾报警号，火灾报警控制器、消防联动控制器、消防应急照明和疏散指示系统的功能应符合下列规定：① 火灾报警控制器的火警控制输出触点应动作，或消防联动控制器应发出相应联动控制信号，点亮启动指示灯；② 应急照明控制器应按预设逻辑控制配接的消防应急灯具光源的应急点亮、系统蓄电池电源的转换；③ 消防联动控制器应接收并显示应急照明控制器应急启动的动作反馈信号，显示设备的名称和地址注释信息；④ 消防控制室图形显示装置应显示火灾报警控制器的火灾报警信号、消防联动控制器的启动信号、受控设备的动作反馈信号，且显示的信息应与控制器的显示一致。

2. 非集中控制型消防应急照明和疏散指示系统控制调试

使火灾报警控制器与应急照明集中电源、应急照明配电箱等设备连接并通电。

根据设计文件的规定，使报警区域内符合联动控制触发条件的两只火灾探测器，或一只火灾探测器和一只手动火灾报警按钮发出火灾报警信号，火灾报警控制器的火警控制输出触点应动作，控制系统蓄电池电源的转换、消防应急灯具光源的应急点亮。

（十六）电梯、非消防电源等相关系统联动控制调试

使消防联动控制器与电梯、非消防电源等相关系统的控制设备连接，接通电源，使消防联动控制器处于自动控制工作状态。

根据系统联动控制逻辑设计文件的规定，使报警区域符合电梯、非消防电源等相关系统联动控制触发条件的火灾探测器、手动火灾报警按钮发出火灾报警信号，消防联动控制器、电梯、非消防电源等相关系统设备的功能应符合下列规定：① 消防联动控制器应按设计文件的规定发出控制电梯停于首层或转换层、切断相关非消防电源、控制其他相关系统设备动作的启动信号，点亮启动指示灯；② 电梯应停于首层或转换层，相关非消防电源应切断，其他相关系统

设备应动作；③ 消防联动控制器应接收并显示电梯停于首层或转换层、相关非消防电源切断、其他相关系统设备动作的反馈信号，显示设备的名称和地址注释信息；④ 消防控制室图形显示装置应显示火灾报警控制器的火灾报警信号、消防联动控制器的启动信号、受控设备的动作反馈信号，且显示的信息应与控制器的显示一致。

四、系统检测、验收

气体灭火系统、防火卷帘系统、自动喷水灭火系统、消火栓系统、防烟排烟系统、消防应急照明和疏散指示系统及其他相关系统的联动控制功能检测、验收应在各系统功能满足国家现行相关技术标准和系统设计文件规定的前提下进行。系统检测、验收的项目当有不合格时，应修复或更换，并应进行复验。复验时，对有抽验比例要求的，应加倍抽验。

（一）系统检测、验收前的资料查验

系统检测、验收前，应对施工单位提供的下列资料进行齐全性和符合性检查：

（1）竣工验收申请报告、设计变更通知书、竣工图。

（2）工程质量事故处理报告。

（3）施工现场质量管理检查记录。

（4）系统安装过程质量检查记录。

（5）系统部件的现场设置情况记录。

（6）系统联动编程设计记录。

（7）系统调试记录。

（8）系统设备的检验报告、合格证及相关材料。

（二）系统检测、验收的项目及数量要求

系统的检测、验收的对象、项目及数量应满足表 3-1-1 的规定。

表 3-1-1 系统检测、验收对象、项目及数量

序号	检测、验收对象	检测、验收项目	检测数量	验收数量
1	消防控制室	（1）消防控制室设计和设置。 （2）设备配置。 （3）起集中控制功能的火灾报警控制器的设置。 （4）消防控制室图形显示装置预留接口。 （5）外线电话。 （6）设备布置。 （7）系统接地。 （8）存档文件资料	全部	全部
2	布线	（1）管路和槽盒的选型。 （2）系统线路的选型。 （3）槽盒、管路的安装质量。 （4）电线电缆的敷设质量	全部报警区域	建筑中含有 5 个及以下报警区域的，应全部检验；超过 5 个报警区域的，应按报警区域数量 20% 的比例抽验，但抽验总数不应少于 5 个
3	火灾报警控制器 火灾探测器 手动火灾报警按钮、火灾声光警报器、火灾显示盘	（1）设备选型。 （2）设备设置。 （3）消防产品准入制度。 （4）安装质量。 （5）基本功能	实际安装数量	实际安装数量 （1）每个回路都应抽验。 （2）回路实际安装数量为 20 只及以下的，应全部检验；实际安装数量为 100 只及以下的，应抽验 20 只；实际安装数量超过 100 只的，应按实际安装数量 10%～20% 的比例抽验，但抽验总数不应少于 20 只
4	消防联动控制器 模块	（1）设备选型。 （2）设备设置。 （3）消防产品准入制度。 （4）安装质量。 （5）基本功能	实际安装数量	实际安装数量 （1）每个回路都应抽验。 （2）回路实际安装数量为 20 只及以下的，应全部检验；实际安装数量为 100 只及以下的，应抽验 20 只；实际安装数量超过 100 只的，应按实际安装数量 10%～20% 的比例抽验，但抽验总数不应少于 20 只

续表

序号	检测、验收对象	检测、验收项目	检测数量	验收数量
5	消防电话总机	（1）设备选型。（2）设备设置。（3）消防产品准入制度。（4）安装质量。（5）基本功能	实际安装数量	实际安装数量
	消防电话分机			实际安装数量为5只及以下的，应全部检验；实际安装数量5只以上的，应按实际安装数量10%～20%的比例抽验，但抽验总数不应少于5只
	消防电话插孔			
6	消防控制室图形显示装置	（1）设备选型。（2）设备设置。（3）消防产品准入制度。（4）安装质量。（5）基本功能	实际安装数量	实际安装数量
7	火灾警报器	（1）设备选型。（2）设备设置。（3）消防产品准入制度。（4）安装质量。（5）基本功能	实际安装数量	抽查报警区域的实际安装数量
	消防应急广播控制设备			实际安装数量
	扬声器			抽查报警区域的实际安装数量
	火灾警报和消防应急广播系统			建筑中含有5个及以下报警区域的，应全部检验；超过5个报警区域的，应按报警区域数量20%的比例抽验，但抽验总数不应少于5个
8	气体、干粉灭火控制器	（1）设备选型。（2）设备设置。（3）消防产品准入制度。（4）安装质量。（5）基本功能	实际安装数量	实际安装数量
	火灾探测器、手动火灾报警按钮、声光警报器、手动与自动控制转换装置、手动与自动控制状态显示装置、现场启动和停止按钮			

续表

序号	检测、验收对象	检测、验收项目	检测数量	验收数量
8	气体、干粉灭火系统	（1）联动控制功能。 （2）手动插入优先功能。 （3）现场手动启动、停止功能	全部防护区域	全部防护区域
9	消防泵控制箱、柜	（1）设备选型。 （2）设备设置。 （3）消防产品准入制度。 （4）安装质量。 （5）基本功能	实际安装数量	实际安装数量
	消火栓按钮			按实际安装数量5%～10%的比例抽验，每个报警区域均应抽验
	压力开关、信号阀、液位探测器	基本功能		（1）信号阀：按实际安装数量30%～50%比例抽验。 （2）压力开关、液位探测器：实际安装数量
	消火栓系统	联动控制功能	全部报警区域	建筑中含有5个及以下报警区域的，应全部检验；超过5个报警区域的，应按报警区域数量20%的比例抽验，但抽验总数不应少于5个
		消防泵直接手动控制功能	实际安装数量	实际安装数量
10	消防应急照明和疏散指示系统	联动控制功能	全部报警区域	建筑中含有5个及以下报警区域的，应全部检验；超过5个报警区域的，应按报警区域数量20%的比例抽验，但抽验总数不应少于5个
11	电梯、非消防电源等相关系统	联动控制功能	全部报警区域	建筑中含有5个及以下报警区域的，应全部检验；超过5个报警区域的，应按报警区域数量20%的比例抽验，但抽验总数不应少于5个

（三）系统检测、验收的合格判定准则

1. 系统检测、验收项目类别的划分

根据各项目对系统工程质量影响严重程度的不同，将检测、验收的项目划分为 A、B、C 三个类别。

（1）A 类项目包括：

1）消防控制室设计与《火灾自动报警系统设计规范》（GB 50116—2013）的符合性。

2）消防控制室内消防设备的基本配置与设计文件和《火灾自动报警系统设计规范》（GB 50116—2013）的符合性。

3）系统部件的选型与设计文件的符合性。

4）系统部件消防产品准入制度的符合性。

5）系统内的任一火灾报警控制器和火灾探测器的火灾报警功能。

6）系统内的任一消防联动控制器、输出模块和消火栓按钮的启动功能。

7）参与联动编程的输入模块的动作信号反馈功能。

8）系统内的任一火灾警报器的火灾警报功能。

9）系统内的任一消防应急广播控制设备和广播扬声器的应急广播功能。

10）消防设备应急电源的转换功能。

11）防火卷帘控制器的控制功能。

12）防火门监控器的启动功能。

13）气体灭火控制器的启动控制功能。

14）自动喷水灭火系统的联动控制功能，消防泵、预作用阀组、雨淋阀组的消防控制室直接手动控制功能。

15）加压送风系统、排烟系统、电动挡烟垂壁的联动控制功能，送风机、排烟风机的消防控制室直接手动控制功能。

16）消防应急照明和疏散指示系统的联动控制功能。

17）电梯、非消防电源等相关系统的联动控制功能。

18）系统整体联动控制功能。

（2）B类项目包括：

1）消防控制室存档文件资料的符合性。

2）系统检测、验收时查验资料的齐全性、符合性。

3）系统内的任一消防电话总机和电话分机的呼叫功能。

4）系统内的任一可燃气体报警控制器和可燃气体探测器的可燃气体报警功能。

5）系统内的任一电气火灾监控设备（器）和探测器的监控报警功能。

6）消防设备电源监控器和传感器的监控报警功能。

（3）C类项目包括：除A类项目和B类项目外的其余项目。

2. 系统检测、验收结果的判定准则

系统检测、验收结果满足下述所有要求时，系统检测、验收结果为合格，否则为不合格。

1）A类项目不合格数量为0。

2）B类项目不合格数量小于或等于2。

3）B类项目不合格数量与C类项目不合格数量之和小于或等于检查项目数量的5%。

第四节 系统运行维护技术要求

火灾自动报警系统竣工后，建设单位应负责组织施工、设计、监理等单位进行验收。验收不合格的，不得投入使用。系统投入使用后，应对系统进行必要的维护管理，保证系统处于正常工作状态。

一、系统运行维护

火灾自动报警系统的管理、操作和维护人员应具有相应等级消防设施操作员的执业资格。持初级（五级）证书的人员可监控、操作不具备联动控制功能的区域火灾自动报警系统及其他消防设施；监控、操作设有联动控制设备的消防控制室的人员，应持中级（四级）及以上等级证书。

（一）系统投入使用前的文件资料要求

火灾自动报警系统的使用单位应建立下列文件档案，并应有电子备份档案：

（1）检测、验收合格资料。

（2）建（构）筑物竣工后的总平面图、建筑消防系统平面布置图、建筑消防设施系统图及安全出口布置图、重点部位位置图、危险化学品位置图。

（3）消防安全管理规章制度、灭火和应急疏散预案。

（4）消防安全组织机构图，包括消防安全责任人、管理人，专职、志愿消防队员。

（5）消防安全培训记录、灭火和应急疏散预案的演练记录。

（6）值班情况、消防安全检查情况及巡查情况的记录。

（7）火灾自动报警系统设备现场设置情况记录。

（8）消防系统联动控制逻辑关系说明、联动编程记录、消防联动控制器手动控制单元编码设置记录。

（9）系统设备使用说明书、系统操作规程、系统和设备维护保养制度。

（二）系统的日常巡查

火灾自动报警系统投入使用后，应保持连续正常运行，不得随意中断，并应对系统进行日常巡查，巡查过程中发现设备外观破损、设备运行异常时应立即报修。系统巡查的内容包括：

（1）火灾探测器、声光报警器、信号输入模块、输出模块外观及运行状态。

（2）火灾报警控制器、火灾显示盘、图形显示装置的运行状况。

（3）电气火灾控制器、可燃气体控制器的外观及工作状态。

（4）消防联动控制器的外观及运行状况。

（5）火灾报警装置的外观。

（6）建筑消防设施远程监控、信息显示、信息传输装置外观及运行状况。

（7）系统接地装置外观。

二、系统的定期检查

系统的使用管理单位每年应按表 3-1-2 规定的检查对象、项目、数量对系统设备的功能、各分系统的联动控制功能进行检查，并应符合下列规定：

（1）系统的年度检查可根据检查计划，按月度、季度逐步进行。

（2）月度、季度的检查数量应符合表 3-1-2 的规定。

（3）系统设备的功能、各分系统的联动控制功能应符合《火灾自动报警系统施工及验收标准》（GB 50166—2019）的规定。

表 3-1-2   系统检查对象、项目及数量

序号	检查对象	检查项目	检查数量
1	火灾报警控制器	火灾报警功能	实际安装数量
	火灾探测器、手动火灾报警按钮		应保证每年对每一只探测器、报警按钮至少进行一次火灾报警功能检查
	火灾显示盘	火灾报警显示功能	应保证每年对每一台区域显示器至少进行一次火灾报警显示功能检查
2	消防联动控制器	输出模块启动功能	应保证每年对每一只模块至少进行一次启动功能检查
	输出模块		
3	消防电话总机	呼叫功能	实际安装数量
	消防电话分机、电话插孔		应保证每年对每一个分机、插孔至少进行一次呼叫功能检查
4	消防控制室图形显示装置	接受和显示火灾报警、联动控制、反馈信号功能	实际安装数量
5	火灾警报器	火灾警报功能	应保证每年对每一只火灾警报器至少进行一次火灾警报功能检查
	消防应急广播控制设备	应急广播功能	实际安装数量
	扬声器		应保证每年对每一只扬声器至少进行一次应急广播功能检查
	火灾警报和消防应急广播系统	联动控制功能	应保证每年对每一个报警区域至少进行一次联动控制功能检查

续表

序号	检查对象	检查项目	检查数量
6	气体、干粉灭火控制器	现场紧急启动、停止功能	应保证每年对每一个现场启动和停止按钮至少进行一次现场紧急启动、停止功能检查
	现场启动和停止按钮		
	气体、干粉灭火系统	联动控制功能	应保证每年对每一个防护区域至少进行一次联动控制功能检查
7	消防泵控制箱、柜	手动控制功能	应保证每月、季对消防泵进行一次手动控制功能检查
	消火栓按钮	报警功能	应保证每年对每一个消火栓按钮至少进行一次报警功能检查
	压力开关、信号阀、液位探测器	动作信号反馈功能	应保证每年对每一个部件至少进行一次动作信号反馈功能检查
	消火栓系统	联动控制功能	应保证每年对每一个消火栓至少进行一次联动控制功能检查
		消防泵直接手动控制功能	应保证每月、季对消防泵进行一次直接手动控制功能检查
8	消防应急照明和疏散指示系统	控制功能	应保证每年对每一个报警区域至少进行一次控制功能检查
9	电梯、非消防电源等相关系统	联动控制功能	应保证每年对每一个报警区域至少进行一次联动控制功能检查

不同类型的探测器、手动火灾报警按钮、模块等现场部件应有不少于设备总数1%的备品。系统设备的维修、保养及系统产品的寿命应符合《火灾探测报警产品的维修保养与报废》（GB 29837—2013）的规定，达到寿命极限的产品应及时更换。

第二章 消防给水和消火栓系统

第一节 系统构成

一、消防给水系统

消防给水系统主要由消防水源、供水设施设备和给水管网等构成。按水压分类，可分为高压、临高压和低压消防给水系统；按给水范围分类，可分为独立和区域（集中）消防给水系统。

二、消火栓系统

消火栓系统分为市政消火栓和室外、室内消火栓系统、消火栓箱、消防水带、消防水枪和消防接口，具体介绍如下。

（一）市政消火栓和室外消火栓系统

市政消火栓系统设置在市政给水管网上，室外消火栓系统设置在建筑外，两者都采用室外消火栓，其主要用途都是供消防车取水，经增压后向建筑内的供水管网水供水或实施灭火，也可以直接连接水带、水枪出水灭火。

室外消火栓系统主要由市政给水管网或室外消防给水管网、消防水池、消防水泵和室外消火栓组成。室外消火栓的分类如下：

（1）按室外消火栓安装场合可分为地上式、地下式和折叠式三种，地上式又分为湿式和干式。地上湿式室外消火栓适用于气温较高的地区，地上干式室外消火栓和地下式室外消火栓适用于气温较寒冷的地区。

（2）按室外消火栓进水口连接形式可分为法兰式和承插式两种。

（3）按室外消火栓进水口的公称通径可分为100mm和150mm两种。进水口公称通径为100mm的消火栓，其吸水管出水口应选用规格为100mm的消防接口，水带出水口应选用规格为65mm的消防接口。进水口公称通径为150mm的消火栓，其吸水管出水口应选用规格为150mm的消防接口，水带出水口应选用规格为80mm的消防接口。

（4）按室外消火栓公称压力可分为1.0MPa和1.6MPa两种。其中承插式的消火栓的公称压力为1.0MPa，法兰式的消火栓的公称压力为1.6MPa。

（5）按室外消火栓用途可分为普通型和特殊型两种。

（二）室内消火栓系统

室内消火栓是扑救建筑内火灾的主要设施，通常安装在消火栓箱内，与消防水带和水枪等器材配套使用。它是由消防给水设施、消防给水管网、室内消火栓设备、报警控制设备及系统附件等组成。室内消火栓分类如下：

（1）按室内消火栓出水口形式可分为单出口和双出口（已基本淘汰）两种。

（2）按室内消火栓栓阀数量可分为单栓阀（以下简称单阀）和双栓阀（以下简称双阀）两种。

（3）按室内消火栓结构形式可分为直角出口型和减压型室内消火栓等。

（三）消火栓箱、消防水带、消防水枪、消防接口

1.消火栓箱的分类

（1）按其箱门型式可分为单开门式和双开门式。

（2）按水带的安置方式可分为挂置式和卷置式等。

2.消防水带的分类

（1）按其衬里材料可分为聚氨酯衬里消防水带和消防软管等。

（2）按其承压可分为 0.8MPa、1.0MPa、1.3MPa、1.6MPa、2.0MPa、2.5MPa 工作压力的消防水带。

（3）按其内口径可分为内口径 25mm、50mm、65mm、80mm、100mm、125mm、150mm、300mm 的消防水带。

（4）按其使用功能可分为通用消防水带、抗静电消防水带和 A 类泡沫专用水带等。

（5）按其结构可分为单层、双层编织消防水带和内外涂层消防水带。

（6）按其编织层编织方式可分为平纹和斜纹消防水带。

3. 消防水枪的分类

（1）按其喷水方式可分为直流水枪、喷雾水枪和多用途水枪。

（2）按其喷嘴直径可做以下分类：

1）消防直流水枪按喷嘴直径分为 13mm、16mm、19mm 三种规格。

2）消防开关直流水枪按喷嘴直径分为 6mm、8mm、10mm、13mm、16mm、19mm、22mm 七种规格。

3）消防撞击式喷雾水枪喷嘴直径分为 13mm、16mm、19mm 三种规格。

4）消防离心式喷雾水枪喷嘴直径只有 16mm 一种规格。

5）消防簧片式喷雾水枪按喷嘴直径分为 16mm、19mm 两种规格。

6）球阀转换式消防多用途水枪按喷嘴直径分为 16mm、19mm 两种规格。

7）球阀转换式消防两用水枪喷嘴直径分为 6mm、8mm、10mm、13mm、16mm、19mm 六种规格。

4. 消防接口的分类

消防接口的型式有水带接口、内/外螺纹固定接口和异径接口等。

第二节　系统安装质量技术要求

系统的安装质量检查主要包括对消防水源、消防供水设施给水管网、消火栓和接口等组件的安装质量进行检查，以确定是否满足规范及设计要求。

一、消防水源安装质量检查

消防水源是向水灭火设施和消防水池等提供消防用水的给水设施或天然水源。

（一）消防水源的检查

水源应无污染，水的 pH 值应为 6.0 ～ 9.0。给水水源的水质不应堵塞消火栓、报警阀、喷头等消防设施，且不影响其运行。

1. 市政给水管网作为消防水源

（1）市政给水管网可以连续供水。

（2）用作两路消防供水的市政给水管网应符合下列规定：

1）市政给水厂至少有两条输水干管向市政给水管网输水。

2）市政给水管网布置成环状管网。

3）不同市政给水干管上有不少于两条引入管向消防给水系统供水。当其中一条发生故障时，其余引入管应仍能保证全部消防用水量。

若达不到以上描述的市政两路消防供水条件时，则应视为一路消防供水。

检查方法：核对设计文件。

2. 消防水池作为消防水源

（1）消防水池有足够的有效容积。只有在能可靠补水的情况下（两路进水），才可减去持续灭火时间内的补水容积。

（2）供消防车取水的消防水池应设取水口（井）。

（3）冬季结冰地区的消防水池应采取防冻措施。

（4）取水设施有相应的保护措施。

检查方法：直观检查。

3. 天然水源作为消防水源

（1）利用天然水源作为消防水源时，其设计枯水流量保证率宜为90% ～ 97%。在有条件的情况下采取相关技术措施，防止漂浮物等物质堵塞消防设施。

（2）消防车、固定和移动消防水泵的取水技术条件在天然水源枯水期应不受影响；若取水口位置不便于消防车行驶，则需要设置专用消防车道。

（3）作为消防水源的水井向水灭火系统直接供水时不应少于两口，且视作两路消防供水的条件是每台深井泵均作为一级供电负荷。

检查方法：核对设计文件、直观检查及尺量检查。

4. 其他水源作为消防水源

一般情况下，中水或雨水清水池只适合作为备用消防水源。当必须作为消防水源时，应能保证在任何情况下都能满足消防给水系统所需的水量和水质要求。

检查方法：核对设计文件、直观检查。

（二）消防水池、消防水箱安装质量检查

（1）根据《给水排水构筑物工程施工及验收规范》（GB 50141—2008）和《建筑给水排水及采暖工程施工质量验收规范》（GB 50242—2002）的有关规定，检查消防水池和消防水箱施工及安装的符合性情况。

（2）消防水池和消防水箱应设置在通风良好、不受污染、易于维护的场所。建于寒冷地区的消防水箱应采取保温措施防止水结冰（室内温度高于5℃）。

（3）在施工、装配和检修时，消防水池和消防水箱的外壁与建筑本体结构墙面或其他池壁之间的净距需满足以下要求：无管道的侧面，净距不宜小于0.7m；有管道的侧面，净距不宜小1.0m，且管道外壁与建筑本体墙面之间的通道宽度不宜小于0.6m；设有人孔的池顶，顶板面与上面建筑本体板底的净距不应小于0.8m。

（4）采用钢筋混凝土灌注的消防水箱，其内部应贴白瓷砖或喷涂瓷釉涂料。采用其他材料制成的消防水箱宜设置支墩，其高度不宜小于600mm，以便于安装和检修管道。在选择材料时，除了考虑强度、造价、材料的自重、不易产生藻类外，还应考虑消防水箱的耐久性。适合做消防水箱的材料有许多种，最常见的材料有钢筋混凝土和不锈钢等。在选择不锈钢材料时，需要注意市政给水中氯离子对材料的影响。玻璃钢水箱受紫外线照射时强度有变化，橡胶垫片易老化，故不推荐使用。

（5）钢筋混凝土消防水池或消防水箱的进水管、出水管要加设防水套管。钢板等制作的消防水池或消防水箱的进出水等管道宜采用法兰连接，对有振动的管道应加设柔性接头。组合式消防水池或消防水箱的进水管、出水管接头宜采用法兰连接，采用其他连接时应做防锈处理。

（6）消防水池、消防水箱的溢流管、泄水管不得与生产或生活用水的排水系统直接相连，应采用间接排水方式。

（7）消防水池和消防水箱出水管或水泵吸水管要满足最低有效水位出水不掺气的技术要求。

检查方法：核实设计图、直观及尺量检查。

二、消防供水设施（设备）安装质量检查

（一）消防水泵及控制柜

1. 消防水泵

（1）检查消防水泵产品合格证，且其规格、型号和性能与设计要求应一致。

（2）消防水泵的安装应符合《机械设备安装施工及验收通用规范》（GB 50231—2009）和《风机、压缩机、泵安装工程施工及验收规范》（GB 50275—2010）的有关规定。

（3）消防水泵吸水管上的控制阀直径不应小于消防水泵吸水口直径，且不应采用没有可靠锁定装置的控制阀，控制阀应采用沟槽式或法兰式阀门。

（4）当消防水泵和消防水池位于独立的两个基础上且相互为刚性连接时，吸水管上应加设柔性连接管。

（5）消防水泵出水管上应安装消声止回阀、控制阀和压力表；系统的总出水管上还应安装压力表和压力开关；安装压力表时应加设缓冲装置。压力表和缓冲装置之间应安装旋塞；压力表量程在没有设计要求时，应为系统工作压力的 2.0 ～ 2.5 倍。

（6）消防水泵的隔振装置、进出水管柔性接头的安装应符合设计要求，并

应有产品说明和安装使用说明。

（7）检查消防水泵之间以及消防水泵与墙或其他设备之间的间距，应满足安装、运行和维护管理的要求。消防水泵机组外轮廓面与墙和相邻机组间的间距应符合表 3-2-1 的规定。

表 3-2-1　　　　消防水泵相邻两个机组外轮廓面与墙和相邻机组间的最小间距

电动机容量（kW）	消防水泵相邻两个机组及机组至墙壁间的最小间距（m）
＜ 22	0.6
≥ 22 且 ≤ 55	0.8
＞ 55 且 ≤ 255	1.2
＞ 255	1.5

除了以上机组间距要求外，泵房主要人行通道宽度不宜小于 1.2m，电气控制柜前通道宽度不宜小于 1.5m。

（8）水泵机组基础的平面尺寸，有关资料如未明确，无隔振安装时应较水泵机组底座四周各宽出 100 ～ 150mm；有隔振安装时应较水泵隔振台座四周各宽出 150mm。水泵机组基础的顶面标高，无隔振安装时应高出泵房地面不小于 0.1m；有隔振安装时可高出泵房地面不小于 0.05m。泵房内管道管外底距地面的距离：当管径 DN ≤ 150 时不应小于 0.2m，当管径 DN ≥ 200 时不应小于 0.25m。

（9）水泵吸水管水平管段上不应有气囊和漏气现象。变径连接时，应采用偏心导径管件并应采用管顶平接。

检查方法：核实设计图、核对产品的检验报告、直观检查。

2. 消防水泵控制柜

（1）控制柜的基座，其水平度误差不应大于 ±2mm，并应做防腐处理及防水措施。

（2）控制柜与基座采用直径不小于 12mm 的螺栓固定，每只柜不应少于 4 只螺栓。

（3）做控制柜的上下进出线口时，不应破坏控制柜的防护等级。

检查方法：尺量及直观检查。

（二）消防稳压设施

1. 消防稳压罐

（1）稳压罐有效容积、气压、水位及设计压力应符合设计要求。

（2）稳压罐安装位置和间距、进水管及出水管方向应符合设计要求。

（3）稳压罐宜有有效水容积指示器。

（4）稳压罐安装时其四周要设检修通道，其宽度不宜小于0.7m，消防气压给水设备顶部至楼板或梁底的距离不宜小于0.6m；稳压罐的布置应合理、紧凑。

（5）当稳压罐设置在非采暖房间时，应采取有效措施防止结冰。

检查方法：核实设计图、核对产品的检验报告、直观检查。

2. 消防稳压泵

（1）稳压泵的型号、规格、流量和扬程应符合设计要求，并应有产品合格证和安装使用说明书。

（2）稳压泵的安装应符合《给水排水构筑物工程施工及验收规范》（GB 50141—2008）、《机械设备安装工程施工及验收通用规范》（GB 50231—2009）、《风机、压缩机、泵安装工程施工及验收规范》（GB 50275—2010）的有关规定，并考虑排水的要求。

检查方法：尺量和直观检查。

（三）消防水泵接合器

（1）止回阀的安装方向应使消防用水能从消防水泵接合器进入系统。

（2）消防水泵接合器的设置位置应符合设计要求。消防水泵接合器接口的位置应方便操作，安装在便于消防车接近的人行道或非机动车行驶地段，距室外消火栓或消防水池的距离宜为15～40m。

（3）消防水泵接合器永久性固定标志应能识别其所对应的消防给水系统或水灭火系统，当有分区时应有分区标识。

（4）地下消防水泵接合器应采用铸有"消防水泵接合器"标志的铸铁井盖，并应在其附近设置指示其位置的永久性固定标志。

（5）墙壁消防水泵接合器的安装应符合设计要求。无设计要求时，其安装高度距地面宜为0.7m；与墙面上的门、窗、孔、洞的净距离不应小于2m，且不应安装在玻璃幕墙下方。

（6）地下消防水泵接合器的安装，应使进水口与井盖底面的距离不大于0.4m，且不应小于井盖的半径；井内应有足够的操作空间并应做好防水和排水措施，防止地下水渗入。寒冷地区井内应做防冻保护。

（7）消火栓水泵接合器与消防通道之间不应设有妨碍消防车加压供水的障碍物。

（8）地下消防水泵接合器井的砌筑应有防水和排水措施。

（9）消防水泵接合器与给水系统之间不应设置除检修阀门以外的其他阀门；检修阀门应在消防水泵接合器周围就近设置，且应保证便于操作。

检查方法：核实设计图、核对产品的检验报告、直观检查。

三、给水管网安装质量检查

给水管网的主要作用是传输消防用水。管网系统由管材、管件、配件、阀门以及相关设备共同组成，它们通过一定的连接方式连接起来，形成一套封闭的流体传输系统。

管网的连接形式与管道的材质、系统工作压力、温度、介质的理化特性、敷设方式等条件相适应。

给水管网分为室外管网和室内管网，包括消火栓给水管道、自动喷水灭火系统给水管道、泡沫灭火系统给水管道、水喷雾灭火系统给水管道等。

（一）管道连接方式

1.管道连接方式

目前，消防管道工程常用的连接方式有螺纹连接、焊接连接、法兰连接、承插连接、沟槽连接等。

（1）螺纹连接。螺纹连接用于低压流体输送用焊接钢管及外径可以攻螺纹的无缝钢管的连接，在消防上，当管径 $DN \leq 50$ 时，应采用螺纹连接。

（2）焊接连接。焊接连接是管道工程中最重要且应用最广泛的连接方式。其主要优点是：接口牢固耐久，不易渗漏，接头强度和严密性高，使用后不需要经常管理。钢管的焊接方式有很多，如气焊、手工电弧焊、氩弧焊、埋弧焊等。由于电焊焊缝强度比气焊高，并且比气焊经济，因此优先采用电焊焊接。

（3）法兰连接。法兰连接是将垫片放入一对固定在两个管口上的法兰的中间，用螺栓拉紧使其紧密结合起来的一种可拆卸的接头。按法兰与管子的固定方式分为螺纹法兰、焊接法兰、松套法兰等。

（4）承插连接。消防上多用铸铁管的承插连接，铸铁管的承插连接方式分为机械式接口和非机械式接口。机械式接口利用压兰与管端上法兰连接，将橡胶密封圈压紧在铸铁承插口间隙内，使橡胶密封圈压缩而与管壁紧贴形成密封。非机械式接口根据填料的不同，分为石棉水泥接口、自应力水泥接口、青铅接口和橡胶圈接口。

（5）沟槽连接。沟槽式管接口是在管材、管件等管道接头部位加工成环形沟槽，用卡箍件、橡胶密封圈和紧固件等组成的套筒式快速接头。安装时，在相邻管端套上异形橡胶密封圈后，用拼合式卡箍件连接。卡箍件的内缘就位于沟槽内并用紧固件紧固后，保证了管道的密封性能。这种连接方式具有不破坏钢管镀锌层、施工快捷、密封性好、便于拆卸等优点。

2. 管道连接要求

（1）当管道采用螺纹、法兰、承插等方式连接时的要求如下：

1）采用螺纹连接时，热浸镀锌钢管的管件宜采用锻铸铁螺纹管件有关国家技术标准的规定，热浸镀锌无缝钢管的管件宜采用《锻制承插焊和螺纹管件》（GB/T 14383—2021）的有关规定。

2）采用螺纹连接时，螺纹应符合《55° 密封管螺纹》（GB/T 7306—2000）系列标准的有关规定，宜采用密封胶带作为螺纹接口的密封，密封带应在外螺纹上施加。

3）法兰连接时，法兰的密封面形式和压力等级应与消防给水系统技术要求相符合；法兰类型宜根据连接形式采用平焊法兰、对焊法兰和螺纹法兰等，法兰选择应符合《钢制管法兰　第1部分：PN系列》（GB/T 9124.1—2019）、《钢制管法兰　第2部分：Class系列》（GB/T 9124.2—2019）、《钢制对焊管件　类型与参数》（GB/T 12459—2017）和《管法兰用非金属聚四氟乙烯包覆垫片》（GB/T 13404—2008）的有关规定。

4）当热浸镀锌钢管采用法兰连接时要选用螺纹法兰，必须焊接连接时，法兰焊接应符合《现场设备、工业管道焊接工程施工规范》（GB 50236—2011）、《工业金属管道工程施工规范》（GB 50235—2010）的有关规定。

5）球墨铸铁管承插连接时，应符合《给水排水管道工程施工及验收规范》（GB 50268—2008）的有关规定。

6）管径 $DN > 50$ 的管道不应使用螺纹活接头，在管道变径处应采用单体异径接头。

检查方法：按数量抽查30%，但不应少于10个，直观和尺量检查。

（2）当管道采用沟槽连接件（卡箍）连接时的要求如下：

1）沟槽连接件（管接头）、钢管沟槽深度和钢管壁厚等，应符合《自动喷水灭火系统　第11部分：沟槽式管接件》（GB 5135.11—2006）的有关规定。

2）有振动的场所和埋地管道应采用柔性接头，其他场所宜采用刚性接头。当采用刚性接头时，每隔4～5个刚性接头应设置一个挠性接头，埋地连接时螺栓和螺母应采用不锈钢件。

3）沟槽式管件连接时，其管道连接沟槽和开孔应用专用滚槽机和开孔机加工，并应做防腐处理；连接前应检查沟槽和孔洞尺寸，加工质量应符合技术要求；沟槽、孔洞处不应有毛刺、破损性裂纹和脏物。

4）沟槽式管件的凸边应卡进沟槽后再紧固螺栓，两边应同时紧固，紧固时发现橡胶圈起皱应更换新橡胶圈。

5）机械三通连接时，要检查机械三通与孔洞的间隙，各部位应均匀，然后再紧固到位；机械三通开孔间距不应小于1m，机械四通开孔间距不应小于2m；机械三通、机械四通连接时支管的直径应满足表3-2-2的规定，当主管与支管连接不符合表3-2-2的规定时应采用沟槽式三通、四通管件连接。

6）配水干管（立管）与配水管（水平管）连接，应采用沟槽式管件，不应采用机械三通。

表 3-2-2　　机械三通、机械四通连接时支管的直径

主管直径 DN（mm）		65	80	100	125	150	200	250	300
支管直径 DN（mm）	机械三通	40	40	65	80	100	100	100	100
	机械四通	32	32	50	65	80	100	100	100

7）埋地的沟槽式管件的螺栓、螺帽应做防腐处理。水泵房内的埋地管道连接应采用挠性接头。

8）采用沟槽连接件连接管道变径和转弯时，宜采用沟槽式异径管件和弯头；当需要采用补芯时，三通上可用一个，四通上不应超过两个；公称直径大于 50mm 的管道不宜采用活接头。

9）沟槽连接件要采用三元乙丙橡胶 C 形密封胶圈，弹性应良好，无破损和变形，安装压紧后 C 形密封胶圈中间要有空隙。

检查方法：按数量抽查 30%（但不应少于 10 个），采用直观和尺量检查。

（二）架空管道

架空管道的安装位置应符合设计要求，并符合下列规定：

（1）架空管道的安装不应影响建筑功能的正常使用，不应影响和妨碍通行以及门窗等开启。

（2）当设计无要求时，管道的中心线与梁、柱楼板等的最小距离应符合表 3-2-3 的规定。

表 3-2-3　　管道的中心线与梁、柱楼板等的最小距离

管道公称直径（mm）	25	32	40	50	70	80	100	125	150	200
距离（mm）	40	40	50	60	70	80	100	125	150	200

（3）消防给水管穿过地下室外墙、构筑物墙壁以及屋面等有防水要求之处

时，要设防水套管。

（4）消防给水管穿过建筑物承重墙或基础时，应预留洞口，洞口高度应保证管顶上部净空不小于建筑物的沉降量，不宜小于 0.1m，并应填充不透水的弹性材料。

（5）消防给水管穿过墙体或楼板时要加设套管，套管长度不应小于墙体厚度，或应高出楼面或地面 50mm；套管与管道的间隙应采用不燃材料填塞，管道的接口不应位于套管内。

（6）消防给水管必须穿过伸缩缝及沉降缝时，应采用波纹管和补偿器等技术措施。

（7）消防给水管可能发生冰冻时，应采取防冻技术措施。

（8）消防给水管通过或敷设在有腐蚀性气体的房间内时，管外壁要刷防腐漆或缠绕防腐材料。

（9）架空管道外应刷红色油漆或涂红色环圈标志，并注明管道名称和水流方向标识。红色环圈标志宽度不应小于 20mm，间隔不宜大于 4m，在一个独立的单元内环圈不宜少于两处。

检查方法：按数量抽查 30%（但不应少于 10 个），采用直观和尺量检查。

第三节　系统调试验收技术要求

消防给水及消火栓系统的安装调试、验收检测对象包括消防水池、消防水箱、消防供水设施、给水管网、室内外消火栓等。

一、系统调试

（一）调试准备

消防给水及消火栓系统调试应在系统施工完成后进行，并应具备下列条件：

（1）天然水源取水口、地下水井、消防水池、高位消防水池、高位消防水箱等蓄水和供水设施的水位、出水量、已储水量等符合设计要求。

（2）消防水泵、稳压泵和稳压设施等处于准工作状态。

（3）系统供电正常，柴油机泵油箱应充满油并能正常工作。

（4）消防给水系统管网内已经充满水。

（5）湿式消火栓系统管网内已充满水，手动干式、干式消火栓系统管网内的气压符合设计要求。

（6）系统自动控制处于准工作状态。

（7）减压阀和阀门等处于正常工作位置。

（二）水源调试和测试

（1）按设计要求核实高位消防水箱、高位消防水池、消防水池的容积，高位消防水池、高位消防水箱设置高度应符合设计要求；消防储水应有不作他用的技术措施。当有江河湖海、水库和水塘等天然水源作为消防水源时，应验证其枯水位、洪水位和常水位的流量符合设计要求。地下水井的常水位、出水量等应符合设计要求。

（2）消防水泵直接从市政管网吸水时，应测试市政供水的压力和流量能否满足设计要求的流量。

（3）应按设计要求核实消防水泵接合器的数量和供水能力，并应通过消防车车载移动泵供水进行试验验证。

（4）应核实地下水井的常水位和设计抽升流量时的水位。

检查方法：直观检查和进行通水试验。

（三）消防水泵、稳压泵及控制柜

1. 消防水泵

（1）自动直接启动或手动直接启动消防水泵时，消防水泵应在 55s 内投入正常运行，且应无不良噪声和振动。

（2）以备用电源切换方式或备用泵切换启动消防水泵时，消防水泵应分别在 1min 或 2min 内投入正常运行。

（3）消防水泵安装后应进行现场性能测试，其性能应与生产厂商提供的数据相符，并应满足消防给水设计流量和压力的要求。

（4）消防水泵零流量时的压力不应超过设计工作压力的140%；当出流量为设计工作流量的150%时，其出口压力不应低于设计工作压力的65%。

检查方法：使用秒表检查。

2. 稳压泵

（1）当达到设计启动压力时，稳压泵应立即启动；当达到系统停泵压力时，稳压系应自动停止运行；稳压泵启停应达到设计压力要求。

（2）能满足系统自动启动要求，且当消防主泵启动时，稳压泵应停止运行。

（3）稳压泵在正常工作时，每小时的启停次数应符合设计要求，且不应大于15次/h。

（4）稳压泵启停时系统压力应平稳，且稳压泵不应频繁启停。

检查方法：直观检查。

3. 控制柜

（1）首先应空载调试控制柜的控制功能，并应对各个控制程序进行试验验证。

（2）当空载调试合格后，应加负载调试控制柜的控制功能，并应对各个负载电流的状况进行试验检测和验证。

（3）应检查显示功能，并应对电压、电流、故障、声光报警等功能进行试验检测和验证。

（4）应调试自动巡检功能，并应对各泵的巡检动作、时间、周期、频率和转速等进行试验检测和验证。

（5）应试验消防水泵的各种强制启泵功能。

检查方法：使用电压表、电流表、秒表等仪表和直观检查。

（四）减压阀

（1）减压阀的阀前阀后动静压力应满足设计要求。

（2）减压阀的出流量应满足设计要求，当出流量为设计流量的150%时，阀后动压不应小于额定设计工作压力的65%。

（3）减压阀在小流量、设计流量和设计流量的 150% 时，不应出现噪声明显增加的现象。

（4）减压阀的阀后动静压差应符合设计要求。

检查方法：使用压力表、流量计、声强计和直观检查。

（五）消火栓

（1）试验消火栓动作时，应检测消防水泵是否在规定的时间内自动启动。

（2）试验消火栓动作时，应测试其出流量、压力和充实水柱的长度，并应根据消防水泵的性能曲线核实消防水泵供水能力。

（3）应检查旋转型消火栓的性能能否满足其性能要求。

（4）应采用专用检测工具，测试减压稳压型消火栓的阀后动静压是否满足设计要求。

检查方法：使用压力表、流量计和直观检查。

（六）系统排水

调试过程中，系统排出的水应通过排水设施全部排走，并应符合下列规定：

（1）应对消防电梯排水设施的自动控制和排水能力进行测试。

（2）应对报警阀排水试验管处和末端试水装置处排水设施的排水能力进行测试，且在地面不应有积水。

（3）试验消火栓处的排水能力应满足试验要求。

（4）应对消防水泵房排水设施的排水能力进行测试，并应符合设计要求。

检查方法：使用压力表、流量计、专用测试工具和直观检查。

（七）联锁试验

联锁试验应符合下列要求，并应按要求进行记录：

（1）干式消火栓系统联锁试验：当打开 1 个消火栓或模拟 1 个消火栓的排气量排气时，干式报警阀（电动阀/电磁阀）应及时启动，压力开关应发出信号或联锁启动消防防水泵，水力警铃动作应发出机械报警信号。

（2）消防给水系统的试验管放水时，管网压力应持续降低，消防水泵出水干管上压力开关应能自动启动消防水泵；消防给水系统的试验管放水或高位消防水箱排水管放水时，高位消防水箱出水管上的流量开关应动作，且应能自动启动消防水泵。

（3）消防水泵从接到启泵信号到水泵正常运转的自动启动时间不应大于2min。

检查方法：使用秒表及直观检查。

二、系统验收检测

（一）消防水源、消防水池和高位消防水箱

1. 消防水源

（1）应检查室外给水管网的进水管管径及供水能力，高位消防水箱、高位消防水池和消防水池等的有效容积和水位测量装置等应符合设计要求。

（2）当采用地表天然水源作为消防水源时，其水位、水量、水质等应符合设计要求。

（3）应根据有效水文资料检查天然水源枯水期最低水位、常水位和洪水位时的消防用水，其结果应符合设计要求。

（4）应根据地下水井抽水试验资料确定常水位、最低水位、出水量和水位测量装置等技术参数和装备符合设计要求。

检查方法：对照设计资料直观检查。

2. 消防水池和高位消防水箱

（1）设置位置应符合设计要求。

（2）消防水池、高位消防水池和高位消防水箱的有效容积、水位、报警水位等，应符合设计要求。

（3）进出水管、溢流管、排水管等应符合设计要求，且溢流管应采用间接排水。

（4）管道、阀门和进水浮球阀等应便于检修，人孔和爬梯位置应合理。

（5）消防水池吸水井、吸（出）水管喇叭口等设置位置应符合设计要求。

检查方法：尺量和直观检查。

（二）消防水泵房

（1）消防水泵房的建筑防火要求应符合设计要求和《建筑设计防火规范（2018版）》（GB 50016—2014）的有关规定。

（2）消防水泵房设置的应急照明、安全出口应符合设计要求。

（3）消防水泵房的采暖通风、排水和防洪等应符合设计要求。

（4）消防水泵房的设备进出和维修安装空间应符合设备要求。

（5）消防水泵控制柜的安装位置和防护等级应符合设计要求。

检查方法：对照图纸直观检查。

（三）消防水泵、稳压泵和稳压设施、控制柜

1. 消防水泵

（1）消防水泵运转应平稳，应无振动。

（2）工作泵、备用泵、泄压阀、水锤消除设施和止回阀等规格型号、数量，应符合设计要求；吸水管、出水管上的控制阀应锁定在常开位置，并应有明显标记。

（3）分别开启系统中的每一个末端试水装置、试水阀和试验消火栓，水流指示器、压力开关、高位消防水箱流量开关等信号的功能，结果均应符合设计要求。

（4）打开消防水泵出水管上的试水阀，当采用主电源启动消防水泵时，消防水泵应启动正常；关掉主电源，主、备电源应能正常切换；备用泵启动和相互切换应正常；消防水泵就地和远程启停功能应正常。

（5）消防水泵停泵时，水锤消除设施后的压力不应超过水泵出口设计工作压力的1.4倍。

（6）消防水泵启动控制应置于自动启动挡。

（7）采用固定和移动式流量计和压力表测试消防水泵的性能，水泵性能应满足设计要求。

检查方法：直观检查和采用仪表检测。

2. 稳压泵和稳压设施

（1）稳压泵的型号性能等应符合设计要求。

（2）稳压泵的控制应符合设计要求，并应有防止稳压泵频繁启动的技术措施。

（3）稳压泵每小时启停次数应符合设计要求，并不宜大于 15 次 /h。

（4）稳压泵供电应正常，自动、手动启停应正常；关掉主电源，主、备电源应能正常切换。

（5）气压水罐的有效容积、调节容积和稳压泵启泵次数应符合设计要求。

（6）气压水罐气侧压力应符合设计要求。

检查方法：直观检查。

3. 控制柜

（1）控制柜的规格型号及数量应符合设计要求。

（2）控制柜的图纸塑封后应牢固粘贴于柜门内侧。

（3）控制柜的动作应符合设计要求。

（4）主、备电源自动切换装置的设置应符合设计要求。

检查方法：直观检查。

（四）减压阀

（1）减压阀的规格型号、设计压力和设计流量应符合设计要求。

（2）减压阀的进口处应设置过滤器，过滤器的孔网直径不宜小于 4 ～ 5 目 /cm^2，过流面积不应小于管道截面积的 4 倍。

（3）减压阀阀前阀后动静压力应符合设计要求。

（4）减压阀处应有试验用压力排水管道。

（5）减压阀在小流量、设计流量和设计流量的 150% 时，不应出现噪声明显增加或管道喘振的现象。

（6）减压阀的水头损失应小于设计阀后静压和动压差。

检查方法：使用压力表、流量计和直观检查。

（五）管网

（1）管道的材质、管径、接头、连接方式及采取的防腐、防冻措施，应符合设计要求，管道标识应符合设计要求。

（2）管网排水坡度及辅助排水设施应符合设计要求。

（3）系统中的试验消火栓、自动排气阀应符合设计要求。

（4）管网不同部位安装的报警阀组、电磁阀、信号阀、减压阀和排水管等，均应符合设计要求。

（5）干式消火栓系统允许的最大充水时间不应大于5min。

（6）干式消火栓系统报警阀后的管道仅应设置消火栓和有显示信号的阀门。

检查方法：所有项全数检查，使用秒表测量、尺量和直观检查。

（六）消火栓

（1）消火栓的设置位置、规格型号和安装高度应符合设计要求和相关规范规定，并应符合消防救援和火灾扑救工艺的要求。

（2）消火栓的减压装置和活动部件应灵活可靠，栓后压力、充实水柱应符合设计要求。

（七）消防水泵接合器

消防水泵接合器数量及进水管位置应符合设计要求，消防水泵接合器应采用消防车车载消防水泵进行充水试验，且供水最不利点的压力、流量应符合设计要求；当有分区供水时，应确定消防车的最大供水高度和接力泵的设置位置的合理性。

检查方法：使用流量计、压力表和直观检查。

（八）系统模拟灭火功能试验

（1）干式消火栓报警阀动作，水力警铃应鸣响且压力开关动作。

（2）流量开关、低压压力开关和报警阀压力开关等动作，应能自动启动消防水泵及与其联动设备，并反馈信号。

（3）消防水泵启动后，应反馈信号。

（4）干式消火栓系统的干式报警阀的加速排气器动作后，应反馈信号。

（5）其他消防联动设备启动后，应有反馈信号。

检查方法：直观检查。

（九）系统工程质量检测、验收判定

（1）系统工程质量缺陷按《消防给水及消火栓系统技术规范》（GB 50974—2014）附录的要求划分。

（2）系统验收合格判定应为 $A=0$，且 $B \leq 2$，且 $B+C \leq 6$ 为合格。

（3）系统验收当不符合上述第（2）项要求时，应为不合格。

第四节 系统运行维护技术要求

一、消防水源的维护管理

消防水源的维护管理应符合下列规定：

（1）每季度应监测市政给水管网的压力和供水能力。

（2）每年应对天然河、湖等地表水消防水源的常水位以及枯水位流量或蓄水量等进行一次检测。

（3）每年应对水井等地下水消防水源的常水位、水位范围和出水量等进行一次检测。

（4）每月应对消防水池、高位消防水池（箱）等消防水源设施的水位等进行一次检测；消防水池（箱）玻璃水位计两端的角阀在不进行水位观察时应关闭。

（5）在冬季每天要对消防储水设施进行室内温度和水温检测，当结冰或室内温度低于5℃时，要采取保温措施避免结冰。

（6）每年应检查消防水池、消防水箱等蓄水设施的结构材料是否完好，发现问题及时处理。

（7）永久性地表水天然水源消防取水口应有防止水生生物繁殖的管理技术

措施。

二、供水设施设备的维护管理

（一）供水设施

（1）每月应手动启动消防水泵运转一次，并检查供电电源的情况。

（2）每周应模拟消防水泵自动控制的条件，自动启动消防水泵运转一次，且自动记录自动巡检情况，每月应检测记录。

（3）每日应对稳压泵的停泵、启泵压力和启泵次数等进行检查和记录。

（4）每日应对柴油机消防水泵的启动电池的电量进行检测，每周检查储油箱的储油量，每月应手动启动柴油机消防水泵运行一次。

（5）每季度应对消防水泵的出流量和压力进行一次试验。

（6）每月应对气压水罐的压力和有效容积等进行一次检测。

（二）水泵接合器

（1）水泵接合器应无破损、变形、锈蚀及操作障碍，连接阀门应处于开启状态。

（2）每季度应对消防水泵接合器的接口及附件进行一次检查，并应保证接口完好、无渗漏、闷盖齐全。

（3）水泵接合器处应设有永久性标志铭牌，并应标明供水系统、供水范围和额定压力。

三、阀门的维护管理

（1）每月应对减压阀组进行一次放水试验，并应检测和记录减压阀前后的压力。

（2）每年应对减压阀的流量和压力进行一次试验。

（3）雨淋阀的附属电磁阀应每月检查并应作启动试验，动作失常时应及时更换。

（4）系统上所有的控制阀门均应采用铅封或锁链固定在开启或规定的状

态，每月应对铅封、锁链进行一次检查，当有破坏或损坏时应及时修理更换。

（5）每月应对电动阀和电磁阀的供电和启闭性能进行检测。

（6）每季度应对室外阀门井中、进水管上的控制阀门进行一次检查，并应核实其处于全开启状态。

（7）每天应对水源控制阀进行外观检查，并应保证系统处于无故障状态。

（8）每季度应对系统所有的末端试水阀和报警阀的放水试验阀进行一次放水试验，并应检查系统启动、报警功能及出水情况是否正常。

（9）在市政供水阀门处于完全开启状态时，每月应对倒流防止器的压差进行检测，且应符合《减压型倒流防止器》（GB/T 25178—2010）和《双止回阀倒流防止器》（CJ/T 160—2010）等的有关规定。

四、室外消火栓的维护管理

常见的室外消火栓包括地下式和地上式两种，应分别进行检查维护。

（一）地下式室外消火栓

地下式室外消火栓应每季度进行一次外观和漏水检查。地下式室外消火栓维护管理的主要内容包括：

（1）检查消火栓灵活性，用专用扳手转动其启动杆，必要时加油润滑。

（2）检查橡胶垫圈等密封件有无损坏等情况。

（3）检查栓体外表油漆情况，如有剥落应及时修补。

（4）入冬前检查消火栓的防冻设施是否完好。

（5）重点部位消火栓，每年应逐一进行一次出水试验，出水压力应满足要求。在检查中可使用压力表测试管网压力，或连接水带进行射水试验。

（6）随时清理消火栓井内外积存杂物。

（7）地下式室外消火栓应有明显标志，要保持室外消火栓配套器材和标志的完整有效。

（二）地上式室外消火栓

地上式室外消火栓应每季度进行一次外观和漏水检查。地上式室外消火栓维护管理的主要内容包括：

（1）检查消火栓灵活性，用专用扳手转动其启动杆，必要时加油润滑。

（2）检查出水口闷盖是否完好。

（3）检查栓体外表油漆情况，如有剥落应及时修补。

（4）每年冬季前后对地上式室外消火栓逐一进行出水试验，压力应满足要求。可使用压力表测试管网压力，或连接水带进行射水试验。

（5）定期检查消火栓前端阀门井。

（6）保持配套器材的完备有效。

室外消火栓系统的检查除上述内容外，还包括消防水泵、消防水池的一般性检查。

五、室内消火栓的维护管理

室内消火栓箱内应经常保持干燥，防止锈蚀。每季度应对室内消火栓进行一次外观和漏水检查。室内消火栓维护管理的主要内容包括：

（1）检查消火栓和消防卷盘供水闸阀渗漏水情况。

（2）对消防水枪、消防卷盘等配件进行检查，应齐全完好。

（3）报警按钮、指示灯及控制线路应功能正常。

（4）消火栓箱及箱内装配的部件应外观无破损。

（5）应对消火栓和供水阀门等所有转动部位定期加油润滑。

第三章

水喷雾灭火系统

水喷雾灭火系统作为变电站（换流站）内使用率较高的固定式灭火系统，具有较好的电绝缘性能和良好的灭火性能。该系统主要以水为灭火介质。水经水雾喷头，在一定压力作用下喷洒出不连续的细小雾滴来进行灭火或控火。本章重点讲述水喷雾灭火系统的构成、安装质量、调试验收和运行维护的技术要求。

第一节　系统构成

水喷雾灭火系统是由水源、供水设备、雨淋阀组及水雾喷头等组成，并配备火灾自动报警装置以及联动控制系统，保护范围内发生火灾时可向保护对象（变电站或换流站内一般指大型充油设备）喷射水雾灭火或进行防护冷却的开式灭火系统。其灭火机理是当水以细小的雾状水滴喷射到正在燃烧的物质表面时，产生表面冷却、窒息、乳化和稀释的综合效应，以实现灭火。水喷雾灭火系统示意图如图 3-3-1 所示。

管路系统：由配水干管、主管道和供水管道组成。

主管道：从雨淋阀后到配水干管间的管道，一般敷设在地下或接近地面处。

配水干管：直接安装水雾喷头，可采用枝状或环状管。

供水管道：从消防水源到消防水泵出口到雨淋阀前的管道。

过滤器：为防止杂物堵塞雨淋阀的控制腔和电磁阀的流道，应在雨淋阀前的水平管段内设置过滤器；当水雾喷头无滤网时，为防止喷头堵塞，应在雨淋阀后的水平管道也设置过滤器。

雨淋阀组：阀组由雨淋阀、压力开关等配套阀门组成的。通过电动、机械或其他方法开启阀组，使水能够自动流入灭火系统，同时驱动水力警铃发出报警，并能够监测供水压力。

水雾喷头：在离心作用或其他强化作用下，能将水流分解为直径 1mm 内的雾状水滴。

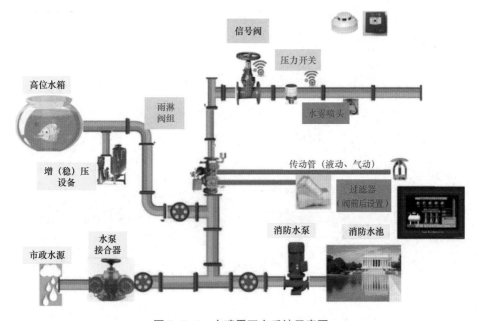

图 3-3-1　水喷雾灭火系统示意图

第二节　系统安装质量技术要求

该系统的安装质量技术要求主要针对消防水池（罐）、消防水箱、消防水泵、稳压泵、雨淋阀组、减压阀、管道和水雾喷头等系统全部部件。

一、消防水池（罐）、消防水箱

（1）消防水池（罐）、消防水箱的安装应符合《给水排水构筑物工程施工及验收规范》（GB 50141—2018）和《建筑给排水及采暖工程施工质量验收规范》（GB 50242—2016）的规定。

（2）消防水池（罐）、消防水箱的容积、安装位置应符合设计要求。安装时，消防水池（罐）、消防水箱外壁与建筑本体结构墙面或其他池壁之间的净距应满足施工或装配的需要。

检查方法：对于第（1）项，应对照规范及图纸核查；对于第（2）项，应对照图纸和尺量检查。

二、消防水泵、稳压泵

（1）消防水泵的安装应符合《机械设备安装工程施工及验收通用规范》（GB 50231—2009）和《风机、压缩机、泵安装工程施工及验收规范》（GB 50275—2010）的规定。

（2）消防泵应整体安装在基础上。

（3）消防泵与相关管道连接时，应以消防泵的法兰端面为基准进行测量和安装。

（4）消防泵进水管吸水口处设置滤网时，滤网架应安装牢固，滤网应便于清洗。

（5）当消防泵采用柴油机驱动时，柴油机冷却器的泄水管应通向排水设施。

（6）稳压泵的安装应符合现行国家标准《机械设备安装工程施工及验收通用规范》（GB 50231—2009）、《风机、压缩机、泵安装工程施工及验收规范》（GB 50275—2010）的规定。

检查方法：对于第（1）项，应对照图纸核查和尺量检查；对于第（2）项，应直观检查；对于第（3）项，应尺量和直观检查；对于第（4）项和第（5）项，应直观检查；对于第（6）项，应对照规范及图纸核查。

三、雨淋报警阀组

（一）安装前检查

（1）报警阀的型号、规格等标志应齐全并符合设计要求。阀体上有水流方向的永久指示标志。

（2）报警阀组及其附件表面应无裂纹、加工缺陷和机械损伤，外观无水渍及渗漏痕迹。

检查方法：直观检查。

（二）安装质量技术要求

（1）雨淋阀组安装的位置应符合设计要求；当设计无要求时，宜安装在靠近保护对象附近且便于操作的地点。距室内地面高度宜为1.2m，两侧与墙的距离不应小于0.5m，正面与墙的距离不应小于1.2m；报警阀组凸出部位之间的距离不应小于0.5m。

（2）水源控制阀的安装应便于操作，且应有明显开闭标志和可靠的锁定设施。

（3）雨淋阀手动开启装置的安装位置应符合设计要求，且在发生火灾时应能安全开启和便于操作。

（4）在雨淋阀的水源一侧应安装压力表，并应安装在雨淋阀上便于观测的位置。

（5）压力开关应竖直安装在通往水力警铃的管道上，且不应在安装中拆装改动。压力开关的引出线应用防水套管锁定。

（6）水力警铃的安装应符合设计要求，安装后的水力警铃启动时，警铃响度不应小于70dB（A）。

（7）安装雨淋阀组的室内地面应有排水设施，排水管和试验阀应安装在便于操作的位置。

检查方法：对于第（1）项，应对照图纸核查和尺量检查；对于第（2）项，应直观检查；对于第（3）项，应对照图纸核查和开启阀门检查；对于第（4）

项和第（5）项，应直观检查；对于第（6）项，应直观检查，开启阀门放水，水力警铃启动后用声级计测量声强；对于第（7）项，应直观检查。

四、节流管、减压孔板和减压阀

（一）安装前检查

减压阀的外观应无机械损伤，阀内应无异物。

检查方法：直观检查。

（二）安装质量技术要求

（1）节流管和减压孔板的安装应符合设计要求。

（2）减压阀的规格、型号应符合设计要求，阀外控制管路及导向阀各连接件不应有松动。

（3）减压阀水流方向应与供水管网水流方向一致。进水侧应安装过滤器，并宜在其前后安装控制阀。

（4）可调式减压阀宜水平安装，阀盖应向上。比例式减压阀宜垂直安装；当水平安装时，单呼吸孔减压阀的孔口应向下，双呼吸孔减压阀的孔口应呈水平状态。

（5）安装自身不带压力表的减压阀时，应其前后相邻部位安装压力表。

检查方法：对于第（1）项，应对照图纸核查和尺量检查；对于第（2）项，应对照图纸核查和使用扳手检查；对于其他各项，应直观检查。

五、管道

（一）安装、焊接质量技术要求

（1）埋地管道的基础应符合设计要求，埋地管道采用焊接时，焊缝部位应在试压合格后进行防腐处理，埋地管道在回填前应进行隐蔽工程验收，合格后应及时回填，分层夯实。

（2）管道水平安装时，其坡度、坡向应符合设计要求。立管应用管卡固定在支架上，其间距不应大于设计值。

（3）管道支架、吊架应安装平整牢固，管墩的砌筑应规整，其间距应符合设计要求。

（4）管道支架、吊架与水雾喷头之间的距离不应小于0.3m，与末端水雾喷头之间的距离不宜大于0.5m。

（5）同排管道法兰的间距应方便拆装，且不宜小于100mm。

（6）管道穿过墙体或楼板处应使用套管，套管长度不应小于该墙体的厚度，穿过楼板的套管长度应高出楼地面50mm，底部应与楼板底面相平；管道与套管间的空隙应采用防火封堵材料填塞密实；管道穿过建筑物的变形缝时，应采取保护措施。

（7）管道采用沟槽式连接时，管道末端的沟槽尺寸应满足《自动喷水灭火系统　第11部分：沟槽式管接件》（GB 5135.11—2006）的规定。

（8）管道焊接施工应符合《消防给水及消火栓系统技术规范》（GB 50974—2014）和《给水排水管道工程施工及验收规范》（GB 50268—2008）的规定。

检查方法：对于第（1）项，应核查隐蔽工程验收记录。对于第（2）项，干管抽查1条；支管抽查2条；分支管抽查5%，且不得少于1条，并使用水平仪进行检查。对于第（3）项，应按安装总数的20%抽查，且不得少于5个，采用直观检查和尺量检查。对于第（4）项，按安装总数的10%抽查，且不得少于5个，采用尺量检查。对于第（8）项，采取射线检测或超声检测方式进行检查。其余各项采用直观检查和尺量检查。

（二）试压、冲洗

1. 管道试压

（1）试验时宜采用清水进行，且环境温度不宜低于5℃；当低于5℃时，应采取防冻措施。

（2）试验压力应为设计压力的1.5倍。

（3）试验的测试点宜设在系统管网的最低点，对不能参与试压的设备、阀门及附件，应加以隔离或拆除。

检查方法：管道充满水，排净空气，用试压装置缓慢升压，当压力升至试验压力后，稳压 10min，管道无损坏、无变形，再将试验压力降至设计压力，稳压 30min，以压力不降、无渗漏为合格。

2. 管道冲洗

（1）试压后合格的管道宜用清水冲洗，此后不得再进行影响管内清洁的施工作业。

（2）地上管道应在试压、冲洗合格后采取防腐措施。

检查方法：宜采用最大设计流量，流速不低于 15m/s，以排出水色和透明度与入口水目测一致为合格。

六、水雾喷头

变电站（换流站）用水喷雾系统需采用带有柱状过滤网的离心雾化型水雾喷头，实物如图 3-3-2 所示。

图 3-3-2　离心雾化型水雾喷头

（一）安装前检查

（1）商标、型号、制造厂商及生产日期等标志应齐全。

（2）喷头外观和螺纹密封面应无损伤。

检查方法：直观检查。

（二）安装质量技术要求

（1）喷头的规格、型号应符合设计要求。

（2）喷头应安装牢固、规整。

（3）顶部设置的喷头应安装在被保护物的上部，室外安装坐标偏差不应大于20mm；室外安装的标高允许偏差为 ±20mm。

（4）侧向安装的喷头应安装在被保护物体的侧面并应对准被保护物体，其距离偏差不应大于20mm。

（5）喷头与障碍物的距离应符合设计要求。

检查方法：对于第（1）项，应对照图纸核查；对于第（2）项，应直观检查；对于第（3）项，按安装总数的10%抽查，且不得少于4只，即支管两侧的分支管的始端及末端各1只，应尺量检查；对于第（4）项，按安装总数的10%抽查，且不得少于4只，应尺量检查；对于第（5）项，应对照图纸尺量检查。

第三节　系统调试验收技术要求

一、系统调试

（一）系统调试前准备

（1）制订调试方案。

（2）检查系统并及时处理发现的问题。

（3）水源、动力源应满足系统调试要求，电气设备应具备与系统联动调试的条件。

（4）准备好调试时所需的检查设备，将校验合格且需临时安装的仪器、仪表安装完毕。

（二）系统调试内容

（1）水源测试。

（2）动力源和备用动力源切换试验。

（3）消防水泵和稳压泵调试。

（4）雨淋阀（电动控制阀、气动控制阀）的调试。

（5）排水设施调试。

（6）联动试验。

（三）系统调试方法

（1）通过对照图纸核查和尺量检查，对水源进行检查，消防水池（罐）、消防水箱的容积及储水量、消防水箱设置高度应符合设计要求。

（2）通过直观检查和通过移动式消防水泵做供水试验进行验证，消防水泵接合器的数量和供水能力应符合设计要求。

（3）系统的主动力源和备用动力源进行切换试验时，以自动和手动方式各进行 1～2 次试验，主动力源、备用动力源及电气设备运行应正常。

（4）消防水泵的调试：使用秒表检查消防水泵的启动时间，并应符合设计规定；使用绝缘电阻表等仪表通电，对控制柜进行空载和加载控制调试检查，控制柜应能按其设计功能正常动作和显示。

（5）稳压泵应按设计要求进行调试。通过直观检查，当达到设计启动条件时，稳压泵应立即启动；当达到系统设计压力时，稳压泵应自动停止运行。

（6）雨淋阀调试宜利用检测、试验管道进行。通过使用压力表、流量计秒表、声强计测量检查和直观检查等方式对雨淋阀功能进行试验，自动和手动方式启动的雨淋阀应在 15s 内启动；对公称直径大于 200mm 的雨淋阀进行调试时，应在 60s 内启动，雨淋阀调试时，当报警水压为 0.05MPa 时，水力警铃应发出报警声。

（7）使用秒表测量电动控制阀和气动控制阀的自动开启时间，应满足设计要求；手动操作电动控制阀和气动控制阀进行启闭试验，阀门应灵活、无卡阻。

（8）直观检查调试过程中系统的排水情况，系统排水应能通过排水设施全部排走。

（9）通过手动和自动控制方式，对系统开展联动试验。当为手动控制时，以手动方式进行 1～2 次试验；当为自动控制时，以自动和手动方式各进行 1～2 次试验，并用压力表、流量计、秒表计量。联动试验应满足：采用模拟火灾信号启动系统，相应的分区雨淋阀、压力开关和消防水泵及其他联动设备均应反馈相应信号；采用传动管启动的系统，启动 1 只喷头，相应的分区雨淋阀、压力开关和消防水泵及其他联动设备均应能反馈相应信号；系统的响应时间、工作压力和流量应符合设计要求。

（10）系统调试合格后，应填写调试检查记录，并应用清水冲洗后放空，复原系统。

二、系统验收

水喷雾灭火系统的验收检测内容包括系统各组件的抽样检查和功能性测试。

（一）系统供水水源

（1）当采用天然水源作为系统水源时，其水量应符合设计要求，并应检查枯水期最低水位时确保消防用水的技术措施。

（2）室外给水管网的进水管管径及供水能力、消防水池（罐）和消防水箱容量均应符合设计要求。

（3）过滤器的设置应符合设计要求。

检查方法：采用流速计、尺等测量和直观检查。

（二）动力源、备用动力源及电气设备

动力源、备用动力源及电气设备应符合设计要求。

检查方法：试验检查。

（三）消防水泵

（1）按设计文件核查工作泵、备用泵和泄压阀等的规格型号及数量，应符合设计要求；吸水管、出水管上的控制阀应锁定在常开位置，并有明显标记。

（2）通过直观检查方法检查消防水泵的引水方式，消防水泵的引水方式应符合设计要求。

（3）打开消防水泵出水管上的手动测试阀，利用主电源向泵组供电；关掉主电源，检查主、备电源的切换情况，用秒表等检查，消防水泵在主电源下应能在规定时间内正常启动。

（4）使用压力表检查，当自动系统管网中的水压下降到设计最低压力时，稳压泵应能自动启动。

（5）降低系统管网中的压力，直观检查自动系统的消防水泵启动，消防水泵启动控制应处于自动启动位置。

（四）雨淋阀组

（1）雨淋阀组的各组件应符合国家现行相关产品标准的要求。

（2）打开手动试水阀或电磁阀时，相应雨淋阀动作应可靠。

（3）打开系统流量压力检测装置放水阀，测试的流量、压力应符合设计要求。

（4）水力警铃的安装位置应正确。测试时，喷嘴处压力不应小于0.05MPa，且距其3m远处警铃的响度不应小于70dB（A）。

（5）控制阀均应锁定在常开位置。

（6）与火灾自动报警系统和手动启动装置的联动控制应符合设计要求。

检查方法：对于第（3）项，应使用流量计和压力表检查；对于第（4）项，应打开阀门放水，使用压力表、声级计和尺量检查；其他各项直观检查。

（五）管道

（1）管道的材质与规格、连接方式、安装位置及采取的防冻措施应符合设计要求和本章第二节"五、管道"的相关规定。

（2）管网放空坡度及辅助排水设施应符合设计要求。

（3）管网上的控制阀、压力信号反馈装置等，其规格和安装位置均应符合设计要求。

（4）管墩、管道支架、吊架的固定方式、间距应符合设计要求。

（5）射线检测的焊缝质量合格标准应不低于《承压设备无损检测　第2部分：射线检测》（NB/T 47013.2—2015）规定的Ⅲ级，超声检测的焊缝质量合格标准应不低于《承压设备无损检测　第3部分：超声检测》（NB/T 47013.3—2015）规定的Ⅱ级。

检查方法：对于第（1）项，应采用直观检查和核查相关证明材料的方式；对于第（2）项，应采用水平尺和尺量检查；对于第（3）项，应直观检查；对于第（4）项，按总数的20%抽查，且不得少于5处，采用尺量检查和直观检查的方式；对于第（5）项，管道焊缝的检测方法如下：

1）射线检测技术等级应采用 AB 级，超声检测技术等级应采用 A 级。

2）检查等级按照《工业金属管道工程施工及验收规范》（GB 50184—2011）规定的Ⅳ级执行，且不得少于 1 条环缝。

3）环缝检验应包括整个圆周长度。每条纵缝检验应不少于 150mm，宜检验全部长度。

（六）水雾喷头

（1）喷头的数量、规格、型号应符合设计要求。

（2）喷头的安装位置、安装高度、间距及与障碍物的距离偏差均应符合设计要求和本章第二节"六、水雾喷头"中的相关规定。

（3）不同规格的每种备用喷头数不应少于 5 只，且备用喷头量不应小于其实际安装总数的 1%。

检查方法：对于第（1）项，应直观检查；对于第（2）项，应按图纸尺量检查，抽查设计喷头数量的 5%，总数不少于 20 个，合格率不小于 95% 时为合格；对于第（3）项，应计数检查。

（七）模拟灭火功能试验

每个系统应进行模拟灭火功能试验，并应符合下列要求：

（1）压力信号反馈装置应动作正常，应能在动作后启动消防水泵及其联动设备，并反馈信号。

（2）系统的分区控制阀应动作正常，并反馈信号。

（3）系统的流量、压力均应符合设计要求。

（4）消防水泵及其联动设备应工作正常，并反馈信号。

（5）主、备电源应能在规定时间内正常切换。

检查方法：对于第（1）项和第（2）项，利用模拟信号试验检查；对于第（3）项，利用系统流量压力检测装置通过泄放试验检查；对于第（4）项，应直观检查；对于第（5）项，应模拟主、备电源切换，使用秒表计时检查。

（八）冷喷试验

系统应进行冷喷试验，除应符合模拟灭火功能试验的各项要求外，其响应时间应符合设计要求，并应检查水雾覆盖保护对象的情况。

检查方法：自启动系统，使用秒表等检查，检查数量为至少1个系统、1个防护区或1个保护对象。

第四节 系统运行维护技术要求

变电站（换流站）运维人员和维保人员需要对水喷雾灭火系统进行定期检查、测试和维护，以确保系统的工作状态完好。

一、基本要求

（1）水喷雾灭火系统应具有管理、检测、维护规程，并应保证系统处于准工作状态。

（2）维护管理人员应熟悉水喷雾灭火系统的原理、性能和操作维护规程。

（3）水喷雾灭火系统发生故障，需停水进行修理前，应向值班人员报告，取得同意并临场监督，加强防范措施后方能动工。

二、每日检查维护内容

（1）每天应对水源控制阀、雨淋阀进行外观检查，阀门外观应完好，启闭状态应符合设计要求。

（2）储水设施的任何部位均不得结冰。每天应检查设置储水设备的房间，保持室温不低于5℃。

三、每周检查维护内容

当消防水泵为自动控制启动时，应每周模拟自动控制的条件启动运转一次。

四、每月检查维护内容

（1）应检查电磁阀并进行启动试验，动作失常时应及时更换。

（2）系统上所有手动控制阀门均应采用铅封或锁链固定在规定状态。应检查手动控制阀门的铅封锁链状态，当有破坏或损坏时应及时修理更换。

（3）检查消防水池（罐）消防水箱，应确保消防储备水位符合设计要求。

（4）检查消防水泵接合器的接口及附件，应保证接口完好。

（5）应检查喷头并及时清除喷头上异物。

五、每季度检查维护内容

（1）应对系统进行一次放水试验，检查系统启动、报警功能以及出水情况是否正常。

（2）应检查室外阀门井中进水管上的控制阀门状态。

六、每年检查维护内容

（1）应对消防储水设备油漆情况进行检查。

（2）应测定水源的供水能力。

第四章

泡沫灭火系统

变电站（换流站）用泡沫灭火系统一般采用泡沫喷雾灭火系统和压缩空气泡沫灭火系统，泡沫喷雾灭火系统按驱动方式分为瓶组式和泵组式，其中前者较为常见。本章重点介绍上述两类系统的构成、安装质量、调试验收和运行维护的技术要求。

第一节　系统构成

一、瓶组式泡沫喷雾灭火系统

该系统是由控制柜、驱动装置、动力瓶组、分区控制阀、泡沫喷雾喷头和管网等组成。当火灾发生时，驱动装置接收到启动信号开启动力瓶组，高压氮气经减压装置减压稳压后输送至泡沫液储罐，驱动泡沫液储罐中的泡沫灭火剂，经管网释放至保护区域。瓶组式泡沫喷雾灭火系统如图 3-4-1 所示。

图 3-4-1　瓶组式泡沫喷雾灭火系统

控制柜：系统核心，通过接收现场探测信号控制系统联动。

驱动装置：接收到启动信号后驱动动力瓶组。

动力瓶组：存储高压氮气，释放时经减压装置稳压后驱动泡沫灭火剂。

储液罐：存储泡沫灭火剂。

分区控制阀：按照防护区域设置，分区控制阀一般安装于每个对应的防护区域外。

二、泵组式（现混）泡沫喷雾灭火系统

该系统主要由多级离心水泵、比例混合装置、控制柜、水箱、泡沫液储箱、分区控制阀等部件组成。系统主要工作原理是：系统启动后，离心泵动作，抽取消防水箱内的消防用水，使之驱动轮机转动进而带动泡沫液泵工作，工作后的泡沫液泵会抽取泡沫液储罐内的泡沫液并输送至轮机出水口，与消防水进行定比混合，形成泡沫混合液，而后经过分区控制阀以及系统管网被输送至保护区内的喷头处喷放、实施灭火。该系统如图 3-4-2 所示。

图 3-4-2 泵组式泡沫喷雾灭火系统

多级离心水泵：将两个以上具有同样功能的离心泵集合在一起，流体通道结构上表现为第一级的介质泄压口与第二级的进口相通，第二级与第三级相通，如此串联形成了多级离心泵，其意义在于提高设定压力。

比例混合装置：将泡沫液与水按特定比例进行混合的装置，由泡沫液进液口、进水口、混合室、混合液输出口等组成。

三、压缩空气泡沫灭火系统

压缩空气泡沫灭火是保护电力设施的优秀灭火方法。压缩空气泡沫灭火系统所需要的组件可装备在集装箱内，便于运输和安装。从图3-4-3可以看出，该系统由压缩空气泡沫产生装置、泡沫液储罐、气液混合装置管道及阀门和压缩空气泡沫释放装置等部件组成。该系统采用气液混合压力平衡调节技术自动控制水气比例，可提供优质稳定的泡沫，其技术优势在于即使是用少量的泡沫液（比例为0.1%～1%），也可以保证灭火效率。

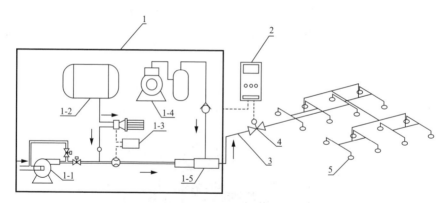

图3-4-3 压缩空气泡沫灭火系统原理图

1—压缩空气泡沫产生装置：1-1—消防水泵，1-2—泡沫液储罐；1-3—泡沫比例混合装置；1-4—供气设施；1-5—气液混合装置；2—控制装置；3—管道；4—阀门；5—压缩空气泡沫释放装置

压缩空气泡沫产生装置：能产生压缩空气泡沫的装置，主要由供水消防泵（适用时）、泡沫液泵、泡沫比例混合装置、空气供给装置、气液混合装置、控制装置及阀门、管道等部件组成。

压缩空气泡沫释放装置：用来将压缩空气泡沫按照预定模式分配到指定区域的装置，包括但不限于压缩空气泡沫喷淋管、压缩空气泡沫炮等。

气液混合装置：将泡沫混合液与空气按特定比例进行混合的装置，由进气口、进液口、混合发泡室、泡沫输出口等组成。

第二节 系统安装质量技术要求

一、泡沫喷雾灭火系统

（一）一般规定

（1）系统应具备自动、手动和应急机械手动启动方式。在自动控制状态下，灭火系统的响应时间不应大于 60s。

以油浸变压器为保护对象的泡沫喷雾系统设计应符合下列规定：

1）保护面积应按变压器油箱的水平投影且四周外延 1m 计算确定。

2）系统的供给强度不应小于 8L/（min·m）。

3）对于变压器套管插入直流阀厅布置的换流站，系统应增设流量不低于 48L/s 可远程控制的高架泡沫炮，且系统的泡沫混合液设计流量应增加一台泡沫炮的流量。

4）喷头的设置应使泡沫覆盖变压器油箱顶面，且每个变压器进出线绝缘套管升高座孔口应设置单独的喷头保护。

5）保护绝缘套管升高座孔口喷头的雾化角宜为 60°，其他喷头的雾化角不应大于 90°。

6）当系统设置比例混合装置时，系统的连续供给时间不应小于 30min；当采用由压缩氮气驱动形式时，系统的连续供给时间不应小于 15min。

（2）系统用于保护独立变电站的油浸变压器时，其系统形式的选择应符合下列规定（泡沫液的抗烧水平均不应低于 C 级）：

1）当单组变压器的额定容量不大于 600MVA 时，可采用瓶组式泡沫喷雾灭火系统，由压缩氮气驱动储罐内的泡沫液经离心雾化型水雾喷头喷洒泡沫，泡沫灭火剂应选用 100% 型水成膜泡沫液。

2）当单组变压器的额定容量大于 600MVA 时，宜采用泵组式泡沫灭火系统，由泡沫消防水泵通过比例混合装置输送泡沫混合液，经离心雾化型水雾喷头喷洒泡沫，泡沫灭火剂应选用 3% 型水成膜泡沫液。

泡沫喷雾系统喷头、管道与电气设备带电（裸露）部分的安全净距应符合国家现行有关标准的规定。喷头应带过滤器，工作压力不应小于其额定压力，且不宜高于其额定压力 0.1MPa。湿式管道应选用不锈钢管，干式供液管道可选用热镀锌钢管，盛装 100% 型水成膜泡沫液的压力储罐应采用奥氏体不锈钢材料。

（3）当动力源采用压缩氮气时，应符合下列规定：

1）系统盛装 100% 型水成膜泡沫液的压力储罐、启动装置、氮气驱动装置应安装在温度高于 0℃ 的专用设备间内。

2）系统所需动力源瓶组数量，计算公式为：

$$N = \frac{P_2 V_2}{(P_1 - P_2) V_1} k$$

式中　N——所需氮气瓶组数量，取自然数，只；

　　　　P_1——氮气瓶组储存压力，MPa；

　　　　P_2——系统储液罐出口压力，MPa；

　　　　V_1——单个氮气瓶组容积，L；

　　　　V_2——系统储液罐容积与氮气管路容积之和，L；

　　　　k——裕量系数（不小于 1.5）。

（4）与泡沫喷雾系统联动的火灾自动报警系统的设计除应符合《火灾自动报警系统设计规范》（GB 50116—2013）的有关规定外，尚应符合下列规定：

1）当系统误动作会对保护对象造成不利影响时，应采用两个独立火灾探测器的报警信号进行联动控制。

2）当保护油浸变压器的系统采用两路相同的火灾探测器时，系统宜采用火灾探测器的报警信号和变压器的断路器信号进行联动控制。

（二）系统主要组件安装检查

1. 泡沫液储罐

（1）泡沫液储罐的安装位置和高度应符合设计要求。储罐周围应留有满足检修需要的通道，其宽度不宜小于0.7m，且操作面不宜小于1.5m；当储罐上的控制阀距地面高度大于1.8m时，应在操作面处设置操作平台。储罐上应设置铭牌，并应标识泡沫液种类、型号、出厂和灌装日期、有效期及储量等信息，不同种类、不同品牌的泡沫液不得混存。

检查方法：尺量和观察检查。

（2）常压钢制泡沫液储罐的制作、安装和防腐应符合下列规定：

1）常压钢质泡沫液储罐出液口和吸液口的设置应符合设计要求。

2）常压钢质泡沫液储罐应进行盛水试验，试验压力应为储罐装满水后的静压力，试验前应将焊接接头的外表面清理干净，并使之干燥，试验时间不应少于1h。目测应无渗漏。

3）常压钢质泡沫液储罐内、外表面应按设计要求进行防腐处理，并应在盛水试验合格后进行。

4）常压泡沫液储罐应根据其形状按立式或卧式安装在支架或支座上，支架应与基础固定，安装时不得损坏其储罐上的配管和附件。

5）常压钢质泡沫液储罐与支座接触部位的防腐，应按加强防腐层的做法施工。

检查方法：对于第1）项，用尺测量。对于第2）～5）项，观察检查，其中，对于第2）项，要检查全部焊缝、焊接接头和连接部位，以无渗漏为合格；对于第3）项，当对泡沫液储罐内表面防腐涂料有疑义时，可取样送至具备相应从业条件的检测单位进行检验；对于第5）项，必要时可切开防腐层检查。

（3）泡沫液压力储罐安装时，支架应与基础牢固固定，且不应拆卸和损坏配管、附件；储罐的安全阀出口不应朝向操作面。

检查方法：观察检查。

（4）泡沫液储罐应根据环境条件采取防晒、防冻和防腐等措施。当环境温度低于0℃时，需要采取防冻设施：当环境温度高于40℃时，需要有降温措施；当安装在有腐蚀性的地区时，还需要采取防腐措施。因为温度过低会妨碍泡沫液的流动；温度过高，各种泡沫液的发泡倍数均下降，析液时间短，灭火性能降低。

检查方法：观察检查。

2. 泡沫比例混合器（装置）

（1）泡沫比例混合器（装置）的安装应符合下列规定：

1）泡沫比例混合器（装置）的标注方向应与液流方向一致，各种泡沫比例混合器（装置）都有安装方向和标注，因此安装时不能装反，否则吸不进泡沫液或泵打不进泡沫液，使系统不能灭火。所以，安装时要特别注意标注方向与液流方向必须一致。

2）泡沫比例混合器（装置）与管道连接处的安装要保证严密，不能有渗漏，否则将影响混合比。

检查方法：观察检查。其中第2）项在调试时进行观察检查，因为只有管道充液调试时，才能观察到连接处是否有渗漏。

（2）压力式比例混合装置的安装应符合下列规定：装置应整体安装，并应与基础牢靠固定。压力式比例混合装置的压力储罐和比例混合器出厂前已经安装固定在一起，因此，压力式比例混合装置要整体安装。压力式比例混合装置的压力储罐进水管有 0.6 ～ 1.2MPa 的压力，而且通过压力式比例混合装置的流量也较大，有一定的冲击力，所以安装时压力式比例混合装置要与基础固定牢固。

检查方法：观察检查。

（3）平衡式比例混合装置的安装应符合下列要求：

1）平衡式比例混合装置由泡沫液泵、泡沫比例混合器、平衡压力流量控制阀及管道等组成。平衡式比例混合装置的比例混合精度较高，适用的泡沫混合液流量范围较大，泡沫液储罐为常压储罐。

2）整体平衡式比例混合装置由平衡压力流量控制阀和比例混合器两部分组成，产品出厂前已进行了强度试验和混合比的标定，故安装时需要整体竖直安装在压力水的水平管道上，并要在水和泡沫液进口的水平管道上分别安装压力表，为了便于观察和准确测量压力值，压力表与平衡式比例混合装置进口处的距离不宜大于 0.3m。

3）分体平衡式比例混合装置的平衡压力流量控制阀和比例混合器是分开

设置的，流量调节范围相对要大一些，其平衡压力流量控制阀要竖直安装。

4）水力驱动平衡式比例混合装置的泡沫液泵要水平安装，安装尺寸和管道的连接方式需要符合设计要求。

检查方法：尺量检查和观察检查。

（4）管线式比例混合器的安装应符合下列要求：

1）管线式比例混合器应安装在压力水的水平管道上，或串接在消防水带上，并应靠近储罐或防护区，其吸液口与泡沫液储罐或泡沫液桶最低液面高度差不得大于1.0m。

2）管线式比例混合器直接安装在主管线上。管线式比例混合器的工作压力范围通常为0.7～1.3MPa，压力损失在进口压力的1/3以上，混合比精度通常较差。

3）为减少压力损失，管线式比例混合器的安装位置要靠近储罐或防护区。

检查方法：采用尺量检查和观察检查。

（5）机械泵入式比例混合装置的安装应符合下列规定：

1）应整体安装在基础座架上，安装时应以底座水平面为基准进行找平，安装方向应和水轮机上的箭头指示方向相同，安装过程中不得随意拆卸、替换组件。

2）与进水管和出液管道连接时，应以比例混合装置水轮机进、出口的法兰（沟槽）为基准进行测量和安装。

3）应在水轮机进、出口管道上靠近水轮机进、出口的法兰（沟槽）处安装压力表，压力表的安装位置应便于观察。

检查方法：对于第1）项和第2）项，采用尺量和观察检查，对于第3）项，采用观察检查。

3. 阀门

（1）泡沫混合液管道采用的阀门有手动阀门和电动阀门等，泡沫混合液管道采用的阀门需要按相关标准进行安装，阀门要有明显的启闭标志。

（2）控制阀的明显部位应有标明水流方向的永久性标志。具有遥控、自动控制功能的阀门，其安装要符合设计要求；当设置在有爆炸和火灾危险的环境时，要按照现行国家标准《电气装置安装工程爆炸和火灾危险环境电气装置施工及验收规范》（GB 50257—2014）的规定安装。

（3）液下喷射泡沫灭火系统泡沫管道进储罐处设置的钢质明杆闸阀和止回阀应水平安装，其止回阀上标注的方向应与泡沫的流动方向相同。

（4）高倍数泡沫产生器进口端泡沫混合液管道上设置的压力表、管道过滤器、控制阀一般要安装在水平支管上。

（5）泡沫混合液管道上设置的自动排气阀需立式安装。该安装方式由产品结构决定，在系统试压、冲洗合格后进行安装，是为了防止堵塞，影响排气。

（6）连接泡沫产生装置的泡沫混合液管道上的控制阀，要安装在防火堤外压力表接口外侧，并有明显的启闭标志：泡沫混合液管道设置在地上时，控制阀的安装高度一般控制为 1.1 ~ 1.5m，当环境温度为 0℃ 及以下的地区采用铸铁控制阀时，若管道设置在地上，铸铁控制阀要安装在立管上；若管道埋地或在地沟内设置，铸铁控制阀要安装在阀门井内或地沟内，并需要采取防冻措施。

（7）储罐区固定式泡沫灭火系统同时具备半固定系统功能时，需要在防火堤外泡沫混合液管道上安装带控制阀和带闷盖的管牙接口，以便消防设备与储罐区的泡沫灭火设备相连。

（8）泡沫混合液立管上设置的控制阀，其安装高度宜为 1.1 ~ 1.5m，并需要设置明显的启闭标志；当控制阀的安装高度大于 1.8m 时，需要设置操作平台或操作凳。

（9）消防泵的出液管上设置的带控制阀的回流管，须符合设计要求，控制阀的安装高度距地面一般为 0.6 ~ 1.2m。

（10）管道上的放空阀应安装在最低处，埋地管道的放空阀阀井应有排水措施，以利于最大限度地排空管道内的液体。

（11）阀门的强度和严密性试验应符合下列规定：

1）强度和严密性试验应使用清水，强度试验压力应为公称压力的 1.5 倍；严密性试验压力应为公称压力的 1.1 倍。

2）试验压力在试验持续时间内应保持不变，且壳体填料和阀瓣密封面应无渗漏。

3）阀门试压的试验持续时间不应少于表3-4-1的规定。

表3-4-1 阀门试压的试验持续时间

公称直径 DN（mm）	最短试验持续时间（s）		
	严密性试验		强度试验
	金属密封	非金属密封	
≤ 50	15	15	15
65 ～ 200	30	15	60
200 ～ 450	60	30	180

检查方法：其中第（1）项和第（2）项按相关标准的要求采用观察检查，第（3）～（10）项采用尺量检查和观察检查，第（11）项的检验方法为：将阀门安装在试验管道上，有液流方向要求的阀门，试验管道应安装在阀门的进口，然后管道充满水，排净空气，用试压装置缓慢升压，待达到严密性试验压力后，在最短试验持续时间内阀瓣密封面不渗漏为合格；最后将压力升至强度试验压力，在最短试验持续时间内，以壳体填料无渗漏为合格。

4.泡沫消火栓

（1）泡沫混合液管道上设置的泡沫消火栓的规格型号、数量、位置、安装方式、间距要符合设计要求。一般情况下，室外管道选用地上式泡沫消火栓，室内管道选用室内泡沫消火栓或消火栓箱。

（2）地上式泡沫消火栓要垂直安装，地下式泡沫消火栓要安装在消火栓井内的泡沫混合液管道上。

（3）地上式泡沫消火栓的大口径出液口要朝向消防车道，以便于消防车或其他移动式的消防设备吸液口的安装。

（4）室内泡沫消火栓的栓口方向宜向下，或与设置泡沫消火栓的墙面成90°，栓口离地面或操作基面的高度宜为1.1m，允许偏差为 ±20mm，坐标的允许偏差为20mm。

检查方法：按安装总数的 10% 抽查，且不得少于 1 个，采用尺量检查和观察检查。

5. 报警阀组

（1）报警阀组的安装应在供水管网试压、冲洗合格后进行，并应符合下列规定：

1）安装时应先安装水源控制阀、报警阀，然后安装泡沫比例混合装置、泡沫液控制阀、压力泄放阀，最后进行报警阀辅助管道的连接。

2）水源控制阀、报警阀与配水干管的连接，应使水流方向一致。

3）报警阀组应安装在便于操作的明显位置，距室内地面高度宜为 1.2m，两侧与墙的距离不应小于 0.5m，正面与墙的距离不应小于 1.2m；报警阀组凸出部位之间的距离不应小于 0.5m。

4）安装报警阀组的室内地面应有排水设施。

检查方法：检查系统试压、冲洗记录表以及观察检查和尺量检查。

（2）报警阀组附件的安装应符合下列规定：

1）压力表应安装在报警阀上便于观测的位置。

2）排水管和试验阀应安装在便于操作的位置。

3）水源控制阀安装应便于操作，且应有明显开闭标志和可靠的锁定设施。

4）在泡沫比例混合器与管网之间的供水干管上，应安装由控制阀、供水压力和流量检测仪表及排水管道组成的系统流量压力检测装置，其过水能力应与系统设计的过水能力一致。

检查方法：采用观察检查。

（3）湿式报警阀组的安装应符合下列规定：

1）报警水流通路上的过滤器应安装在延迟器前，且便于排渣操作的位置。

2）压力波动时，水力警铃不应发生误报警。

检查方法：观察检查和开启阀门，以小于一个喷头的流量放水。

（4）干式报警阀组的安装应符合下列规定：

1）安装完成后应向报警阀气室注入底水，并使其处于伺应状态。

2）充气连接管接口应在报警阀气室充注水位以上部位，且充气连接管的直径不应小于 15mm；止回阀、截止阀应安装在充气连接管上。

3）气源设备的安装应符合设计要求和国家现行有关标准的规定。

4）安全排气阀应安装在气源与报警阀之间，且应靠近报警阀。

5）加速器应安装在靠近报警阀的位置，且应有防止水进入加速器的措施。

6）低气压预报警装置应安装在配水干管一侧。

7）应在报警阀充水一侧和充气一侧、空气压缩机的气泵和储气罐及加速器上安装压力表。

8）管网充气压力应符合设计要求。

检查方法：观察检查和尺量检查。

（5）雨淋阀组的安装应符合下列规定：

1）开启控制装置的安装应安全可靠。

2）预作用系统雨淋阀组后的管道若需充气，其安装应按干式报警阀组有关要求进行。

3）雨淋阀组的观测仪表和操作阀门的安装位置应符合设计要求，并应便于目测和操作。

4）雨淋阀组手动开启装置的安装位置应符合设计要求，且在发生火灾时应能安全开启和便于操作。

5）压力表应安装在雨淋阀的水源一侧。

检查方法：对于第 4）项，采用对照图纸观察检查和开启阀门检查，其余采用观察检查。

6. 泡沫产生装置

（1）低倍数泡沫产生器的安装应符合下列规定：

1）液上喷射的泡沫产生器应根据产生器类型安装，并应符合设计要求；用于外浮顶储罐时，立式泡沫产生器的吸气口应位于罐壁顶之下，横式泡沫产生器应安装于罐壁顶之下，且横式泡沫产生器出口应有不小于 1m 的直管段。

2）水溶性液体储罐内泡沫溜槽的安装要沿罐壁内侧螺旋下降到距罐底 1～1.5m 处，溜槽与罐底平面夹角一般为 30°～45°；泡沫降落槽要垂直安装，其垂直度允许偏差为降落槽高度的 5‰，且不超过 30mm，坐标允许偏差为 25mm。标高允许偏差 ±20mm。

3）液下喷射的高背压泡沫产生器应水平安装在防火堤外的泡沫混合液管道上。

4）在高背压泡沫产生器进口侧设置的压力表接口要竖直安装；其出口侧设置的压力表、背压调节阀和泡沫取样口的安装尺寸要符合设计要求，环境温度为 0° 及以下的地区，背压调节阀和泡沫取样口上的控制阀须选用钢阀门。

5）液上喷射泡沫产生器或泡沫导流罩沿罐周均匀布置时，其间距偏差不宜大于 100mm。

6）外浮顶储罐泡沫堰板的高度及与罐壁的间距应符合设计要求。外浮顶储罐泡沫喷射口设置在罐壁顶部时，泡沫堰板要高出密封 0.2m 以上，泡沫堰板和罐壁之间的距离不应小于 0.9m。

7）泡沫堰板的最低部位设置排水孔的数量和尺寸应符合设计要求，并应沿泡沫堰板周长均布，其间距偏差不宜大于 20mm。排水孔高度不宜大于 9mm，排水孔的开孔面积宜按每 $1m^2$ 环形面积 $280mm^2$ 确定。

8）单、双盘式内浮顶储罐泡沫堰板的高度及与罐壁的间距要符合设计要求，泡沫堰板距离罐壁不应小于 0.55m，其高度不应小于 0.5m。

9）当一个储罐所需的高背压泡沫产生器并联安装时，需要将其并列固定在支架上，且需符合第（3）项和第（4）项的要求。

10）泡沫缓释罩应采用奥氏体不锈钢材料制作，不锈钢板材厚度不应小于 1.5mm。

11）泡沫产生器密封玻璃的划痕面应背向泡沫混合液流向，并应有备用量。外浮顶储罐的泡沫产生器安装时应拆除密封玻璃。固定顶和内浮顶储罐的泡沫产生器应在调试完成后更换密封玻璃。

检查方法：对于第 1）、2）、9）、10）项和第 11）项，采用观察检查；对于第 3）、4）、5）、7）项和第 8）项，按储罐总数的 10% 抽查，且不得少于 1 个储罐，采用尺量检查和观察检查；对于第 6）项，按排水孔总数的 5% 抽查，且不得少于 4 个孔，采用尺量检查。

（2）中倍数、高倍数泡沫产生器的安装应符合下列规定：

1）中倍数、高倍数泡沫产生器的安装应符合设计要求。中倍数、高倍数泡沫产生器应安装在泡沫淹没深度以上，宜接近保护对象，但泡沫产生器整体不应设置在防护区内，当泡沫产生器的进风侧不直通室外时，应设置进风口或引风管。固定安装的中倍数、高倍数泡沫产生器前应设置管道过滤器、压力表和手动阀门。系统管道上的控制阀门应设在防护区以外，自动控制阀门应具有手动启闭功能，系统干式水平管道最低点应设排液阀，且坡向排液阀的管道坡度不宜小于3‰。

2）中倍数、高倍数泡沫产生器的进气端0.3m范围内不应有遮挡物。

3）中倍数、高倍数泡沫产生器的发泡网前1.0m范围内不应有影响泡沫喷放的障碍物。

4）中倍数、高倍数泡沫产生器应整体安装，不得拆卸，并应牢固固定。

按驱动风叶的原动机不同，高倍数泡沫产生器可分为电动式和水力驱动式。电动式高倍数泡沫产生器的发泡倍数较高，一般在600以上；发泡量范围大，一般为200～2000m³/min。由于电动机不耐火，一般不要将电动式高倍数泡沫产生器安装在防护区内。水力驱动式高倍数泡沫产生器发泡倍数较低，一般为200～800；发泡量范围较小，一般为40～400m³/min。水力驱动式高倍数泡沫产生器适用范围广，不仅可以用新鲜空气发泡，还可以用热烟气发泡，同时，可以安装在系统的防护区内。

检查方法：采用拉线、尺量和观察检查。

（3）泡沫喷头的安装应符合下列规定：

1）喷头的规格、型号应符合设计要求，并应在系统试压、冲洗合格后安装。泡沫喷头的型号、规格与选用的泡沫液的种类、泡沫混合液的供给强度和保护面积息息相关，切不可误装，一定要符合设计要求；而且泡沫喷头的安装要在系统试压、冲洗合格后进行，因为泡沫喷头的孔径较小，若系统管道冲洗不干净，异物容易堵塞喷头，影响泡沫灭火效果。

2）泡沫喷头的安装要牢固、规整，安装时不要拆卸或损坏喷头上的附件。

3）顶部安装的泡沫喷头要安装在被保护物的上部，其坐标的允许偏差，室外安装为 15mm，室内安装为 10mm；标高的允许偏差，室外安装为 ±15mmn，室内安装为 ±10mm。

4）侧向安装的泡沫喷头要安装在被保护物的侧面并对准被保护物体，其距离允许偏差为 20mm。

5）地下安装的喷头应安装在被保护物的下方，并应在地面以下；在未喷射泡沫时，其顶部应低于地面 10～15mm。

检查方法：对于第 1）项和第 2）项，采用观察检查和检查系统试压、冲洗记录检查；对于第 3）项，按安装总数的 10% 抽查，且不得少于 4 只，即支管两侧的分支管的始端及末端各 1 只，采用尺量检查；对于第 4）项和第 5）项，按安装总数的 10% 抽查，且不得少于 4 只，采用尺量检查。

（4）固定式泡沫炮的安装除应符合《固定消防炮灭火系统施工与验收规范》（GB 50498—2009）外，尚应符合下列规定：

1）固定式泡沫炮的立管要垂直安装，炮口要朝向防护区，且不能有影响泡沫喷射的障碍物。

2）安装在炮塔或支架上的泡沫炮要牢固固定。固定式泡沫炮的进口压力一般在 1.0MPa 以上，流量也较大，其反作用力很大，所以安装在炮塔或支架上的固定式泡沫炮要牢固固定。

3）电动泡沫炮的控制设备、电源线、控制线的型号、规格及设置位置、敷设方式、接线等要符合设计要求。

检查方法：对于第 1）项和第 2）项，采用观察检查；对于第 3）项，按安装总数的 1% 抽查，且不得少于 1 个，采用观察检查。

7. 泡沫喷雾系统组件

（1）泡沫喷雾系统泄压装置的泄压方向不应朝向操作面。

（2）泡沫喷雾系统动力瓶组及气动驱动装置储存容器的工作压力不应低于设计压力，且不得高于其最大工作压力，气体驱动管道上的单向阀应启闭灵活，无卡阻现象。动力瓶组、驱动装置、减压装置上的压力表及储液罐上的液位计应安装在便于人员观察和操作的位置。

（3）泡沫喷雾系统动力瓶组、驱动装置的储存容器外表面宜涂黑色，正面应标明动力瓶组、驱动装置和储存容器的编号。

（4）泡沫喷雾系统集流管外表面宜涂红色，安装前应确保内腔清洁。

（5）泡沫喷雾系统用水雾喷头应带有过滤网。

（6）泡沫喷雾系统分区阀的安装应符合下列规定：

1）分区阀操作手柄应安装在便于操作的位置，当安装高度超过1.7m时，应采取便于操作的措施。

2）分区阀与管网间宜采用法兰或沟槽连接。

3）分区阀上应设置标明防护区或保护对象名称或编号的永久性标志牌，并应便于观察。

（7）泡沫喷雾系统动力瓶组、驱动气瓶的支、框架或箱体应固定牢靠，并做防腐处理；气瓶上应有标明气体介质名称和储存压力的永久性标志，并应便于观察。

（8）泡沫喷雾系统气动驱动装置的管道安装应符合下列规定：

1）管道布置应符合设计要求。

2）竖直管道应在其始端和终端设防晃支架或采用管卡固定。

3）水平管道应采用管卡固定，管卡的间距不宜大于0.6m、转弯处应增设1个管卡。

4）气动驱动装置的管道安装后应做气压严密性试验。

5）泡沫喷雾系统动力瓶组和储液罐之间的管道应在隔离储液罐后进行水压密封试验。

（9）泡沫喷雾系统用于保护变压器时，喷头的安装应符合下列规定：

1）应保证有专门的喷头指向变压器绝缘子升高座孔口。保护绝缘套管升高座孔口喷头的雾化角宜为60°、其他喷头的雾化角不应大于90°。

2）喷头距带电体的距离应符合设计要求。

3）喷头的设置应使泡沫覆盖变压器油箱顶面。

检查方法：除密封性试验外，其余采用观察检查和用尺测量。

气密性试验方法：气动驱动装置的管道进行气压严密性试验时，应以不大于0.5MPa/s的升压速率缓慢升压至驱动气体储存压力，关断试验气源3min内压力降不超过试验压力的 10% 为合格。

水压密封性试验方法：进行水压密封试验时，应以不大于 0.5MPa/s 的升压速率缓慢升压至动力瓶组的最大工作压力，保压 5min，管道应无渗漏。

8. 消防泵

（1）泡沫消防水泵的安装除应符合下列规定外，尚应符合《风机、压缩机、泵安装工程施工及验收规范》（GB 50275—2010）的有关规定。

（2）泡沫消防水泵宜整体安装在基础上，并应以底座水平面为基准进行找平、找正。

（3）泡沫消防水泵与相关管道连接时，应以消防水泵的法兰端面为基准进行测量和安装。

（4）泡沫消防水泵进水管吸水口处设置滤网时，滤网架的安装应牢固；滤网应便于清洗。

（5）拖动泡沫消防水泵的柴油机排气管应采用钢管连接后通向室外，其安装位置、口径、长度、弯头的角度及数量应满足设计要求。

检查方法：对于第（2）项，采用水平尺和塞尺检查，其余各项采用尺量和观察检查。

（三）管网、管道安装检查

1. 一般要求

（1）水平管道安装时，其坡度、坡向应符合设计要求，且坡度不应小于设计值，当出现 U 形管时应有放空措施。

（2）立管应用管卡固定在支架上，其间距不应大于设计值。

（3）埋地管道的基础应符合设计要求，安装前应做好防腐，安装时不应损坏防腐层；埋地管道采用焊接时，焊缝部位应在试压合格后进行防腐处理；埋地管道在回填前应进行隐蔽观察验收，合格后应及时回填，分层夯实。

（4）管道安装的允许偏差要求见表 3-4-2。

表 3-4-2 管道安装的允许偏差

项目			允许偏差（mm）
坐标	地上、架空及地沟	室外	25
		室内	15
	泡沫喷淋	室外	15
		室内	10
	埋地		60
标高	地上、架空及地沟	室外	±25
		室内	±15
	泡沫喷淋	室外	±15
		室内	±10
	埋地		±25
水平管道平直度		$DN \leq 100$	$2L‰$，最大 50
		$DN > 100$	$3L‰$，最大 80
立管垂直度			$5L‰$，最大 30
与其他管道成排不知间距			15
与其他管道交叉时外壁或绝热层间距			20

注 L 表示管子有效长度；DN 表示管子公称直径。

（5）管道支架、吊架安装要平整牢固，管墩的砌筑必须规整，其间距要符合设计要求。

（6）管道穿过防火堤、防火墙、楼板时，需要安装套管。穿过防火堤和防火墙的套管的长度不能小于防火堤和防火墙的厚度；穿楼板套管的长度要高出楼板 50mm，底部要与楼板底面相平。管道与套管间的空隙需要采用防火材料封堵；管道穿过建筑物的变形缝时，要采取保护措施。

检查方法：对于第（1）项，采用水平仪检查。对于第（2）、（3）项和第（6）项，采用尺量和观察检查。对于第（4）项，干管抽查 1 条；支管抽查 2 条；分支管抽查 10%，且不得少于 1 条；泡沫—水喷淋分支管抽查 5%，且不得少于1条。坐标用经纬仪或拉线和尺量检查；标高用水准仪或拉线和尺量检查；水平管道平直度用水平仪、尺、拉线和尺量检查；立管垂直度用吊线和尺量检查；与其他管道成排布置间距及与其他管道交叉时外壁或绝热层间距用尺量检查。对于第（5）项，按安装总数的5%抽查，且不得少于5个，采用观察和尺量检查。

2. 泡沫混合液管道

（1）当储罐上的泡沫混合液立管与防火堤内地上水平管道或埋地管道用金属软管连接时，不得损坏其编织网，并应在金属软管与地上水平管道的连接处设置管道支架或管墩，且管道支架或管墩不应支撑在金属软管上。

（2）储罐上泡沫混合液立管下端设置的锈渣清扫口与储罐基础或地面的距离宜为0.3～0.5m；锈渣清扫口可采用闸阀或盲板封堵，当采用闸阀时，应竖直安装。

（3）外浮顶储罐梯子平台上设置的二分水器，应靠近平台栏杆安装，并宜高出平台1m，其接口应朝向储罐；引至防火堤外设置的相应管牙接口，应面向道路或朝下。

（4）连接泡沫产生装置的泡沫混合液管道上设置的压力表接口宜靠近防火堤外侧，并应竖直安装。

（5）泡沫产生装置入口处的管道应用管卡固定在支架上，其出口管道在储罐上的开口位置和尺寸应满足设计及产品要求。

（6）泡沫混合液主管道上留出的流量检测仪器安装位置应符合设计要求。

（7）泡沫混合液管道上试验检测口的设置位置和数量应符合设计要求。

检查方法：对于第（5）项，按安装总数的10%抽查，且不得少于1处，采用尺量和观察检查；其余各项用尺量和观察检查。

3. 液下喷射泡沫管道

（1）液下喷射泡沫喷射管道的长度和泡沫喷射口的安装高度，应符合设计要求。当液下喷射1个喷射口设在储罐中心时，其泡沫喷射管应固定在支架上；当液下喷射设有2个及以上喷射口，并沿罐周均匀设置时，其间距偏差不宜大于100mm。

（2）对于半固定式系统的泡沫管道，在防火堤外设置的高背压泡沫产生器快装接口要水平安装。

（3）液下喷射泡沫管道上的防油品渗漏设施要安装在止回阀出口或泡沫喷射口处。半液下喷射泡沫管道上防油品渗漏的密封膜要安装在泡沫喷射装置的出口。安装要按设计要求进行，且不能损坏密封膜。

检查方法：对于第（1）项，按安装总数的10%抽查，且不得少于1个储罐的安装数量，采用尺量和观察检查。对于第（2）项和第（3）项，采用尺量和观察检查。

4. 泡沫液管道

（1）泡沫液管道应采用奥氏体不锈钢管。

（2）泡沫液管道冲洗及放空管道应设置在泡沫液管道的最低处。

检查方法：对于第（1）项，采用核对材质单及观察检查；对于第（2）项，采用观察检查。

5. 泡沫喷淋管道

（1）泡沫喷淋管道支架、吊架与泡沫喷头之间的距离不宜小于0.3m，与末端泡沫喷头之间的距离不宜大于0.5m。

（2）泡沫喷淋分支管上每一直管段、相邻两泡沫喷头之间的管段设置的支架、吊架均不少于1个，且支架、吊架的间距不宜大于3.6m；当泡沫喷头的设置高度大于10m时，支架、吊架的间距不宜大于3.2m。

检查方法：按安装总数的10%抽查，且不得少于5个，采用尺量检查。

（四）系统试压、冲洗

为确保系统投入运行后不出现泄漏、管道及管件承压能力不足、杂质及污损物影响正常使用等问题，在管道安装完成后，须对管道进行水压试验和冲洗。

（1）管道安装完毕应进行水压试验，并应符合下列规定：

1）试验要使用清水，试验时，环境温度不得低于5℃，当环境温度低于5℃时，要采取防冻措施。

2）试验压力应为设计压力的 1.5 倍。

3）试验前需要将泡沫产生装置、泡沫比例混合器（装置）隔离。

检查方法：管道充满水，排净空气，用试压装置缓慢升压，当压力升至试验压力后，稳压 10min，管道无损坏、变形，再将试验压力降至设计压力，稳压 30min，以压力不降、无渗漏为合格。

（2）管道试压合格后，应用清水冲洗，冲洗合格后不得再进行影响管内清洁的其他施工。

检查方法：采用最大设计流量进行冲洗，水流速度不低于 1m/s，以排出水的颜色、透明度与入口处水的颜色、透明度目测一致为合格。

（3）地上管道在试压、冲洗合格后需要进行涂漆防腐。

检查方法：采用观察检查。

二、压缩空气泡沫灭火系统

（一）一般规定

该系统由固定式压缩空气泡沫产生装置、压缩空气泡沫释放装置、控制柜、远程操控柜、管道及阀门等组成，并应设置以下装置：

（1）防止水、压缩空气、泡沫液倒流的装置。

（2）调试试喷管路、试验阀门、试验水池/箱、末端试水及临时排水装置。

（3）停止运行后释放残余压力的装置，该装置应设置在便于操作的位置。

系统的连续工作及响应时间应符合下列要求：

（1）正常工作时连续工作时间不小于 60min。

（2）系统启动至压缩空气泡沫喷淋管最不利点出泡时间不应大于 2min。

（3）当采用压缩空气泡沫炮与压缩空气泡沫喷淋管共同保护特高压换流站换流变压器时，系统从启动至炮口喷射压缩空气泡沫的时间不宜大于 3min，最长不应大于 5min。

系统各组部件正常使用条件如下：

（1）固定式压缩空气泡沫产生装置：环境温度 5 ～ 40℃，相对湿度≤80%。

（2）控制柜、远程操控柜：环境温度 5 ～ 40℃，相对湿度≤ 80%；与供水消防泵或输送管网布置在同一空间时防护等级不低于 IP55。

（3）压缩空气泡沫释放装置、输送管网、阀门：环境温度及相对湿度按照当地地理及气象条件确定，寒冷地区的输送管网、阀门应采取防冻措施。

系统不同功能管网应采用不同颜色进行区分，按照《泡沫灭火系统技术标准》（GB 50151—2021）相关规定或者现场统一要求确定。

系统各构成部件应无明显加工缺陷或机械损伤，部件应采用耐腐蚀材料或外表面进行防腐处理，防腐涂层、镀层应完整、均匀。系统每个操作部位均应以文字、图形或符号标明操作方法，分区选择阀、单向阀、管路应标示介质流动方向。

铭牌应牢固地设置在系统明显部位，注明产品名称、型号规格、压缩空气泡沫额定流量、执行标准代号、灭火剂储存容量、灭火剂类别、灭火剂使用有效期、使用温度范围、系统总功率、生产单位或商标、产品编号、出厂日期等内容。

（二）系统主要组件安装检查

1. 泡沫液储罐

（1）在泡沫液储罐的明显位置上应设置清晰的永久性标志牌，至少应标示产品名称、工作压力、容积、泡沫液类型、出厂日期、生产厂家名称或商标等。

（2）泡沫罐罐体应有标识清晰的液位刻度尺。

（3）泡沫液储罐应采用耐腐蚀材料制作或采取防腐处理措施，与泡沫液直接接触的内壁或衬里不应对泡沫液的性能产生不利影响。

（4）泡沫液储罐上应设液面计、排渣孔、进料孔、取样口、呼吸阀或带控制阀的通气孔等。

（5）泡沫液储罐储存容量应符合设计要求，设计无特殊说明的情况下，应能满足额定流量下系统连续供给时间以及测试试验的需求。

（6）表面应无明显损伤和凹凸不平，接管、法兰及其他焊接件无明显歪斜，法兰密封面无损伤，工夹具的焊疤应清除干净。无十字焊缝、拼接缝应按规定布置和错口，管口应避开焊缝。焊缝表面不得咬边、裂纹、未焊透、未熔合、有表面气孔、有弧坑、未填满和有肉眼可见的夹渣等缺陷。

（7）泡沫液储罐应符合《泡沫灭火系统及部件通用技术条件》（GB 20031—2005）和《泡沫灭火系统技术标准》（GB 50151—2021）的要求。泡沫液储罐储存容量应能满足额定流量下系统连续供给 60min 的需求，并且具有 50% 的裕度及液位监测装置。

（8）泡沫液储罐应预留补液接口，用于外部救援力量接入，应设置防止泡沫混合液或水回流的装置。

检查方法：全数观察检查。

2. 空气供给装置

（1）空气供给装置应能满足设计工况下需要的供气量，并应符合《一般用喷油螺杆空气压缩机》（JB/T 6430—2014）的要求。

（2）空气供给装置应设置安全阀，安全阀的动作压力应在压缩空气系统最大工作压力的 1.1～1.15 倍范围内，安全阀应能在压力恢复正常后自动复位。

（3）压缩空气储罐（适用时）的设计、制造、验收应符合《压力容器》（GB 150—2011）的规定。

3. 泡沫比例混合装置

（1）压力式比例混合装置、环泵式比例混合装置、管线式比例混合装置、平衡式比例混合装置应满足《泡沫灭火系统及部件通用技术条件》（GB 20031—2005）中 5.1 的要求。

（2）泡沫液泵应符合《消防泵》（GB 6245—2006）和《泵的振动测量与评价方法》（JB/T 8097—1999）的要求，并按照不同类型泵的有关标准规定的方法进行试验，结构和尺寸应符合相关规范及设计要求。

（3）强度试验时试验压力为最大工作压力的 1.5 倍，保持 5min，任何部件应无结构损坏、永久变形和破裂。

（4）密封试验时试验压力为最大工作压力的1.1倍，保持30min，任何部件应无结构损坏变形和渗漏。

4. 气液混合装置

（1）气液混合装置进口压力为制造厂公布值，且压缩空气进气压力应大于进液压力。

（2）气液混合装置进口流量为制造厂公布值，且装置在系统所有设定工况运行时，空气供给系统应能满足相应工况下需要的供气量。

（3）气液混合装置应采用铜合金或耐腐蚀性能相类似的等同材料制造。

（4）气液混合装置在系统工作稳定后，在系统喷射泡沫时，不应出现脉冲或间歇喷射等异常。

（5）气液混合装置气液比应满足《消防泡沫灭火系统 第5部分：固定式压缩空气泡沫设备》（ISO 7076-5—2014）中湿泡沫的要求，制造厂公布的设定流量点气液比应符合表3-4-3的规定。

表 3-4-3　　　　　　　　　　　设定流量点气液比要求

气液比	气液比波动允许值
额定值	额定值 ×（1±15%）：1，且偏差不大于额定值 ±1

5. 泡沫产生装置

（1）压缩空气泡沫产生装置主机应整体安装在基础上。

检查方式：全数观察检查。

（2）固定式压缩空气泡沫灭火系统的消防泵包括供水消防泵和供泡沫液消防泵。

（3）消防泵应整体安装在基础上，安装时对组件不得随意拆卸。

（4）消防水泵的防振措施应符合《消防给水及消火栓系统技术规范》（GB 50974—2014）中的有关规定。

（5）消防泵组的安装位置和高度应符合设计要求，当设计无要求时，泡沫液储罐周围应留有满足检修需要的通道，其宽度不宜小于0.7m，且操作面不宜小于 1.5m；顶部离建筑物顶板、梁柱等至少有 0.8m 的间距，以利于操作检修。

（6）消防泵应以底座水平面为基准进行找平、找正。

检查方式：全数用水平尺和塞尺检查。

（7）消防泵与相关管道连接时，应以消防泵的法兰端面为基准进行测量和安装。

检查方式：全数用尺测量和观察检查。

（8）吸水管、出水管及其附件的安装应符合《消防给水及消火栓系统技术规范》（GB 50974—2014）中的有关规定。

（9）泡沫液储罐的安装位置和高度应符合设计要求，当设计无要求时，泡沫液储罐周围应留有满足检修需要的通道，其宽度不宜小于 0.7m，且操作面不宜小于 1.5m；顶部离建筑物顶板、梁柱等至少有 0.8m 的间距，以利于操作检修。当泡沫液储罐上的控制阀距地面高度大于 1.8m 时，应在操作面处设置操作平台或操作凳。

检查方式：全数用尺测量。

（10）泡沫液压力储罐安装时，支架与基础牢固固定，且不应拆卸和损坏配管、附件；储罐的安全阀出口不应朝向操作面。

检查方式：全数观察检查。

（11）钢质泡沫罐罐体与支座接触部位的防腐应符合设计要求，当设计无明确规定时，应按加强防腐层的做法施工。

检查方式：全数观察检查。

（12）钢质泡沫液储罐内、外表面应按设计要求进行防腐处理，并应在密封试验合格后进行。

检查方式：全数观察检查。当对泡沫液储罐内表面防腐涂料有疑义时，可取样送至具有相应资质的检测单位进行检验。

（13）安装供给装置的安装应符合下列规定：

1）安装方式及位置符合设计要求与《风机、压缩机、泵安装工程施工及验收规范》中的有关规定。

2）安全泄压装置的泄压口不应朝向操作面，且不应对人身和设备造成损害。

3）压力表应安装在便于观测的位置。

（14）压缩空气泡沫混合装置的安装应符合下列规定：

1）安装方式及位置符合设计要求。

2）与管道连接处的安装应严密。

3）水、泡沫液、压缩空气的进口管道上的压力表应安装在便于观测的位置。

6. 泡沫释放装置

（1）压缩空气泡沫释放装置包括压缩空气泡沫喷淋管和压缩空气泡沫炮。

（2）压缩空气泡沫喷淋管（以下简称喷淋管）的安装应符合设计要求，宜采用抱箍支架固定，且应设置防晃支架；其抱箍支架宜采用预埋件或膨胀螺栓固定。

（3）喷淋管在向墙上部起吊安装的过程中，措施应安全可靠。

（4）喷淋管宜采用不锈钢材质，管径向表面开孔形式，不应采用对口熔焊连接。

（5）喷淋管的安装位置应对换流变压器顶部、器身四周、集油坑以及网侧套管、阀侧套管、升高座等部位进行全覆盖防护，最大喷射距离不应小于7.5m。

（6）喷淋管安装应符合设计要求，各个孔口应喷洒均匀，射程一致、无堵塞。

（7）压缩空气泡沫炮安装应符合设计要求，且应在管线系统试压、冲洗合格后进行。

检查方式：全数观察检查。

（8）压缩空气泡沫炮回转范围应与防护区相对应且其水平回转角、仰角、俯角均不应低于产品公布值。

检查方式：全数观察检查。

（9）压缩空气泡沫炮宜采用预埋件固定方式，安装于对应防护区上方，基座应稳固。钢筋混凝土基座施工后应有足够的养护时间，压缩空气泡沫炮基座的连接应固定可靠。

检查方式：全数观察检查。

（10）压缩空气泡沫炮传动机构应保证可靠灵活，喷射区域应能有效覆盖换流变所在区域，且不应有影响泡沫喷射的障碍物。每台压缩空气泡沫炮应具备预置位设置功能，预置位置至少应包括换流变压器油枕、网侧套管及分接开关等部位，同时保证喷射稳定。

检查方式：全数观察检查。

（11）压缩空气泡沫炮安装后，应检查在其设计规定的水平和俯仰回转范围内不与周围的构件碰撞。

检查方式：全数观察检查。

（12）短立管上应安装防晃支架，并且防晃支架在短管上的固定点距离灭火装置上法兰不应大于 200mm，应保证灭火装置在转动和喷水时不发生晃动。

检查方式：全数观察检查。

（13）压缩空气泡沫炮回转范围应与灭火防护区相对应。

检查方式：全数观察检查。

（14）与压缩空气泡沫炮连接的电、液、气管线应安装牢固，且不得干涉回转机构。

检查方式：全数观察检查。

（15）安装于防火墙挑檐上方的压缩空气泡沫消防炮电缆要有耐高温、防火保护措施。

检查方式：全数观察检查。

（16）压缩空气泡沫消防炮在向安装位置起吊安装的过程中，起吊措施应安全可靠。

（17）压缩空气泡沫释放装置应有可靠接地措施且符合电力安装规范要求。

检查方式：全数观察检查。

7. 供水消防泵

（1）供水消防泵材料、外观和标志应符合以下要求：

1）供水消防泵与泡沫混合液直接接触的零部件应采用铜合金或耐腐蚀性

能相类似的等同材料。

2）供水消防泵应在明显位置上做出清晰永久性标识，标识中应至少包括产品名称、型号规格、流量、压力、生产企业名称或商标等基本参数。

（2）供水消防泵一般要求如下：

1）最大真空度及密封性、最大吸深时的引水时间及性能、最大吸深时的流量和出口压力、连续运转性能、超负荷运转性能及其他特殊要求应符合《消防泵》（GB 6245—2006）和《消防给水及消火栓系统技术》（GB 50974—2014）的要求。

2）供水消防泵排水装置应操作方便，并应直接将余水排至装置以外。

8. 压缩空气泡沫炮

（1）压缩空气泡沫炮外观和标志应符合以下要求：

1）压缩空气泡沫炮表面应无磕碰伤痕、裂纹等缺陷。

2）压缩空气泡沫炮明显位置上应设置清晰永久性标志牌，应至少标示有产品名称、最大工作压力、流量、射程（喷射距离）、生产企业名称或商标、产品编号等。

（2）连接型式和尺寸。连接型式和尺寸应符合《消防接口性能要求和试验方法》（GB 12514—2005）、《钢制管法兰　第1部分：PN 系列》（GB / T 9124.1—2019）和《钢制管法兰　第2部分：Class 系列》（GB / T 9124.2—2019）的规定，如采用其他类型的连接型式应符合相关标准的规定。

（3）压缩空气泡沫炮的水平回转角、仰角、俯角均不应低于产品公布值。

（4）压缩空气泡沫炮转动、俯仰应灵活、无卡阻现象，各控制手柄（轮）应操作灵活，传动机构应安全可靠，压缩空气泡沫炮的俯仰回转机构应具有自锁功能或设锁紧装置。

（5）喷射试验时不应出现脉冲或间歇喷射等异常现象。

（6）电控器的耐电压和绝缘性能应符合《低压开关设备和控制设备　第1部分：总则》（GB / T 14048.1—2012）的规定。

（7）压缩空气泡沫炮的强度和密封应符合以下要求：

1）强度试验时试验压力为最大工作压力的1.5倍，保持5min，炮体无渗漏、裂纹及永久变形等现象。

2）密封试验时试验压力为最大工作压力的 1.1 倍，保持 30min，各连接部件应无渗漏现象。

9. 控制（盘）柜

（1）固定式压缩空气泡沫产生装置控制柜的明显部位永久性标出产品名称、型号、工作电压、系统功率、产品编号、生产单位或商标、出厂日期等内容。

（2）电源要求：

1）控制柜主电源在设计规定的条件下应能可靠工作。

2）控制柜应带有双路电源入口，也可配有单独的双电源柜，主电源失电时应能自动切换到备用电源。主、备用电源均应有信号监视。

3）当电源电压为额定值的 85% 和 110% 时，控制装置应能正常工作。

（3）控制功能：

1）联动控制系统控制主机应采用双套冗余配置，实现对固定式压缩空气泡沫灭火系统的联动控制。

2）联动控制系统应能在接收火情信号后自动投入固定式压缩空气泡沫喷淋系统进行灭火，也可由运行人员手动启动投入灭火。

3）固定式压缩空气泡沫产生装置控制柜设置"紧急启动"或"一键启动"按键时，按键应有避免人员误触及的保护措施，设置"紧急中断"按键时，按键应置于易操作部位。

4）控制系统应有灭火系统启动后的分区选择阀反馈信号显示功能，并能按设计要求将相关信号上送消防控制中心。

5）固定式压缩空气泡沫灭火系统宜支持将相关信息以《DL/T 860 实施技术规范》（DL/T 1146—2021）规定的通信接口方式接入站内消防自动化系统或监控系统，其中重要告警信号（如系统运行、系统故障）应支持通过硬接线方式接入站内消防自动化系统或监控系统。

6）当泡沫液罐内泡沫液剩余量低于标称容量的 5% 时，泡沫液泵应能自动停机或在泡沫液泵空转时发出告警信号并能自动停机。

7）供水消防泵应设置就地应急手动启动功能。

（4）性能。

1）控制柜的性能应符合《固定灭火系统驱动、控制装置通用技术条件》（GA 61—2010）中 6.3 ～ 6.7 的规定。

2）控制柜的防护等级、材质、尺寸、颜色、防风沙要求及其他特殊要求由设计单位确定，并满足现场统一要求。

10. 储水箱

（1）应采用耐腐蚀材料制造。

（2）应采用密封结构，并设置有溢流孔或溢流管，进水口应设置过滤器。

（3）密封试验时应无渗漏。

（4）应设置有储水箱液位显示装置。

（三）管道与阀门安装检查

1. 管道

（1）管道的安装应符合《固定消防炮灭火系统施工与验收规范》（GB 50498—2009）中有关规定。

（2）管道的安装、连接及焊接检测应符合下列规定：

1）消防管网系统安装前，应清除其内部污垢和杂物。

2）管道的安装应采用符合管材的施工工艺，管道安装中断时，其敞口处应封闭。

3）当管道采用螺纹、法兰、承插、卡压等方式连接时，应符合下列要求：

采用螺纹连接时，热浸镀锌钢管的管件宜采用《可锻铸铁管路连接件》（GB / T 3287—2011）的有关规定，热浸镀锌无缝钢管的管件宜采用《锻制承插焊和螺纹管件》（GB / T 14383—2021）的有关规定。

螺纹连接时螺纹应符合《55° 密封管螺纹　第 2 部分：圆锥内螺纹与圆锥外螺纹》（GB 7306.2—2000）的有关规定，宜采用密封胶带作为螺纹接口的密封，密封带应在阳螺纹上施加。

法兰连接时法兰的密封面形式和压力等级应与消防给水系统技术要求相符合；法兰类型宜根据连接形式采用平焊法兰、对焊法兰和螺纹法兰等，法兰选择应符合现行国家标准《钢制管法兰 第 1 部分：PN 系列》（GB / T 9124.1—2019）、《钢制对焊管件类型与参数》（GB / T 12459—2017）、《管法兰用非金属聚四氟乙烯包覆垫片》（GB / T 13404—2008）的有关规定。

当热浸镀锌钢管采用法兰连接时应选用螺纹法兰，当必须焊接连接时，法兰焊接应符合《工业金属管道工程施工规范》（GB 50235—2010）和《现场设备、工业管道焊接工程施工规范》（GB 50236—2011）的有关规定。

管径大于 DN50 的管道不应使用螺纹活接头，在管道变径处应采用单体异径接头。

4）所有焊缝的观感质量应外形均匀，成型比较好，焊道与焊道、焊道与母材之间应平滑过渡，焊渣和飞溅物应清除干净。

5）焊缝射线检测和超声波检测。除设计文件另有规定外，现场焊接的管道及管道组成件的对接纵缝和环缝、对接式支管连接焊缝应进行射线检测或超声检测。对射线检测或超声检测发现不合格的焊缝，经返修后，应采用原规定的检验方法重新进行检验。

焊缝无损检测的检验比例应符合表 3-4-4 的规定。

表 3-4-4 焊缝无损检测的检验比例

焊缝检查等级	I	II	III	IV	V
无损检测比例（%）	100	≥ 20	≥ 10	≥ 5	—

管道公称尺寸小于 500mm 时，应根据环缝数量按规定的检查比例进行抽样检验，且不得少于一个环缝。环缝检验应包括整个圆周长度。固定焊的环缝抽样检验比例不应少于 40%。

管道公称尺寸大于或等于 500mm 时，应对每条环缝按规定的检验数量进行局部检验，并不得少于 150mm 的焊缝长度。

纵缝应按规定的检查数量进行局部检验，且不得少于 150mm 的焊缝长度。

抽样或局部检验时，应对每一焊工所焊的焊缝按规定的比例进行抽查。当环缝与纵缝相交时，应在最大范围内包括与纵缝的交叉点，其中纵缝的检查长度应少于38mm。

抽样或局部检验应按检验批进行。检验批和抽样或局部检验的位置应由质量检查人员确定。

检查方法：检查射线或超声检测报告和管道轴侧图。

（3）管道的安装及支吊架应符合《自动喷水灭火系统施工及验收规范》（GB 50261—2005）中的有关规定。

（4）穿越防火墙的管道，穿墙处应当加设套管，套管长度不应小于墙体厚度，套管为防火套管，套管与管道之间的间隙应采用防火材料填塞，管道的接口不应设在套管内。施工完成后应对管道留孔采取防火封堵措施。

（5）穿越建筑物承重墙或基础的管道，应在承重墙或基础上预留洞口，洞口高度应保证管顶上部净空不小于建筑物的沉降量，不宜小于0.1 m，并应填充不透水的弹性材料。

（6）抗震设防烈度大于等于6度的地区，应在管道上设置抗震支吊架。

（7）地震烈度在7度及7度以上时，架空管道保护应符合下列要求：

1）地震区的消防给水管道宜采用沟槽连接件的柔性接头或间隙保护系统的安全可靠性。

2）应用支架将管道牢固地固定在建筑上。

3）管道应由固定部分和活动部分组成。

4）当系统管道穿越连接地面以上部分建筑物的地震接缝时，无论管径大小，均应设带柔性配件的管道地震保护装置。

5）所有穿越墙、楼板、平台以及基础的管道，包括泄水管、水泵接合器连接管及其他辅助管道的周围应留有间隙。

6）管道周围的间隙，$DN25 \sim DN80$ 管径的管道不应小于25mm，$DN100$ 及以上管径的管道，不应小于50mm；间隙内应填充防火柔性材料。

（8）管沟开挖应采用分段开挖，机械开挖、人工修整，开挖顺序由先深后浅的顺序，开挖时严格控制开挖深度，禁止超挖。应按设计要求在管道底铺设砂垫层并在管道上方用砂进行覆盖，设计无要求时，宜铺设厚度不小于100mm的中粗砂垫层；软地基宜铺垫一层厚度不小于150mm的砂或5～40mm粒径碎石，其表面再铺厚度不小于 50mm 的中、粗砂垫层。

（9）埋地钢管应做防腐处理，防腐层材质和结构应符合设计要求，并应按《给水排水管道工程施工及验收规范》（GB 50268—2008）的有关规定施工；埋地管道连接用的螺栓、螺母以及垫片等附件应采用防腐蚀材料或涂覆沥青涂层等防腐涂层。

（10）所有金属管道法兰面、管道以及固定支架均应按相关标准及设计要求进行接地。

2. 阀门

（1）阀门的安装应符合现行国家有关标准，并应有明显的启闭标志。

（2）具有遥控、自动控制功能的阀门安装，应符合设计要求。当设置在有爆炸和火灾危险的环境时应符合《电气装置安装工程　爆炸和火灾危险环境电气装置施工及验收规范》（GB 50257—2014）等相关标准的规定。

（3）自动排气阀应在系统试压、冲洗合格后立式安装。

（4）管道上设置的控制阀，其安装高度宜为 1.1 ～ 1.5m；当控制阀的安装高度大于 1.8m 时，应设置操作平台。

（5）消防泵组的出口管道上设置的带控制阀的回流管应符合设计要求，控制阀的安装高度距地面宜为 0.6 ～ 1.2m。

（6）管道上的放空阀应安装在最低处。

检查数量：全数检查。检查方法：观察检查。

（7）防护区选择阀的安装应符合以下规定：

1）在防护区选择阀的明显部位应永久标出生产单位或商标、型号规格、最大工作压力、介质流动方向等内容。

2）防护区选择阀操作手柄应安装在便于操作的位置，当安装高度超过 1.7m 时，应安装便于操作的措施。

3）防护区选择阀与管网间宜采用法兰或沟槽连接。

4）防护区选择阀上应设置标明防护区、保护对象名称或编号的永久性标志牌，并应便于观察。

检查方法：全数观察检查。

（8）防护区选择阀宜靠近防护区设置，并应设置在防护区外便于操作、检查和维护的位置。

（9）管道排空阀应设置在管网最低处，并应能排空管道内积水。

第三节　系统调试验收技术要求

泡沫灭火系统的施工现场需要有相应的施工技术标准、健全的质量管理体系和施工质量检验制度，要实现施工全过程质量控制。本节主要对泡沫灭火系统专用组件及具有特殊要求的通用组件的调试及检测验收进行说明。

一、系统调试

泡沫灭火系统的调试在系统施工完毕、各项技术参数符合设计要求后进行。系统调试主要包括系统组件调试和系统功能调试。

（一）调试准备

泡沫灭火系统调试前应具备下列条件：

（1）泡沫灭火系统调试应在系统施工结束和与系统有关的火灾自动报警装置及联动控制设备调试合格后进行。

（2）调试前应具备有效的施工图设计文件、主要组件的安装使用说明书、施工现场质量管理检查记录、施工过程检查记录、阀门的强度试验和严密性试验、管道试压、冲洗等施工记录及调试必需的其他资料。

（3）调试前施工单位应制定调试方案，并经监理单位批准。调试人员应根据批准的方案按程序进行。

（4）调试前应对系统进行检查，并应及时处理发现的问题。

（5）调试前临时安装在系统上经校验合格的仪器、仪表应安装完毕，调试时所需的检查设备应准备齐全。

（6）水源、动力源和泡沫液应满足系统调试要求，电气设备应具备与系统联动调试的条件。

（二）系统组件调试

（1）泡沫灭火系统的动力源和备用动力应进行切换试验，动力源和备用动力及电气设备运行应正常。

检查方法：当为手动控制时，以手动的方式进行 1～2 次试验；当为自动控制时，以自动和手动的方式各进行 1～2 次试验。

（2）水源测试应符合下列规定：

1）应按设计要求核实消防水池（罐）、消防水箱的容量；消防水箱设置高度应符合设计要求；与其他用水合用时，消防储水应有不作他用的技术措施。

检查方法：对照图纸观察和尺量检查。

2）应按设计要求核实消防水系接合器的数量和供水能力，并应通过移动式消防水泵做供水试验进行验证。

检查方法；观察检查和进行通水试验。

（3）泡沫消防水泵应进行试验，并应符合下列规定：

1）泡沫消防水泵应进行运行试验，其中柴油机拖动的泡沫消防水泵应分别进行电启动和机械启动运行试验，其性能应符合设计和产品标准的要求。

检查方法：按《风机、压缩机、泵安装工程施工及验收规范》（GB 50275—2010）中的有关规定执行，并用压力表、流量计、秒表、温度计、量杯进行计量。

2）泡沫消防水泵与备用泵应在设计负荷下进行转换运行试验，其主要性能应符合设计要求。

检查方法：当为手动启动时，以手动的方式进行 1～2 次试验；当为自动启动时，以自动和手动的方式各进行 1～2 次试验，并用压力表、流量计、秒表进行计量。

（4）稳压泵、消防气压给水设备应按设计要求进行调试。当达到设计启动条件时，稳压泵应立即启动；当达到系统设计压力时，稳压泵应自动停止运行。

检查方法：采用观察检查。

（5）泡沫比例混合器（装置）调试时，应与系统喷泡沫试验同时进行，其混合比不应低于所选泡沫液的混合比。

检查方法：用手持电导率测量仪测量。

（6）泡沫产生装置的调试应符合下列规定：

1）低倍数泡沫产生器应进行喷水试验，其进口压力应符合设计要求。

检查方法：选择距离泡沫泵站最远的储罐和流量最大的储罐上设置的泡沫产生器进行试验，用压力表检查。当被保护储罐不允许喷水时，喷水口可设在靠近储罐的水平管道上。关闭非试验储罐阀门，调节压力使之符合设计要求。

2）固定式泡沫炮应进行喷水试验，其进口压力、射程、射高、仰俯角度、水平回转角度等指标应符合设计要求。

检查方法：用手动或电动实际操作，并用压力表、尺量和观察检查。

3）泡沫枪应进行喷水试验，其进口压力和射程应符合设计要求。

检查方法：采用压力表、尺量检查。

4）中倍数、高倍数泡沫产生器应进行喷水试验，其进口压力不应小于设计值，每台泡沫产生器发泡网的喷水状态应正常。

检查方法：关闭非试验防护区的阀门，用压力表测量后进行计算和观察检查。

（7）报警阀的调试应符合下列规定：

1）湿式报警阀调试时，在末端试水装置处放水，当湿式报警阀进口水压大于0.14MPa、放水流量大于1L/s时，报警阀应及时启动；带延迟器的水力警铃应在5～90s内发出报警铃声，不带延迟器的水力警铃应在15s内发出报警铃声；压力开关应及时动作，启动消防泵并反馈信号。

检查方法：使用压力表、流量计、秒表和观察检查。

2）干式报警阀调试时，开启系统试验阀，报警阀的启动时间、启动点压力、水流到试验装置出口所需时间均应符合设计要求。

检查方法：使用压力表、流量计、秒表、声级计和观察检查。

3）雨淋阀调试宜利用检测、试验管道进行；雨淋阀的启动时间不应大于15s；当报警水压为0.05MPa时，水力警铃应发出报警铃声。

检查方法：使用压力表、流量计、秒表、声级计和观察检查。

（8）泡沫消火栓应进行冷喷试验，其出口压力应符合设计要求，冷喷试验应与系统调试试验同时进行。

检查方法：选择保护最远储罐和所需泡沫混合液流量最大储罐的消火栓，按设计使用数量检测，用压力表测量。

（9）泡沫消火栓箱应进行泡沫喷射试验，其射程应符合设计要求，发泡倍数应符合相关产品标准的要求。

检查方法：按总数的10%抽查，且不少于2个。射程用尺量检查，发泡倍数按本节发泡倍数的测量方法测量。

（三）系统调试

泡沫灭火系统的调试应符合下列规定：

（1）当为手动灭火系统时，应以手动控制的方式进行一次喷水试验；当为自动灭火系统时，应以手动和自动控制的方式各进行一次喷水试验，系统流量、泡沫产生装置的工作压力、比例混合装置的工作压力、系统的响应时间均应达到设计要求。

检查方法：当为手动灭火系统时，选择最远的防护区或储罐进行试验；当为自动灭火系统时，选择所需泡沫混合液流量最大和最远的两个防护区或储罐分别以手动和自动的方式进行试验，用压力表、流量计、秒表进行测量。

（2）低倍数泡沫灭火系统按第（1）项的规定喷水试验完毕，将水放空后进行喷泡沫试验；当为自动灭火系统时，应以自动控制的方式进行；喷射泡沫的时间不宜小于1min；实测泡沫混合液的流量、发泡倍数及到达最远防护区或储罐的时间应符合设计要求，混合比不应低于所选泡沫液的混合比。

检查方法：选择最远的防护区或储罐进行一次试验。泡沫混合液的流量用流量计测量；混合比用手持电导率测量仪测量的方法测量；发泡倍数按本节发泡倍数的测量方法测量；喷射泡沫的时间和泡沫混合液或泡沫到达最远防护区或储罐的时间用秒表测量。

（3）中倍数、高倍数泡沫灭火系统按第（1）项的规定喷水试验完毕，将水放空后进行喷泡沫试验，当为自动灭火系统时，应以自动控制的方式对防护区进行喷泡沫试验，喷射泡沫的时间不宜小于30s，实测泡沫供给速率及自接到火灾模拟信号至开始喷泡沫的时间应符合设计要求，混合比不应低于所选泡沫液的混合比。

检查方法：泡沫混合液的混合比按前述检查方法测量；泡沫供给速率的检查方法应记录各泡沫产生器进口端压力表读数，用秒表测量喷射泡沫的时间，然后按制造商给出的曲线查出对应的发泡量，经计算得出泡沫供给速率，泡沫供给速率不应小于设计要求的最小供给速率；喷射泡沫的时间和自接到火灾模拟信号至开始喷泡沫的时间，用秒表测量。

（4）泡沫-水雨淋系统按第（1）项的规定喷水试验完毕，将水放空后，应以自动控制的方式对防护区进行喷泡沫试验，喷洒稳定后的喷泡沫时间不宜少于1min，实测泡沫混合液发泡倍数及自接到火灾模拟信号至开始喷泡沫的时间应符合设计要求，混合比不应低于所选泡沫液的混合比。

检查方法：选择最远防护区进行一次试验。泡沫混合液的混合比按前述检查方法测量；喷射泡沫的时间和自接到火灾模拟信号至开始喷泡沫的时间用秒表测量。

（5）闭式泡沫-水喷淋系统按第（1）项的规定喷水试验完毕后，应以手动方式分别进行最大流量和8L/s流量的喷泡沫试验，喷洒稳定后的喷泡沫时间不宜少于1min，自系统手动启动至开始喷泡沫的时间应符合设计要求，混合比不应低于所选泡沫液的混合比。

检查方法：按最大流量和8L/s流量各进行一次试验，按8L/s流量进行试验时应选择最远端试水装置进行。泡沫混合液的混合比按前述的检查方法测量；喷射泡沫的时间和自系统手动启动至开始喷泡沫的时间用秒表测量。

（6）泡沫喷雾系统的调试应符合下列规定：

1）采用比例混合装置的泡沫喷雾系统，应以自动控制的方式对防护区进行一次喷泡沫试验。喷洒稳定后的喷泡沫时间不宜少于1min，自系统启动至开始喷泡沫的时间应符合设计要求，混合比不应低于所选泡沫液的混合比。对于保护变压器的泡沫喷雾系统，应观察喷头的喷雾锥是否喷洒到绝缘子升高座孔口。

检查方法：选择最远防护区进行试验。泡沫混合液的混合比按前述的检在方法测量，时间用秒表测量，喷雾情况通过观察检查。

2）采用压缩氮气瓶组驱动的泡沫喷雾系统，应以手动和自动控制的方式分别对防护区各进行一次喷水试验。以自动控制的方式进行喷水试验时，随机启动两个动力瓶组，系统接到火灾模拟信号后应能准确开启对应防护区的阀门，系统自接到火灾模拟信号至开始喷水的时间应符合设计要求；以手动控制的方式进行喷水试验时，按设计瓶组数开启，系统自接到手动开启信号至开始喷水的时间、系统流量和连续喷射时间应符合设计要求。对于保护变压器的泡沫喷雾系统，应观察喷头的喷雾锥是否喷洒到绝缘子升高座孔口。

检查方法：选择最远防护区进行试验。使用流量计、秒表分别测量系统流量和连续喷射时间，并检查喷雾情况。

二、系统验收检测

（一）系统资料的验收检查

泡沫灭火系统验收检测时，应检查下列文件资料：

（1）有效施工图设计文件。

（2）设计变更通知书、竣工图。

（3）系统组件和泡沫液自愿性认证或检验的有效证明文件和产品出厂合格证等材料。

（4）系统组件的安装使用和维护说明书。

（5）施工许可证和施工现场质量管理检查记录。

（6）泡沫灭火系统施工过程检查记录及阀门的强度和严密性试验记录、管道试压和管道冲洗记录、隐蔽工程验收记录。

（二）泡沫灭火系统的施工质量验收

泡沫灭火系统施工质量验收检测包括下列内容：

（1）消防泵、泡沫液储罐、泡沫比例混合器和泡沫产生装置等系统全部组件的规格型号、数量、安装位置及质量。

（2）管道及管件的规格型号、连接方式、位置、坡度及安装质量。

（3）管道固定支（吊）架，管墩的位置及间距。

（4）管道穿防火堤、楼板、防火墙及变形缝的处理。

（5）管道和系统组件的防腐。

（6）消防泵房、水源及水位指示装置。

（7）动力源、备用动力及电气设备。

（三）系统组件的验收检测

（1）系统水源。

1）室外给水管网管径及供水能力、消防水池（罐）和消防水箱容量，要符合设计要求。

2）当采用天然水源作为系统水源时，其水量和水质要符合设计要求，并需要检查枯水期最低水位时确保消防用水的技术措施。

3）过滤器的设置要符合设计要求。

检查方法：按设计文件采用流速计、尺等测量和观察检查；水质要进行取样检查。

（2）动力源、备用动力及电气设备动力源、备用动力及电气设备应符合设计要求。

检查方法：进行试验检查，看是否符合要求。

（3）消防泵房。

1）消防泵房的建筑防火要求应符合相关技术标准、规范的规定。

2）消防泵房设置的应急照明、安全出口应符合设计要求。

检查方法：对照图纸观察检查。

（4）泡沫消防水泵与稳压泵。

1）消防泵及备用泵、拖动泡沫消防水泵的电机或柴油机、出水管及出水管上的泄压阀、止回阀、信号阀等的型号规格、数量等应符合设计要求；吸水管、出水管上的控制阀应锁定在常开位置，并有明显标记，拖动泡沫消防水泵的柴油机排烟管的安装位置、口径、长度、弯头的角度及数量应符合设计要求，柴油机用油的牌号应符合设计要求。

2）泡沫消防水泵的引水方式及水池低液位引水应符合设计要求。

3）泡沫消防水泵在主电源下应能正常启动，主备电源应能正常切换。

4）柴油机拖动的泡沫消防水泵的电启动和机械启动性能应满足设计。

5）当自动系统管网中的水压下降到设计最低压力时，稳压泵应能自动启动。

6）自动系统的泡沫消防水泵启动控制应处于自动启动位置。

检查方法：对于第1）项，按设计文件检查。对于第2）项，观察检查。对于第3）项，打开水泵出水管上的手动测试阀，利用主电源向泵组供电；关掉主电检查主、备电源的切换情况，计时检查。对于第4）项，分别进行电启动试验和机械启动试验，按相关要求观察检查。对于第5）项，使用压力表测量，观察检查。对于第6）项，降低系统管网中的压力，观察检查。

（5）泡沫液储罐和盛装100%型水成膜泡沫液的压力储罐。

1）材质、规格、型号及安装质量应符合设计要求。

2）铭牌标记应清晰，应标有泡沫液型号、灌装日期、有效期及储量等信息，不同种类、不同牌号的泡沫液不得混存。

3）液位计、呼吸阀、出液口等附件的功能应正常。

检查方法：对照设计资料观察检查。

（6）泡沫比例混合装置。

1）泡沫比例混合装置的规格、型号及安装质量应符合设计及安装要求。

2）所选泡沫液的混合比应小于其混合比。

检查方法：对于第1）项，对照设计资料观察检查。对于第2）项，用手持电导率测量仪测量。

（7）泡沫产生装置。泡沫产生装置的型号、规格及安装质量要符合设计及安装要求。

检查方法：对照设计资料观察检查。

（8）报警阀组。

1）报警阀组的各组件应符合产品标准规定。

2）打开系统流量压力检测装置放水阀，测试的流量、压力应符合设计要求。

3）水力警铃的位置应设置正确。测试时，喷嘴处压力应不小于 0.05MPa，且距其 3m 处警铃声的声强应不小于 70dB。

4）雨淋阀组应在打开手动试水阀或电磁阀时可靠动作。

5）控制阀应锁定在常开位置。

6）与火灾自动报警系统或空气压缩机的联动控制应符合设计要求。

检查方法：对于第 1）项，采用观察检查。对于第 2）项，使用流量计、压力表观察检查。对于第 3）项，打开阀门放水，使用压力表、声级计和尺量检查。对于第 4）～6）项，采用观察检查。

（9）管网。

1）管道的材质与规格、连接方式、安装位置及采取的防冻措施应符合设计要求。

2）管网放空坡度及辅助排水设施应符合设计要求。

3）管网上的控制阀、压力信号反馈装置等，其规格和安装位置应符合设计要求。

4）管墩、管道支（吊）架的固定方式、间距应符合设计要求。

5）管道穿越防火堤等的防火处理应符合本章第二节的相关要求。

检查方法：对于第 1）项，采用观察检查和核查相关证明材料。对于第 2）项，尺量检查，检查埋地管道隐蔽工程记录。对于第 3）项，采用观察检查。对于第 4）项，固定支架全数检查，其他按总数抽查 20%，且不得少于 5 处。采用尺量和观察检查。对于第 5）项，采用尺量和观察检查。

（10）喷头。

1）喷头的数量、规格、型号应符合设计要求。

2）喷头的安装位置、高度、间距及与障碍物的距离偏差均应符合设计要求和本章第二节的相关规定。

3）不同型号规格备用喷头数不应少于 10 只，且备用喷头量不应小于其实际安装总数的 1%。

检查方法：对于第 1）项，观察检查。对于第 2）项，抽查设计喷头数量的 5% 且总数不少于 5 个，尺量检查。对于第 3）项，采用计数检查。

（11）水泵接合器。水泵接合器的数量及进水管位置应符合设计要求。

检查方法：采用观察检查。

（12）泡沫消火栓。

1）泡沫消火栓的规格型号、安装位置及间距应符合设计要求。

2）泡沫消火栓应进行冷喷试验，且应与系统功能验收同时进行。

检查方法：对于第 1）项，按设计文件观察和测量检查。对于第 2）项，按设计使用数量检查，任选一个储罐用压力表测量。

（13）泡沫喷雾系统组件。

1）动力瓶组的数量、规格型号、固定方式和储存容器的安装质量、充装量和储存压力等应符合设计及安装要求。

2）集流管的材料、规格、连接方式、布置及其泄压装置的作用方向应符合设计及安装要求。

3）分区阀的数量、规格型号、位置和安装质量等应符合设计及安装要求。

4）驱动装置的数量、规格型号，安装位置，驱动气瓶的介质名称和充装压力，以及气动驱动装置管道的规格、布置和连接方式等应符合设计及安装要求。

5）驱动装置和分区阀的机械应急手动操作处均应有永久标志，标明对应防护区或保护对象名称。驱动装置的机械应急操作装置均应设加铅封的安全销，现场手动启动按钮应有防护装置。

检查方法：对于第 1）项，采用观察检查和测量检查，使用称重、液位计或压力表测量。对于第 2）～5）项，采用观察和测量检查。

（四）系统功能验收检测

1. 模拟灭火功能试验

（1）压力信号反馈装置应动作正常，并应在动作后启动消防水泵及联动设备，并能反馈信号。

（2）分区控制阀应能正常开启，并能反馈信号。

（3）系统的流量压力均应符合设计要求。

（4）消防水泵及其他消防联动设备应工作正常，并能反馈信号。

（5）主电源、备用电源应能在规定时间内正常切换。

检查方法：对于第（1）和第（2）项，利用模拟信号试验，观察检查。对于第（3）项，利用系统流量压力检测装置进行泄放试验，观察检查。对于第（4）项，采用观察检查。对于第（5）项，模拟主备电源切换，计时检查。

2. 泡沫灭火系统系统功能

泡沫灭火系统检测验收时，应进行系统功能试验，系统功能试验应满足下列要求：

（1）低倍数泡沫灭火系统喷泡沫试验应合格。

（2）中倍数、高倍数泡沫灭火系统喷泡沫试验应合格。

（3）泡沫－水雨淋系统喷泡沫试验应合格。

（4）闭式泡沫－水喷淋系统喷泡沫试验应合格。

（5）泡沫喷雾系统喷洒试验应合格。

检查方法：任选一个防护区进行一次试验，分别按本节"一、系统调试（三）系统调试"第（2）～（6）项的相关规定执行。

（五）系统工程质量检测、验收判定条件

（1）系统工程质量缺陷分为严重缺陷项、重要缺陷项和轻微缺陷项。

1）严重缺陷项包括：系统组件的验收检测中第（1）条，第（2）条，第（4）条第3）～5）项，第（9）条第1）项，第（10）条第1）项，第（13）条，第（14）条第1）、第2）项；系统功能验收检测中第1条、第2条。

2）重要缺陷项包括：系统组件的验收检测中第（3）条，第（4）条第1）、第2）项，第（5）条，第（6）条，第（7）条，第（8）条第1）、2）、3）、4）、6）项，第（9）条第3）、第5）项，第（10）条第2）项，第（11）条，第（12）条，第（14）条第3）～5）项。

3）轻微缺陷项包括：系统组件的验收检测中第（4）条第6）项，第（8）条第5）项，第（9）条第2）、第（4）项，第（10）条第3）项。

（2）当无严重缺陷项、重要缺陷项不多于2项，且重要缺陷项与轻微缺陷项之和不多于6项时，可判定系统验收为合格，其他情况应判定为不合格。

第四节　系统运行维护技术要求

一、系统巡查

系统巡查包括以下内容：

（1）查看消防泵及控制柜的工作状态。

（2）查看消防水池（箱）外观，液位显示装置外观及运行状况。

（3）查看泡沫泵及控制柜的外观及运行状况。

（4）查看泡沫液储罐外观及储罐间环境，泡沫液有效期及储存量。

（5）查看泡沫消火栓、泡沫炮、泡沫产生器、喷头和比例混合器外观。

（6）查看泡沫喷头距周边障碍物或保护对象距离。

（7）查看火灾探测联动控制、现场手动控制装置外观及运行状况。

（8）查看控制阀门外观、标识，管道外观、标识。

二、系统检查与维护

（一）每日检查维护的项目

应检查拖动泡沫消防水泵的柴油机的启动电池电量，并应满足相关标准的要求。

（二）周检查维护的项目

（1）每周应对电机拖动的消防水泵进行一次启动试验，启动运行时间不宜少于3min，电气设备工作状况应良好。

（2）每周应对柴油机拖动的泡沫消防水泵进行一次手动盘车，盘车应灵活，无阻滞，无异常声响。

（3）每周应检查柴油机储油箱的储油量，储油量应满足设计要求。

（4）每周应对泡沫喷雾系统的动力瓶组、驱动气瓶储存压力进行检查，储存压力不得小于设计压力。

（5）每两周应对储罐泡沫产生器的密封处进行检查，发现泄漏应及时更换密封。

（三）月检查维护项目

（1）应手动启动柴油机拖动的泡沫消防水泵满负载运行一次，启动运行时间不宜少于15min。

（2）应对系统进行检查，检查内容及要求应符合下列规定：

1）对泡沫产生器、泡沫喷头、固定式泡沫炮、泡沫比例混合器（装置）、管道及管件等进行外观检查，均应完好无损。

2）检查固定式泡沫炮的回转机构、仰俯机构或电动操作机构，性能应达到标准要求。

3）泡沫消火栓、泡沫消火栓箱和阀门的应启闭灵活。

4）检查遥控功能或自动控制设施，性能应符合设计要求。

5）动力源和电气设备工作状况应良好。

6）水源及水位指示装置应正常，发现故障应及时处理。

7）消防气压给水设备的气体压力应满足要求。

8）检查消防水泵接合器的接口及附件，并应保证接口完好。

9）检查电磁阀等阀门并做启动试验，动作失常时应及时更换。

10）对于平时充有泡沫液的管道应进行渗漏检查，发现泄漏应及时进行处理。

11）对雨淋阀进口侧和控制腔的压力表、系统侧的自动排水设施进行检查，发现故障应及时处理。

12）用于分区作用的阀门，分区标识应清晰、完好。

（四）季检查维护项目

（1）每季度应检测消防水泵的流量和压力，保证其满足设计要求。

（2）每季度应对各种阀门进行一次润滑保养。

（五）半年检查维护项目

（1）冲洗除储罐上泡沫混合液立管和液下喷射防火堤内泡沫管道及高倍数泡沫产生器进口端控制阀后的管道外的所有管道。

（2）应清除储罐上的低倍数泡沫混合液立管锈渣。

（3）应对管道过滤器滤网进行清洗，应及时更换生锈滤网。

（4）应对压力式比例混合装置的胶囊进行检查，发现破损应及时更换。

（六）两年年检要求

每两年应对系统进行检查和试验，检查和试验的内容及要求应符合下列规定：

（1）对于低倍数泡沫灭火系统中的液上、液下喷射，泡沫－水喷淋系统，固定式泡沫炮灭火系统应进行喷泡沫试验；对于泡沫喷雾系统，可进行喷水试验，并应对系统所有组件进行全面检查。

（2）对于中倍数、高倍数泡沫灭火系统，可在防护区内进行喷泡沫试验，并对系统所有组件进行全面检查。

（3）系统检查和试验完毕，应对泡沫液泵、泡沫液管道、比例混合装置和泡沫消火栓等装置用清水冲洗后放空，复原系统。

（七）其他要求

（1）泡沫灭火剂应储存在通风且温度应低于 45℃ 的场所，高于其最低使用温度。按上述储存条件或生产厂提出的储存条件要求储存，泡沫液的储存期为：水成膜泡沫液 8 年；合成包沫液，中、高倍泡沫液 3 年；氟蛋白泡沫液、抗溶性氟蛋白泡沫液、抗溶性水成膜泡沫液、抗溶性合成泡沫液 2 年。超过储存期的产品，每年应进行灭火性能检验，以确定产品是否有效。

（2）应定期对泡沫灭火剂进行试验，发现失效应及时更换，试验要求应符

合下列规定:

1)保质期不大于 2 年的泡沫液,应每年进行一次泡沫性能检验。

2)保质期为 2 年以上的泡沫液,应每两年进行一次泡沫性能检验。

3)泡沫喷雾系统盛装 100% 型水成膜泡沫液的压力储罐、动力瓶组和驱动装置的驱动气瓶发现不可修复的缺陷或达到设计使用年限应及时更换。

第五章

排油注氮灭火系统

第一节 系统构成

排油注氮灭火系统是一种具有自动探测变压器火灾，可自动（或手动）启动，控制排油阀开启排放部分变压器油泄压，同时通过断流阀有效切断储油柜至油箱的油路，并控制氮气释放阀开启向变压器内注入氮气的灭火系统，通常由消防控制柜、消防柜（包括氮气瓶、减压阀、快速排油阀、开启阀等）、断流阀、火灾探测装置和排油注氮管路等组成，原理图如图 3-5-1 所示。

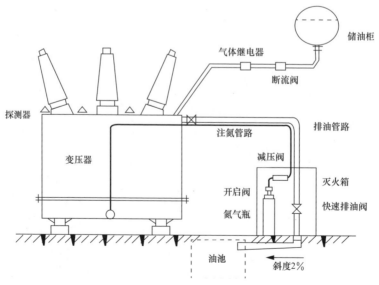

图 3-5-1 排油注氮灭火系统原理图

消防控制柜：能接收到气体继电器、火灾探测装置等的信号，控制消防柜内相应部件动作，显示灭火装置的各种状态并能报警的电气柜。

消防柜：储存氮气并控制氮气释放、排油泄压的执行装备。通常由具有氮气储存、减压、释放、流量控制、油气隔离、排油等功能的部件组成。

断流阀：正常情况下处于开启状态，变压器发生火灾时，能自动切断自储油柜流向变压器油箱的阀门。

火灾探测装置：安装在变压器顶部，用于探测火灾并发出火灾报警信号。

排油注氮管路：连接于排油注氮灭火装置与变压器之间，实现排油与注氮功能的管道。

第二节　系统安装质量技术要求

一、消防控制柜

（1）采用一台消防控制柜控制多台消防柜时，每台消防柜应对应独立的控制单元，且各控制单元应相互独立，互不干扰。

（2）每台变压器的排油注氮灭火装置内安装控制系统1套，控制方式可采用集成电路、PLC或继电器。

（3）消防控制柜工作环境温度范围：$0 \sim 50 \text{℃}$，相对湿度 $\leqslant 85\%$（40℃）。

（4）装置24V电源及回路不应出保护室，以免引进干扰。

（5）中间继电器动作电压应在额定直流电源电压的 $55\% \sim 70\%$ 范围内，动作功率应不低于5W。

（6）排油阀及注氮阀电磁铁启动回路两侧应串接启动条件接点进行闭锁，避免单接点启动直接出口，确保排油及注氮电磁铁正常运行时不带电。系统典型二次逻辑图如图3-5-2所示。图中G2是排油防误动闭锁机构解锁到位接点。

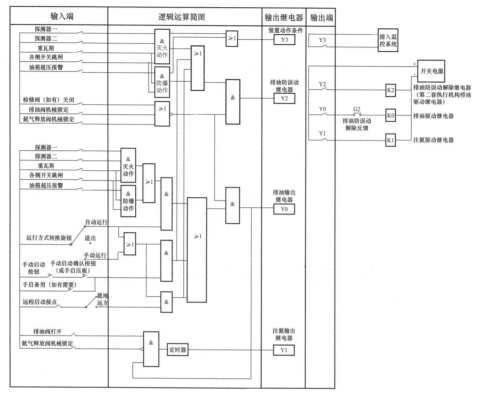

图 3-5-2　排油注氮系统典型二次逻辑图

装置执行（主）回路如图 3-5-3 所示。系统的启动方式：

1）自动启动：当装置满足启动条件时，Y0、Y2 同时动作；K2、L2 相继动作，驱动防误动机构解锁到位后 G2 触点闭合；K0、L0 相继动作，驱动排油阀；延时后 Y1、K1、L1 相继动作，驱动氮气释放阀。

2）手动启动：同时按下"手动启动按钮"和"手启确认按钮"启动装置排油注氮；其余动作过程同自动启动。如遇断路器越级跳闸等情况，先投入"各侧开关跳闸（或其他启动条件）闭锁解除"压板，再手动启动。

3）远程启动：远近控切换开关在"远方"位置，监控系统校核装置的启动条件 Y3 满足后，再执行远程启动，其余动作过程同自动启动。

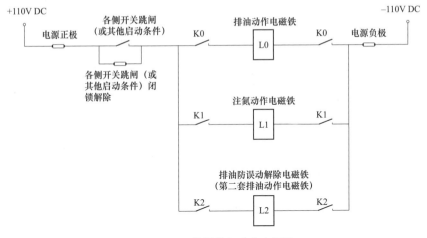

图 3-5-3　装置执行（主）回路

图 3-5-3 中采用机械闭锁实现防误动，若采用排油执行机构双重化的方式实现防误动，可将 K2 替换为第二套排油驱动继电器，L2 替换为第二套排油动作电磁铁，G2 接点取消。

（7）控制面板上的各控制开关和信号灯设置齐全、布局合理，手动按钮防误动保护罩完好。柜内各类二次元器件标示、标牌齐全、正确。

（8）消防控制柜应设置相应指示灯及按钮：Ⅰ段直流电源投入指示、Ⅱ段直流电源投入指示、自动运行指示、重瓦斯动作指示、油箱超压指示、各侧断路器分位指示、断流阀关闭指示、检修锁定指示、氮气瓶压力低指示、排油阀渗油指示、火灾探测器报警指示、排油阀动作指示、注氮阀（氮气释放阀）动作指示、灭火装置动作指示等指示灯，系统投入 / 退出转换开关、自动 / 手动状态转换开关，复归、指示灯自检、声光报警、手动启动及手动启动确认等按钮。

（9）下列信号应接入变电站主设备监控系统：1 号报警探测器火警、2 号报警探测器火警、断流阀关闭、装置电源故障、氮气瓶压力低、排油阀渗油报警、装置充氮启动、装置排油启动、灭火装置动作、检修锁定、系统投入 / 退出信号、自动 / 手动状态信号、远方 / 就地状态信号。

二、消防柜

（1）消防柜宜采用不锈钢材质。外观应美观，漆膜应均匀、色泽一致，无明显磕碰、锈迹、污物、机械损伤。外表面颜色应为红色，内部各零部件应进行防腐处理。

（2）消防柜应有可靠的防腐、防水、防冻、防风、防尘措施。加热除湿装置应齐全、完好。

（3）消防柜工作环境温度范围分为如下两档：

Ⅰ档：−20 ～ +60℃；Ⅱ档：−40 ～ +60℃。

（4）消防柜相对湿度 ≤ 85%（40℃），IP 防护等级满足 IP55 要求。

（5）柜内各元件标示、标志牌齐全正确，一次、二次接地可靠。手动操作步骤说明应设置在装置明显处，各功能按钮、操作把手应标识清晰，在经常有人通过或误碰易造成装置误动的场所，应加防护措施并设置警示标识。

（6）注氮阀（氮气释放阀）与排油阀间应设有机械联锁阀门。

（7）排油阀下部的排油管路上应设置漏油观测和报警装置，防止排油管路漏油导致气体继电器动作。漏油报警装置应位于排油管道内，且方便维护。

（8）排油管道应设置检修阀（位于消防柜内），并能向消防控制柜提供检修状态信号。检修阀应明显标示阀门的开闭方向及开闭位置。

（9）注氮管路应设置能够排出泄露氮气的排气组件，防止氮气泄漏进入变压器本体导致轻瓦斯频繁动作。

（10）排油阀或排油管路上应设置排油信号反馈装置，在油气隔离装置前端的注氮管路上应设置注氮信号反馈装置。

（11）氮气驱动装置不应采用电爆型驱动装置，宜选用抗干扰能力强的电磁式驱动阀或防爆自密封瓶头阀。

（12）氮气释放阀宜安装在氮气储存容器上，保证释放阀后的管路平时处于无压状态，避免氮气瓶出口软管长期处于高压状态下，发生老化爆裂。

（13）排油阀结构型式可采用重锤或电动阀，动作时间小于 3s。

（14）对于重锤结构，采用电磁铁驱动脱扣结构的，排油及注氮阀动作线圈功率应大于 DC 220V×1.5A；采用电磁铁直接支撑结构的，排油及注氮阀动作线圈功率应大于 DC 220V×3A。对于采用其他结构的注氮阀，注氮阀动作线圈功率应大于 DC 220V×1.5A。

（15）排油阀重锤启动机构上应增加机械锁定功能，检修时能够机械锁定，锁定后无论任何情况，重锤均不会落下。

（16）排油阀机械防误要求。

1）对于重锤结构，宜满足两个独立的机械动作条件，可采用双电磁铁机械机构或其他机械结构，分别由两个独立的控制回路控制，只有两个控制回路同时发出启动信号后，双电磁铁动作，重锤才能掉落开启排油阀。

2）对于电动阀结构，排油电动阀采用电磁铁和电动阀配合，两者之间增加机械限位，电磁铁动作解除限位时，电动阀才能启动；两者同时动作时，才能启动排油阀。

（17）氮气瓶额定容积应满足《油浸变压器排油注氮装置技术规程》（CECS 187：2005）中 3.1.2 的配置要求，氮气选用纯度不低于 9.9% 的工业氮气。

（18）注氮工作压力为 0.5～0.8MPa，氮气注入至灭火时间小于 60s，持续注氮时间不少于 10min。

三、火灾探测装置

（1）火灾探测装置应采用玻璃球型火灾探测器或易熔合金型火灾探测器。

（2）每台变压器应安装 6 个以上火灾探测装置，安装位置为变压器顶部的重点设防部位（如套管、压力释放阀等），应设计为两个独立回路，交叉布置。

（3）火灾探测装置防雨罩应完好、齐全。防雨罩应采用不锈钢材质。

（4）动作温度。

1）玻璃球型火灾探测器动作温度：（93±4）℃。

2）易熔合金型火灾探测器动作温度：按《油浸变压器排油注氮灭火装置》（XF 835—2009）中 4.6.25 规定的方法进行动作温度试验，其动作温度不应超过规定的范围——$[X±(0.035X+0.62)]$，其中 X 为公称动作温度，该数据由生产单位提供，单位为℃。

四、断流阀

（1）断流阀应带有能直接观察阀门启闭状况的位置指示，且具有手动复位装置。

（2）断流阀动作流量应满足《油浸变压器排油注氮灭火装置》（XF 835—2009）中5.4.3要求，动作流量不应大于生产单位公布值。断流阀达到额定流量时应能可靠关闭，并能可靠输出信号。

（3）断流阀的明显部位应永久性标注产品名称、生产单位或商标、型号规格、流动方向、公称通径和关闭流量。

（4）断流阀宜选用配重式结构。

五、管道

（1）排油孔应设置在变压器的端面距变压器油箱顶部200mm处，并应配备焊接的排油管，其管径应符合表3-5-1的规定。

表3-5-1　　　　　　　　　　　　排油管最小直径

油浸变压器容量（MVA）	排油管直径（mm）
≤ 360	$DN100$
> 360	$DN150$

（2）注氮孔应均匀堆成布置在变压器两侧距变压器油箱底部100mm处，并应配备$DN25$的焊接注氮管。注氮孔的数量应根据变压器的储油量确定，并宜符合表3-5-2的规定。

表3-5-2　　　　　　　　　　　　注氮孔数量

油浸变压器容量（MVA）	注氮孔数量（个）
≤ 50	2
> 50 且≤ 360	4
> 360	6

（3）管道材质应选用无缝钢管或不锈钢管，法兰连接应采用耐油密封件。

（4）排油管伸向消防柜的水平管道（放气塞方向）应有 2% 的上升坡度。水平管道直线长度不应超过 8m。超过 5m 时，中间应加支撑。

（5）排油、注氮管道应按照最大可能场内预制、减少现场焊接的原则，排油管路现场焊接点数不得多于 2 个，4 孔和 6 孔的注氮管路现场焊接点数分别不得多于 3 个和 5 个。

（6）管道应加装箭头指示（油路指向消防柜，气路指向变压器）。

第三节　系统调试验收技术要求

一、调试

（1）排油注氮装置的调试应在装置安装完毕及消防柜、控制柜分别调试完成后，且施工质量（系统所有组件和材料的型号、规格、数量及安装质量）检验合格后进行。

（2）装置厂家负责整体调试，施工单位的施工调试人员应具备必要的电力安全知识，经《国家电网公司电力安全工作规程（变电部分）》培训并考试合格。调试人员应由熟悉排油注氮装置原理、性能和操作的专业技术人员担任。调试前施工单位应制定调试程序。参加调试的人员应职责明确，并应按预定的调试程序进行调试。

（3）调试前应安装好所需仪器、仪表，调试所需检验设备应准备齐全。

（4）调试前，应确保变压器上的排油连接阀、注氮连接阀及消防柜内检修阀处于关闭状态，并做好消防柜内排油阀和注氮阀（氮气释放阀）防误措施。排油注氮装置的调试应符合下列规定：

1）调试前应确保管道未充油，并应关闭排油连接阀和注氮隔离阀。

2）氮气控制阀不接入控制回路，以信号灯代替。

3）输入和输出的信号（如重瓦斯、断路器跳闸信号等）以及压力控制器的超压信号，宜用模拟信号接点代替。

4）数字化智能型装置调试时，打印机的时钟与电脑的时钟应一致。

（5）所有组件分项调试完成后，应进行模拟试验，具体内容如下：

1）模拟排油动作试验。

2）模拟注氮动作试验。

3）将系统处于自动状态，模拟防爆、防火自动启动需要的条件，试验防爆、防火自动启动。

4）将系统处于自动状态，模拟防火、灭火自动启动需要的条件，试验防火、灭火自动启动。

5）将系统处于自动状态，模拟手动启动。

6）将系统处于手动状态，模拟手动启动。

（6）调试时自动启动和手动启动应符合以下规定：

1）自动启动控制应在接到 2 个或 2 个以上独立信号后方启动。

2）排油注氮装置启动时，应有反馈信号。

3）控制箱上应显示主要部件工作状态的反馈信号，并应具有自检功能。

（7）调试时应作详细的调试记录，并应有电子备份档案，永久存储。

二、验收

验收内容包括消防柜、消防控制柜、管道、断流阀、火灾探测装置等组部件的规格、型号、数量、安装位置和质量，并进行装置功能检验。装置验收时，应提供下列资料并核查质量控制资料：

（1）产品说明书、图纸、操作说明书。

（2）出厂合格证，出厂试验报告、型式检验 / 试验报告。

（3）安装技术记录（包括隐蔽工程检验记录）、安装检验记录。

（4）检测评估报告。

（5）重要元器件如继电器、PLC 产品合格证；电器元件如接触器等产品合格证；排油阀、注氮阀、减压阀、氮气瓶组、压力表、油气隔离装置等的产品合格证。

第四节　系统运行维护技术要求

一、基本要求

排油注氮灭火系统投入使用时，应具有以下文件，并应有电子备份档案，永久储存：

（1）验收合格文件和调试记录。

（2）系统工作流程图和操作规程。

（3）系统及主要组件的使用、维护说明书。

（4）数字化智能型装置的电脑软件备份。

（5）系统维护检查记录表。

二、每日检查维护内容

每日应对报警控制柜的运行情况进行检查，及时处理报警信息并记录。

三、每周检查维护内容

（1）对排油管、注氮管、法兰、排气旋塞进行一次外观检查。

（2）对氮气瓶压力进行一次巡查并记录。

四、每月检查维护内容

对装置的外观进行检查，并填写排油注氮装置月检查记录表。检查内容和要求应符合下列规定：

（1）对消防柜中所有零部件进行外观检查，表面应无锈蚀，无机械性损伤。

（2）检查排油管、注氮管、法兰和排气旋塞，应无渗漏现象。

（3）检查控制柜电源、信号灯和蜂鸣器，应正常工作。

五、每年检查维护内容

每年（或配合变压器年检时）应对排油注氮装置进行检查及模拟试验并记录，装置应正常工作。检查内容及模拟试验情况应符合下列规定：

（1）在模拟试验前，应关闭排油连接阀、注氮隔离阀及消防柜检修阀，并锁止隔离排油阀启动装置和氮气释放阀启动装置。

（2）检查排油管、注氮管、法兰、排气旋塞及密封件、支架和紧固件，当有老化或损坏现象时应予以更换。

（3）检查消防柜、控制柜电源、信号灯和蜂鸣器是否良好。

（4）对 UPS 电源的蓄电池进行充放电保养，清除蓄电池表面异物，拧紧接头。

（5）模拟试验装置排油功能和注氮功能的试验：

1）将系统处于自动状态，在控制柜上模拟"压力控制器动作""断路器跳闸""重瓦斯保护动作"或其他控制信号，试验防爆、防火自动启动。

2）将系统处于自动状态，在控制柜上模拟"感温火灾探测器动作""重瓦斯保护动作"或其他控制信号，试验防火、灭火自动启动。

3）对数字化智能型装置，模拟感温火灾探测器动作时，用监控的计算机试验远程手动启动。

4）将系统处于自动或手动状态，模拟手动启动。

此外，氮气瓶内储存压力不得低于设计压力的 90%。检查和试验中所发现的问题应及时整改，对损坏或不合格的部件应立即更换，经复检合格后应使系统恢复正常状态。

第六章
气体灭火系统

第一节 系统构成

气体灭火系统一般由瓶组、阀门、驱动装置、管路和喷头等部件组成，气体灭火系统实物图如图3-6-1所示。

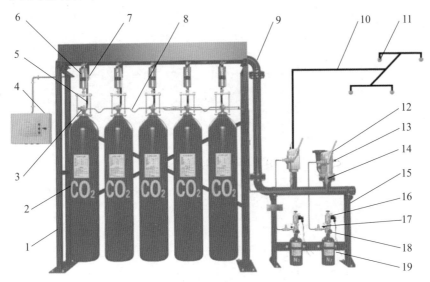

图3-6-1 气体灭火系统实物图

1—灭火剂瓶组架；2—灭火剂瓶组；3—先导阀；4—失重报警器；5—高压软管；6—称重检漏装置；7—单向阀（灭火剂管路)；8—驱动气体管路；9—集流管；10—灭火剂输送管路；11—喷嘴；12—选择阀；13—信号反馈装置；14—单向阀；15—驱动气体瓶组架；16—电磁型驱动装置；17—低泄高封阀；18—驱动气体瓶组压力表；19—驱动气体瓶组

一、瓶组

瓶组一般由容器、安全泄压装置、检漏装置和介质气体等组成，用于储存、释放灭火剂。

容器是指灭火剂瓶和驱动气体瓶，分别用于储存药剂和启动系统。在高温环境下，容器与其他组件的公称工作压力不应小于所承受的工作压力。容器阀又称瓶头阀，安装在容器上，具有封存和释放等功能。容器阀分类如图 3-6-2 所示。

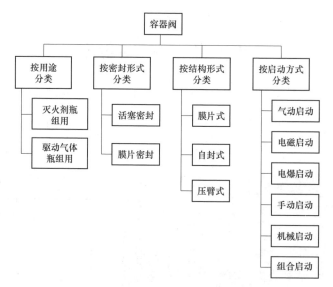

图 3-6-2　容器阀分类

二、选择阀

选择阀用于控制灭火剂释放至对应防护区或保护对象，如图 3-6-3 所示。每个防护区应分别设置选择阀，其位置应靠近容器。

图 3-6-3　选择阀

三、喷嘴

喷嘴是气体灭火系统中用于控制灭火剂的喷射方向和流速的组件。喷嘴可分为全淹没式和局部应用式，其中局部应用式又分为架空型和槽边型。喷嘴的布置应满足防护区内均匀分布的要求，且喷嘴喷射方向不应朝向可燃液体表面。

四、单向阀

单向阀实物如图 3-6-4 所示，分类如图 3-6-5 所示，灭火剂流通管路安装位置在集流管与连接管之间，其作用是阻止灭火剂从集流管返流。驱动气体控制管路单向阀安装在启动管路上，用来启动特定阀门和控制气体流向。

图 3-6-4　单向阀

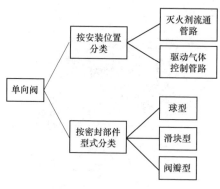

图 3-6-5 单向阀分类

五、集流管

集流管是汇集瓶组的灭火剂，再分配到各防护区的汇流管路。安全泄压装置应设置在组合分配系统的集流管上。

六、连接管

连接管可用于容器阀与集流管之间或控制管路。容器阀与集流管间连接管按材料可分为高压橡胶和高压不锈钢。启动气体输送管道宜采用铜制管。气体灭火剂输送管道应采用内外均进行防腐处理的无缝钢管，不锈钢管宜用于腐蚀性较大的环境。

七、安全泄压装置

安全泄压装置可用于灭火剂瓶组、驱动气体瓶组和集流管三处。安全泄压装置的动作压力应符合气体灭火系统的设计要求。

八、驱动装置

驱动装置的功能为驱动，作用对象为容器阀和选择阀。驱动装置可分为气动型、电磁型和机械型等类型。

九、检漏装置

检漏装置用于检测瓶组灭火剂的质量或压力损失，包括称重装置、压力显示器和液位测量装置等，图 3-6-6 为气体灭火系统称重装置。

图 3-6-6　气体灭火系统称重装置

十、信号反馈装置

信号反馈装置用于灭火剂释放管路或选择阀上，是将灭火剂释放的流量或压力信号转换为电信号的装置，常见的压力开关就属于信号反馈装置。

十一、低泄高封阀

低泄高封阀的作用是排除泄漏的驱动气体，以防系统误动作，如图 3-6-7 所示。正常情况下该阀门安装在系统启动管路上并处于常开状态，只有达到设定压力时才关闭。

图 3-6-7　低泄高封阀

第二节 系统安装质量技术要求

安装质量检查主要是对灭火剂储存装置、选择阀及信号反馈装置、灭火剂输送管道及控制组件等的安装质量进行检查。

一、系统部件的安装质量检查

（一）灭火剂储存装置

（1）安装位置应符合文件设计要求。

（2）灭火剂储存装置安装后，其泄压装置作用方向不应与操作面相对。对于低压二氧化碳灭火系统，要通过泄压管将安全阀接到室外。

（3）压力计等检漏装置的安装位置应便于观察和操作。

（4）储存容器和集流管应采用支架可靠固定，并进行防腐处理。

（5）储存容器宜涂红色油漆，正面应标明灭火剂名称和容器编号。

（6）集流管安装前应确保内腔的洁净度。

（7）介质流动方向应与储存容器、集流管间单向阀的流向指示箭头相同。

检查方法：第（1）项，观察检查及尺量检查；其余项，观察检查。

（二）选择阀及信号反馈装置

（1）选择阀操作装置应与操作面安装在同侧，当高度大于 1.7m 时应采取措施以便操作。

（2）管网与采用螺纹连接的选择阀连接处宜采用活接。

（3）介质流动方向应与选择阀的流向指示箭头相同。

（4）要在选择阀上设置永久标牌，注明防护区或保护对象的名称或编号。

（5）信号反馈装置的安装应符合文件设计要求。

检查方法：观察检查。

（三）阀驱动装置

（1）拉索式机械驱动装置的安装要求：①除必要外露部分外，应采用防腐处理过的钢管保护拉索；②应用滑轮在拉索转弯处导向；③拉索末端拉手应设置在保护盒内；④拉索套管和保护盒应固定牢靠。

（2）安装以重力式机械驱动装置时，重物在下落中应无阻挡，其下落行程至少25mm，并能保证具有足够的驱动距离。

（3）电磁驱动装置的电气连接线应沿储存容器支架或墙面固定。

（4）气动驱动装置的安装要求：①气瓶支架或箱体应固定牢靠，并进行防腐处理；②应在气瓶上设置永久标牌，并标明介质名称、对应防护区或保护对象的名称或编号。

（5）气动驱动装置管道的安装要求：①管道布置应符合文件设计要求；②竖直管道始末端应设置管卡或防晃支架；③水平管道应采用管卡固定，其间距不宜大于0.6m，转弯处多设一只管卡。

（6）管道安装后应进行气密性试验。

检查方法：对于第（1）（3）（4）项，观察检查；对于第（2）和第（5）项，观察检查及尺量检查；第（6）项的试验方法为：①气密性试验的试验压力为驱动气体储存压力；②应以不大于0.5MPa/s的升压速率进行气密性试验，达到试验压力关断试验气源，压降在3min内不超过试验压力的10%则视为合格。

（四）喷嘴

（1）按设计要求核对喷嘴规格型号及喷孔方向。

（2）安装在吊顶下时，不带装饰罩喷嘴的管端螺纹不能露出吊顶；喷嘴带装饰罩的，应紧贴吊顶安装。

检查方法：观察检查。

二、灭火剂输送管道的安装质量检查

（一）检查项目

1.灭火剂输送管道连接要求

（1）采用螺纹连接时，管道宜使用机械切削，螺纹不得有损坏；用于连接螺纹的密封材料要均匀粘附，旋紧螺纹时不得将其挤入管道内；安装后的螺纹根部应有 2 或 3 条外露螺纹；连接后，应将连接处清理干净并进行防腐处理。

（2）采用法兰连接时，衬垫不得伸入管内，其外边缘宜接近螺栓，不得放双垫或偏垫。连接法兰的螺栓直径和长度应符合标准，拧紧后，凸出螺母的长度不应大于螺杆直径的 1/2 且外露螺纹不应少于 2 条。

（3）已做防腐处理的无缝钢管不宜采用焊接连接，与选择阀等连接部位需采用法兰焊接连接时，要对被焊接损坏的防腐层进行二次防腐处理。

2. 管道穿墙、楼板要求

（1）管道穿过墙壁和楼板处应安装保护套管。套管公称直径比管道应至少大两级，穿墙套管长度应与墙厚相等，穿楼板套管长度应高出地面 50mm。管道与套管间的空隙应采用防火封堵材料填塞。

（2）应设置柔性管段穿越建筑物的变形缝。

3. 管道支架、吊架的安装要求

（1）管道应固定牢靠，管道支架、吊架之间的最大间距应符合表 3-6-1 的规定。

表 3-6-1　　　　　　　管道支架、吊架之间的最大间距

管道公称直径（mm）	15	20	25	32	40	50	65	80	100	150
最大间距（m）	1.5	1.8	2.1	2.4	2.7	3	3.4	3.7	4.3	5.2

（2）管道末端应采用防晃支架固定，支架与末端喷嘴间的距离不应大于 500mm。

（3）公称直径不小于 50mm 的主干管道，垂直和水平方向均应安装至少 1 个防晃支架。水平管道改变方向位置应增设防晃支架。当管道穿过建筑物楼层时，每层应设 1 个防晃支架。

4. 管道试验要求

管道安装完毕后应进行强度试验和气压严密性试验。水压强度试验合格后，采用压缩空气或氮气进行吹扫管道。吹扫时管道末端的气体流速至少 20m/

s，采用白布检查，直至无水渍等异物出现。

5. 管道涂漆

管道外表面宜涂红色油漆。在隐蔽场所内的管道，可涂宽度大于 50mm 的红漆色环。每个防护区或保护对象的色环宽度要相同且间距均匀。

（二）检查方法

对于上文中的第 1 和第 5 项，观察检查；对于第 2 和第 3 项，观察检查及尺量检查；对于第 4 项，试验方法为：

1. 水压强度试验

（1）对于高压、低压二氧化碳灭火系统，试验压力分别为 15.0MPa 和 4.0MPa。对 IG 541 混合气体灭火系统，试验压力为 13.0MPa。对七氟丙烷和卤代烷 1301 灭火系统，应取系统最大工作压力的 1.5 倍，系统最大工作压力可按表 3-6-2 取值。

表 3-6-2　　　　　　　系统储存压力、最大工作压力

系统类别	最大充装密度（kg/m³）	储存压力（MPa）	最大工作压力（50℃时）（MPa）
混合气体（IG 541）灭火系统	—	15.0	17.2
	—	20.0	23.2
卤代烷 1301 灭火系统	1120	2.50	3.93
		4.20	5.80
七氟丙烷灭火系统	1150	2.50	4.20
	1120	4.20	6.70
	1000	5.60	7.20

（2）进行水压强度试验时，以不大于 0.5MPa/s 的升压速率缓慢升压至试验压力，保压 5min，检查管道无渗水或变形视为合格。

（3）可采用气压强度试验代替不具备条件时的水压强度试验，气压强度试验压力取值：二氧化碳灭火系统取 80% 的水压强度试验压力，IG 541 混合气

体灭火系统取 10.5MPa，七氟丙烷和卤代烷 1301 灭火系统取最大工作压力的 1.15 倍。

（4）气压强度试验前，必须用空气或氮气进行预试验，预试验压力宜为 0.2MPa。气压强度试验试验时，应逐步缓慢增加压力，当压力升至试验压力的 50% 时，如未发现异状或泄漏，继续按试验压力的 10% 逐级升压，每级稳压 3min，直至试验压力。保压检查管道各处无变形、无泄漏为合格。

2. 气压严密性试验

（1）灭火剂输送管道经水压强度试验合格后还应进行气密性试验，经气压强度试验合格且在试验后未拆卸过的管道可不进行气密性试验。

（2）管道气压严密性试验的加压介质可采用空气，试验压力为水压强度试验压力的 2/3。

（3）试验时将压力升至试验压力，关断试验气源后，3mm 内压降不应超过试验压力的 10%。

三、预制灭火系统的安装质量检查

柜式气体灭火装置、热气溶胶灭火装置等预制灭火系统及其控制器、声光报警器的安装位置要符合设计要求。

预制灭火系统装置周围空间环境应符合设计要求，热气溶胶灭火系统装置的喷口前 1m 内、装置的 0.2m 范围内不应设置设备等。

检查方法：观察检查。

四、控制组件的安装质量检查

灭火控制装置的安装应符合设计要求，防护区内火灾探测器的安装应符合 GB 50166 的规定。设置在防护区处的手动、自动转换开关要安装在防护区入口便于操作的位置，安装高度距地面 1.5m。防护区的声光报警装置安装应符合设计要求。气体喷放指示灯宜安装在防护区入口的正上方。

检查方法：观察检查。

第三节　系统调试验收技术要求

一、系统调试

调试项目包括模拟启动试验、模拟喷气试验和模拟切换操作试验。调试完成后将系统及联动设备恢复到正常工作状态。

（一）调试前准备

（1）气体灭火系统调试前要具备完整的技术资料，并符合相关规范的规定。

（2）调试前按规定检查系统组件和材料的数量、规格型号及系统安装质量，并及时处理所发现的问题。

（二）系统调试要求

关于气体灭火系统的调试，应对每个防护区进行模拟喷气试验和备用灭火剂储存容器切换操作试验。系统调试时，应对所有防护区或保护对象按规定进行系统手动、自动模拟启动试验，且测试结果合格。

1. 模拟启动试验

（1）调试要求。调试时，对所有防护区或保护对象按规范规定进行模拟启动试验，结果应合格。

（2）模拟启动试验方法。

1）手动模拟启动试验按下述方法进行：按下手动启动按钮，观察相关动作信号及联动设备动作是否正常（如发出声、光报警信号，启动输出端的负载响应，关闭通风空调、防火阀等）。手动启动压力信号反馈装置，观察相关防护区门外的气体喷放指示灯是否正常。

2）自动模拟启动试验按下述方法进行：①将灭火控制器的启动输出端与灭火系统相应防护区驱动装置连接。驱动装置与阀门的动作机构脱离，也可用一个启动电压、电流与驱动装置的启动电压、电流相同的负载代替；②人工模拟火警，使防护区内任意一个火灾探测器动作，观察单一火警信号输出后，相关报警设备动作是否正常（如警铃、蜂鸣器发出报警声等）；③人工模拟火警使该防护区内另一个火灾探测器动作，观察复合火警信号输出后，相关动作信号及联动设备动作是否正常（如发出声、光报警信号，启动输出端的负载响应，关闭通风空调、防火阀等）。

（3）模拟启动试验结果要求。

1）延迟时间与设定时间相符，响应时间满足要求。

2）有关声、光报警信号正确。

3）联动设备动作正确。

4）驱动装置动作可靠。

2. 模拟喷气试验

（1）调试要求。调试时，对所有防护区或保护对象进行模拟喷气试验，且测试结果合格。

预制灭火系统的模拟喷气试验宜各取一套进行试验，按产品标准中有关联动试验的规定进行。

（2）模拟喷气试验方法。

1）模拟喷气试验的条件：①IG 541混合气体灭火系统及高压二氧化碳灭火系统，应采用其充装的灭火剂进行模拟喷气试验。试验采用的储存容器数应为选定试验的防护区或保护对象设计用量所需容器总数的5%，且不少于1个；②低压二氧化碳灭火系统，应采用二氧化碳灭火剂进行模拟喷气试验。试验要选定输送管道最长的防护区或保护对象进行，喷放量不应小于设计用量的10%；③卤代烷灭火系统模拟喷气试验不应采用卤代烷灭火剂，宜采用氮气进行。氮气储存容器与被试验的防护区或保护对象用的灭火剂储存容器的结构、型号、规格应相同，连接与控制方式要一致，氮气的充装压力和灭火剂储存压力相等。氮气储存容器数不应少于灭火剂储存容器数的20%，且不少于1个。④模拟喷气试验宜采用自动启动方式。

2）模拟喷气试验结果要符合下列规定：①延迟时间与设定时间相符，响应时间满足要求；②有关声、光报警信号正确；③有关控制阀门工作正常；

④ 信号反馈装置动作后，气体防护区门外的气体喷放指示灯工作正常；⑤ 储存容器间内的设备和对应防护区或保护对象的灭火剂输送管道无损伤；⑥ 试验气体能喷到试验防护区内或保护对象上，且应能从每个喷嘴喷出。

3. 模拟切换操作试验

（1）调试要求。设有灭火剂备用量且与储存容器连接在同一集流管上的系统应进行模拟切换操作试验，并合格。

（2）模拟切换操作试验方法。

1）按使用说明书的操作方法，将系统使用状态从主用量灭火剂储存容器切换为备用量灭火剂储存容器的使用状态。

2）按上述模拟喷气试验方法进行模拟喷气试验。

3）试验结果符合上述模拟喷气试验结果的规定。

二、系统检测

系统部件及功能检测要全数进行检查。检查内容包括直观检查、安装检查和功能检查等。

（一）储瓶间

（1）储瓶间门外侧中央贴有"气体灭火储瓶间"的标牌。

（2）管网灭火系统的储存装置宜设在专用储瓶间内，其位置应符合设计文件。如设计无要求，储瓶间宜靠近防护区。

（3）储存装置间内设应急照明，其照度应达到正常工作照度。

（二）高压储存装置

（1）储存容器无变形和明显损伤，表面应涂红色且防腐层完好，手动操作装置有铅封，组件应完整，部件与管道连接处无松动、脱落等。

（2）储存装置间的环境温度为 –10 ～ 50℃，高压二氧化碳储存装置的环境温度为 0 ～ 49℃。

（3）储存容器的规格和数量应符合设计文件要求，且同一系统的储存容器的规格和尺寸要相同，其高度差不超过 20mm。

（4）储存容器表面应清晰标明编号及设计规定的灭火剂名称。储存装置上应设永久铭牌，标明设备型号、储瓶规格、出厂日期；每个储存容器上应张贴标有灭火剂名称、充装量、充装日期和储存压力等信息的瓶签。

（5）储存容器必须固定在支架上，支架与建筑构件固定，做防腐处理且牢固可靠；可操作距离不应小于 1m，且不小于储存容器外径的 1.5 倍。

（6）容器阀上的压力表应无损伤，在同一系统中的安装方向应相同，并面对操作面。同一系统中容器阀上的压力表的安装高度差不宜超过 10mm，相差较大的情况下可使用垫片调整；二氧化碳灭火系统要设检漏装置。

（7）灭火剂储存容器的充装量和储存压力应符合设计文件要求，且不超过设计充装量的 1.5%；特殊情况包括：卤代烷灭火剂储存容器内的实际压力不应低于相应温度下的储存压力，且不应超过该储存压力的 5%；储存容器中充装的二氧化碳质量损失不应大于 10%。

（8）容器阀和集流管之间应采用挠性连接。

（9）灭火剂总量、每个防护分区的灭火剂量应符合设计文件要求。组合分配的二氧化碳灭火系统保护 5 个及以上的防护区或保护对象时，或在 48h 内不能恢复时，二氧化碳要有备用量；其他灭火系统的储存装置 72h 内不能重新充装恢复工作的，按系统原储存量的 10% 设置备用，各防护区的灭火剂储量要符合设计文件要求。

（10）储存容器二氧化碳损失量大于 10% 时，检漏装置应正确报警。

（三）低压储存装置

（1）低压系统制冷装置应采用消防电源供电。

（2）储存装置位置要便于充装，并要远离热源，其环境温度宜为 −23 ～ 49℃。

（3）制冷装置应采用自动控制，且设手动操作装置。

（4）低压二氧化碳灭火系统储存装置的报警功能应正常，高、低压报警压力设定值应分别为 2.2MPa 和 1.8MPa。

（5）其他要求同高压储存装置。

（四）阀驱动装置

（1）气动驱动装置应无明显变形，表面防腐涂层完好，手动按钮上设有铅封。

（2）气动管道应平滑，弯曲部分应平整。

（3）同一规格的驱动气体储存容器，其高度差不宜超过 10mm。

（五）选择阀及压力信号器

（1）有出厂合格证及法定机构的有效证明文件。

（2）现场选用产品的数量、型号、规格应符合设计文件要求。

（3）组件完好，铭牌清晰牢固。

（六）单向阀

（1）介质流动方向应与单向阀的安装方向相同。

（2）七氟丙烷、三氟甲烷、高压二氧化碳灭火系统在容器阀和集流管之间的管道上应设液流单向阀，方向应与灭火剂输送方向相同。

（3）气流单向阀在气动管路中的位置、方向必须完全符合设计文件要求。

（七）泄压装置

（1）安全泄压装置应设在储存容器的容器阀和组合分配系统的集流管上。

（2）泄压装置的作用方向不应与操作面相对。

（3）低压二氧化碳灭火系统储存容器上至少应设置；两套安全泄压装置，其安全阀应通过专用泄压管接到室外，其泄压动作压力应为（2.38±0.12）MPa。

（八）防护区和保护对象

（1）防护区围护结构的耐火极限均不宜低于半小时，吊顶的耐火极限不宜低于 0.25h。防护区用护结构承受内压的允许压强不宜低于 1200Pa。

（2）两个及以上的防护区采用组合分配系统时，单个组合分配系统所保护的防护区数量不应超过 8 个。

（3）防护区应设置泄压口，宜设在外墙上。七氟丙烷灭火系统的泄压口应设在防护区净高度的 2/3 以上。

（4）喷放灭火剂前，防护区内除泄压口外的开口应能自行关闭。

（5）防护区的入口处应设防护区采用的相应气体灭火系统的永久性标志牌，应设火灾声、光报警器；防护区的入口处正上方应设灭火剂喷放指示灯；防护区内应设火灾声报警器，必要时，可增设闪光报警器；防护区应有保证人员在30s内疏散完毕的疏散通道和出口、疏散通道及出口处应设置应急照明装置与疏散指示标志。

（九）喷嘴

（1）防护区有粉尘、油雾时，喷嘴应有防护装置。

（2）喷嘴的安装间距应符合设计文件要求，喷嘴的布置在防护区内应满足均匀分布的要求，喷嘴射流方向不应朝向可燃液体表面。

（3）喷嘴的高度保护范围为300mm～6.5m。

（十）预制灭火装置

（1）预制灭火系统在一个防护区的设置数量不宜大于10台。

（2）同一防护区设置多台装置时，间距应不大于10m。

（3）系统充压压力不应大于2.5MPa。

（4）同一防护区内的预制灭火系统装置两台及以上时必须能同时启动，系统动作响应时差应小于2s。

（十一）操作与控制

（1）管网灭火系统应设自动控制、手动控制和机械应急操作三种启动方式。预制灭火系统应设自动控制和手动控制两种启动方式。

（2）对于设计浓度或实际使用浓度大于无毒性反应浓度的防护区，应设手动与自动控制切换装置。当人员进入防护区时，应能转换为手动方式控制灭火系统；当人员离开时，应恢复为自动控制方式。

（3）在储瓶间内或防护区疏散出口门外便于操作的位置应设置机械应急操作装置，并应设防止误操作装置和警示标志。

三、系统验收

系统竣工后应进行验收检查，不合格不得投用。主要检查内容包括以下内容：

（一）质量控制文件检查

对系统组件、设备和材料的规格型号进行查验，核对其出厂合格证、自愿性产品认证证书等质量控制文件。

（二）防护区或保护对象与储存装置间验收

（1）防护区或保护对象的位置、用途、划分、几何尺寸、开口、通风、环境温度、可燃物的种类、防护区围护结构的耐压和耐火极限，以及门、窗可自行关闭装置应符合设计要求。

（2）防护区下列安全设施的设置应符合设计要求：① 防护区的疏散通道、疏散指示标志和应急照明装置；② 防护区内和入口处的声光报警装置、气体喷放指示灯和入口处的安全标志；③ 无窗或固定窗扇的地上防护区和地下防护区的排气装置；④ 门窗设有密封条的防护区的泄压装置；⑤ 专用的空气呼吸器。

（3）储存装置间的位置、通道、耐火等级、应急照明装置、火灾报警控制装置及地下储存装置间机械排风装置应符合设计要求。

（4）火灾报警控制装置及联动设备应符合设计要求。

（三）设备和灭火剂输送管道验收

（1）灭火剂储存容器的数量、规格型号、位置与固定方式、油漆和标志及灭火剂储存容器的安装质量应符合设计要求。

（2）储存容器内的灭火剂充装量和储存压力应符合设计要求。

（3）集流管的材料、规格、连接方式、布置及其泄压装置的泄压方向应符合设计要求。

（4）选择阀及信号反馈装置的数量、型号、规格、位置、标志及其安装质量应符合设计要求。

（5）阀驱动装置的数量、型号、规格和标志，安装位置，气动驱动装置中驱动气瓶的介质名称和充装压力，以及气动驱动装置管道的规格、布置和连接方式应符合设计要求。

（6）驱动气瓶和选择阀的机械应急手动操作处，均应有标明对应防护区或保护对象名称的永久标志；驱动气瓶的机械应急操作装置均应设安全销并加铅封，现场手动启动按钮应有防护罩。

（7）灭火剂输送管道的布置与连接方式、支（吊）架的位置及间距、穿过建筑构件及其变形缝的处理、各管段和附件的型号与规格以及防腐处理和涂刷油漆颜色，均应符合设计要求和有关规范规定。

（8）喷嘴的数量、规格型号、安装方向和位置，应符合设计要求和有关规范规定。

第四节　系统运行维护技术要求

运维人员应按规定对系统进行检查并做好记录，发现问题应及时处理。

一、系统巡查

（一）巡查内容及要求

（1）检查主电源、显示屏及按钮、开关的状态，气体灭火控制器工作状态和紧急启动按钮保护措施，及系统设定的安全工作状态。

（2）每日应检查低压二氧化碳储存装置和储存装置间的设备状态并记录。

（3）选择阀、驱动装置上应设置永久铭牌，标明其工作防护区。

（4）确保防护区外空气呼吸器或氧气呼吸器完好。

（5）防护区入口处应设置灭火系统防护标志。

（6）预制灭火系统、柜式气体灭火装置喷嘴前 2m 内不得有障碍物阻挡。

（7）手动控制与应急操作处应有防止误操作装置及警示标志。

（二）巡查方法

采用目测观察的方法，检查系统及其组件外观、阀门启闭状态、控制装置和压力监测装置工作情况。

（三）巡查周期

使用管理单位至少每日组织一次巡查。

二、系统周期性检查维护

（一）月检查项目

1.检查项目及其检查周期

下列项目至少每月进行一次维护检查：

（1）对灭火剂储存容器、选择阀、集流管、安全泄压阀及检漏报警装置等系统全部组件进行外观检查。

（2）气体灭火系统组件不得被其他物件阻挡。

（3）驱动控制盘指示灯应显示正常，各开关应处于正确位置，连线应牢固。

（4）火灾探测器表面应保持清洁，应无任何干扰物。

（5）气体灭火系统储存容器压力和气动型驱动装置的气源压力均不得小于设计压力的90%。

2.检查维护要求

（1）检查低压二氧化碳灭火系统储存装置的液位计，灭火剂损失量应不大于设计储存量的10%。

（2）七氟丙烷灭火系统、高压二氧化碳和IG 541灭火系统等的检查内容及要求应符合下列规定：

1）灭火剂储存容器及容器阀、集流管、信号反馈装置和检漏装置等全部系统组件应无损伤，表面涂层应完好，保护对象标牌应清晰，手动操作装置的防护罩、铅封和安全标志应完好。

2）灭火剂和驱动气体储存容器内的压力不得小于设计储存压力的90%。

3）预制灭火系统的设备状态和运行状况应正常。

（二）季度检查项目

（1）可燃物的种类、分布情况和防护区的开口情况应符合设计规定。

（2）储存装置间的设备、输送管道和支（吊）架应固定牢靠。

（3）连接管应无外观缺陷，必要时进行检测或更换。

（4）喷嘴应无堵塞。

（5）逐个检查高压二氧化碳储存容器灭火剂净重，损失量应不大于设计储存量的 10%。

（6）灭火剂输送管道有损伤与堵塞现象时，应进行吹扫和严密性试验。

（三）年度检查项目

（1）每个防护区应进行一次模拟启动试验。

（2）每个防护区应进行一次模拟喷气试验。通过报警联动，检查气体灭火控制盘功能。

（3）检查预制气溶胶灭火装置有效期。

（4）所有钢瓶进行泄漏报警装置报警定量功能试验。

（5）进行主、备用灭火剂储存容器的模拟切换操作试验。

细水雾灭火系统

第一节　系统构成

细水雾灭火系统由泵组或瓶组、分区控制阀组、管网和细水雾喷头组成，还配置过滤器防止喷头堵塞影响灭火效果，系统分类如图 3-7-1 所示。开式系统设有泄放试验阀，并应增加火灾自动报警及联动控制系统等；闭式系统设有排气阀和试水阀。

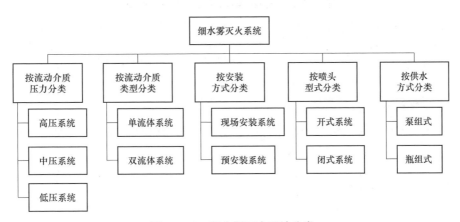

图 3-7-1　细水雾灭火系统分类

根据图 3-7-1，按供水方式进行分类，细水雾灭火系统分为泵组式系统和瓶组式系统。

1. 泵组式系统

泵组式细水雾灭火系统的动力源采用柱塞泵、气动泵和高压离心泵等泵组。系统主要由灭火控制柜、泵组单元、储水箱、分区控制阀、信号反馈装置、管路和喷头等部件组成，系统原理图如图 3-7-2 所示。

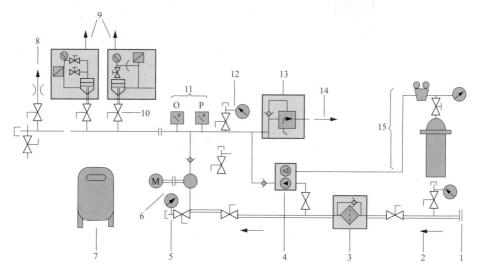

图 3-7-2 泵组式细水雾灭火系统原理图

1—接储水箱；2—压力表；3—过滤器；4—稳压泵；5—真空表；6—泵组；7—泵组控制盘；8—接口；9—控制阀组；10—手动截止阀；11—信号反馈装置；12—压力表；13—安全泄放阀；14—泄放管道；15—稳压泵供气管道；M—驱动电机

2. 瓶组式系统

瓶组式细水雾灭火系统使用储气、储水容器分别储存高压氮气和水，系统启动时高压气体释放出来驱动水形成细水雾。系统准工作状态下，储气、储水容器分别处于高压和常压状态。

系统由灭火控制柜、储水/储气瓶组、分区控制阀、驱动装置、信号反馈装置、集流管、管路和喷头等部件组成，系统原理图如图 3-7-3 所示。

细水雾灭火系统按喷头型式可分为开式系统和闭式系统。

1. 开式系统

开式细水雾灭火系统的组成和动作原理与电动控制的水喷雾灭火系统相

同，由火灾自动报警系统控制，分区控制阀和消防水泵开启后，向喷头端供水。开式系统按应用方式可分为全淹没应用和局部应用两种。采用全淹没时，由于喷射压力高、雾滴直径小，具有气体般的弥漫性，可全面保护防护区内保护对象。局部应用方式是将细水雾直接喷向某个被保护对象（如油浸式变压器等）进行灭火。

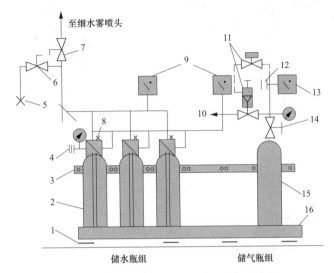

图 3-7-3　瓶组式细水雾灭火系统原理图

1—检漏装置；2—储水瓶组；3—容器支架；4—充装接口；5—试验口；6—试验连接口和排水口；7—分配阀；8—储水容器的排气口；9—压力开关；10—低泄高封阀；11—电磁释放阀；12—安全泄放装置；13—压力表；14—容器阀；15—储气瓶；16—钢制支架

2. 闭式系统

闭式细水雾灭火系统可以分为干式系统、湿式系统和预作用系统三种。该系统除了喷头形式不同外，与闭式自动喷水灭火系统的组成和工作原理均相同。

第二节　系统安装质量技术要求

一、喷头安装质量检查

细水雾喷头在额定压力下可以产生细水雾，结构上是由一个或多个细小喷嘴组成。喷头检查要重点对其外观、密封性和安装质量等进行检验。不同类型细水雾喷头如图 3-7-4 所示。

（a）   （b）

图 3-7-4　细水雾喷头

（a）开式喷头；（b）闭式喷头

（一）外观与标识

（1）外观应无损坏和附加装饰性涂层。

（2）标识上产品规格型号、生产日期及厂家等信息应清晰。

　检查方法：按不同型号分别抽查 1%，且总数不得少于 5 只，采用直观检查。

（二）安装质量检查

（1）喷孔方向、喷头安装高度和间距等参数应符合设计文件要求。

（2）喷头安装在容易受到机械损伤的区域时，应配有保护罩。带装饰罩的喷头应紧贴吊顶；不带装饰罩的喷头，其连接管管端螺纹不应露出吊顶。

（3）喷头外置式过滤网不应伸入支干管内。

（4）喷头与管道宜采用端面或"O"形圈密封连接，密封材料不应采用麻丝、黏结剂等。

　检查方法：直观检查和尺量检查。

二、阀组安装质量检查

（一）外观与标识

（1）各阀门及其附件外观应无损伤，控制阀明显部位应有永久标志指示水流方向。

（2）标识上规格型号、生产日期及厂家等信息应清晰，规格型号应符合设计要求。

检查方法：目测观察、尺量和声级计测量等方法。

（二）安装质量检查

（1）阀组的安装应符合《工业金属管道施工规范》（GB 50235—2010）的相关规定。

（2）阀组的仪表和阀门应安装在便于操作、检查、维护且避免发生损伤的位置。

（3）阀组应有明显启闭标志，控制阀应设置永久标牌指示对应防护区。

（4）分区控制阀的安装高度宜为 1.2～1.6m，可操作距离不应小于 0.8m，并应满足操作要求。

（5）分区控制阀应有可靠锁定设施和明显启闭标志，并应具有启闭信号的反馈功能。

（6）分区控制阀应安装在防护区外便于操作、检查和维护的位置。

（7）闭式系统试水阀应安装在便于检查、试验的位置。

检查方法：直观检查、尺量检查及阀门操作检查。

三、其他组件安装质量检查

其他组件主要包括过滤器、泄压阀和信号反馈装置等。

（一）外观与标志

（1）应无变形及其他机械损伤。

（2）外露非机械加工表面保护涂层应完好。

（3）所有外露口均设有防护堵盖，且密封良好。

（4）各组件铭牌标记应清晰、牢固，方向正确。

检查方法：直观检查。

（二）安装质量检查

（1）当系统最大额定工作压力小于实际管网压力时，应安装压力调节阀。在系统压力达到最大额定工作压力 95% 时，该阀门应开启。

（2）压力表应安装在供水设备的压力侧、压力调节阀两侧和自动控水阀门压力侧，其测量范围应为系统工作压力的 1.5～2.0 倍。

（3）在系统的设计工作压力小于系统压缩气体压力的情况下，应安装压缩气体泄压调压阀门，其设定值由生产厂家确定，应有防误操作装置和永久标识。

（4）系统的线路布置和防护、联动的火灾自动报警系统及其联动控制装置的安装等均应符合《火灾自动报警系统施工及验收标准》（GB 50166—2019）的规定。

（5）按规定方法对储气瓶组驱动装置进行动作检查，装置动作应无卡阻。

检查方法：直观检查、尺量检查和手动操作检查。

四、供水设施安装质量检查

系统供水设施主要包括泵组、储水箱、储水瓶组与储气瓶组等。

（一）泵组

（1）泵组吸水管管径发生变化的位置应采用偏心大、小头连接。

（2）高压水泵底座刚度应满足同轴度要求，连接主动机的联轴器型式及安装应符合制造商的要求。

（3）柱塞泵组安装后需要充装润滑油，并检查曲轴箱油位。

（4）控制柜与基座应采用不少于 4 只螺栓固定，其直径不小于 12mm，基座的水平度偏差在 ±2mm 范围内。控制柜应采取防水及防腐措施，进出线口不应破坏外壳防护等级。

（5）符合《机械设备安装工程施工及验收通用规范》（GB 50231—2009）和《风机、压缩机、泵安装工程施工及验收规范》（GB 50275—2010）的有关规定。

检查方法：除高压泵组启泵检查外采用观察检查和尺量检查。

（二）储水箱

（1）应安装在便于检查维护且避免暴露在恶劣环境致损的位置，其安装和固定应可靠。

（2）所处的环境温度应满足制造商使用要求，必要时可采用外部加热或冷却装置。

检查方法：尺量检查和观察检查。

（三）储水瓶组与储气瓶组

（1）应按设计要求确定瓶组的安装位置。

（2）确保瓶组的安装、固定和支撑稳固。

（3）对瓶组的固定支框架应进行防腐处理。

（4）瓶组压力表应朝向操作面，安装方向和高度应相同。

检查方法：尺量检查和观察检查。

五、管道安装质量检查

管道安装是系统施工过程中工作量最大并易出问题的环节，返修工作也比较麻烦。因而在管道安装时应依据管道的材质和工作压力等自身特性，按照《工业金属管道工程施工规范》（GB 50235—2010）和《现场设备、工业管道焊接工程施工规范》（GB 50236—2011）的相关规定进行安装，并注意满足管网工作压力的要求。管道的安装工作主要包括清洗、固定、焊接以及穿墙和楼板等。

（一）管道固定

（1）应采用防晃金属支（吊）架固定。

（2）系统管道支（吊）架安装的最大间距见表3-7-1，安装间距宜均匀分布。

表3-7-1　　　　　　　　系统管道支（吊）架安装的最大间距

管道外径（mm）	≤16	20	24	28	32	40	48	60	≥76
最大间距（m）	1.5	1.8	2	2.2	2.5	2.8	2.8	3.2	3.8

（3）支（吊）架要安装牢固，能够承受管道满水状态下的冲击及重量。

（4）支（吊）架应采取防止一般腐蚀与电化学腐蚀的处理措施。

检查方法：尺量检查和观察检查。

（二）管道焊接等加工

（1）管道焊接的坡口形式、加工方法和尺寸等，应符合《气焊、焊条电弧焊、气体保护焊和高能束焊的推荐坡口》（GB/T 985.1—2008）的有关规定。

（2）管道焊接或与管接头焊接应采用对口方式。

（3）同排管道法兰以便于安装、拆卸为原则，其间距不宜小于100m。

检查方法：尺量检查和观察检查。

（三）管道穿墙和楼板的安装

（1）在管道穿墙或楼板的位置应使用套管保护，穿墙处应采用超过该墙体厚度的套管，穿过楼板应采用高出楼板地面50mm的套管。

（2）管道与套管间的缝隙应采用防火封堵材料填塞。

检查方法：尺量检查和观察检查。

六、系统冲洗、试压

由于细水雾灭火系统喷头口径细小，对管道清洁度及水质纯净度的要求较高。同时因系统管网工作压力较高，也需要确保不出现渗漏等情况。这就要求在管道安装完毕并冲洗合格后进行水压试验，以检查管道施工质量；同时，要求在水压试验合格后进行吹扫，以清除管道内污物。

（一）系统管网冲洗、试压和吹扫的基本要求

下列条件满足的情况下，进行冲洗、试压和吹扫：

（1）管道、支（吊）架的安装位置等应符合设计文件要求。

（2）试压冲洗方案已获批准。

（3）准备至少 2 只精度不低于 15 级、量程为 1.5～2.0 倍试验压力的压力表。

（4）非试压设备及附件应隔离或者拆除；临时加装盲板应有明显标志，边耳应凸出法兰，并记录临时盲板位置和数量。

（5）水压试验和管网冲洗应采用符合设计要求的水源。

（6）试压和冲洗参考《细水雾灭火系统技术规范》（GB 50898—2013）和《工业金属管道工程施工规范》（GB 50235—2010）的相关规定。

（二）管网冲洗

管网冲洗宜分区、分段进行，顺序为由室外到室内、由地下到地上，室内管道先冲洗配水干管再冲洗配水管，最后冲洗配水支管。地下管道连接地上管道前，应堵塞底部配水干管后再对地下管道进行冲洗。冲洗合格后，排净管网积水并填写记录。

1. 管网冲洗前准备

（1）对系统的仪表采取保护措施。

（2）对支（吊）架及加固措施进行检查。

（3）用于管网冲洗的排水管道截面积应不小于被冲洗管道的 60%，且与排水系统可靠连接。

2. 管网冲洗

（1）冲洗要求。

1）管网冲洗的水流速度、流量应满足系统设计最低要求。

2）水平管网的排水管高度应小于配水支管。

3）管网冲洗的水流方向应与灭火时水流方向相同。

4）管网冲洗要连续进行，出、入口处水的透明度和颜色应基本一致，

用白布检查水中无杂质时冲洗方可结束。

（2）操作方法。

采用最大设计流量，沿灭火时管网内的水流方向分区、分段进行，使用流量计和观察检查。

（三）管网试压

1. 水压试验

（1）试验条件。

1）试验时环境温度不宜小于5℃，当小于5℃时应采取防冻措施。

2）试验压力为系统工作压力的1.5倍。

3）试验用水中氯离子含量不应大于25mg/L，且水质与冲洗管道用水相同。

（2）试验要求。

1）试验的测试点宜设在系统管网的最低点。

2）管网注水时，将管网内的空气排净，缓慢升压。

3）当升至试验压力后稳压5min，管道应无变形或破损，再将试验压力降低到设计压力稳压2h。

（3）操作方法。试验前先测量环境温度，再根据设计文件计算试验压力。试验中，观察管网外观和试验压力表。若压力值不变、管道无变形则视为合格。试压出现泄漏时应中止试验，排尽试验用水并消除缺陷后重新试压。

2. 气压试验

干式和预作用系统在水压试验的基础上，还需进行气压试验。对于双流体系统，气体管道需进行气压强度试验。

（1）试验要求。

1）以空气或氮气为试验介质。

2）对于干式和预作用系统，试验压力为0.28MPa，稳压时间为24h，压降应不超过0.01MPa。

3）对于双流体系统气体管道，试验压力为水压强度试验压力的80%。

（2）操作方法。试压时观察试验压力表的压降，压降超过规定应终止试验，放空气体并消除缺陷后重新试验。

（四）管网吹扫

1.吹扫要求

（1）应采用压缩空气或氮气吹扫。

（2）吹扫压力不应大于管道的设计压力。

（3）吹扫气体流速不应小于20m/s。

2.操作方法

在管道末端放置具有白色背景的挡板，若5min内白色背景未有水渍和锈渣等杂物则视为合格。

第三节　系统调试验收技术要求

一、系统调试与现场功能测试

细水雾灭火系统的调试是在完成施工且火灾自动报警系统调试完毕后进行。系统调试主要包括泵组、分区控制阀的调试和联动试验。系统调试合格后需填写调试记录，并用压缩空气或氮气吹扫，使系统恢复至准工作状态。

（一）系统调试准备

系统调试需要具备下列条件：

（1）系统及其联动火灾报警系统等均处于准工作状态，现场安全措施符合调试要求。

（2）调试所需检查设备经校验合格，并与系统连接。

（3）调试方案经监理单位批准。

（二）系统调试要求

水源、消防水泵及其控制柜的调试和检测详见本篇第二章的相关内容。

1. 分区控制阀调试

调试前检查分区控制阀组件安装是否正确、齐全，符合设计文件和消防技术标准要求方可进行调试。

（1）开式系统分区控制阀在收到动作信号后立即启动，并反馈相应阀门的动作信号。

检查方法：自动和手动方式启动分区控制阀，检查泄放试验阀排水情况。

（2）闭式系统中当信号阀用作分区控制阀时，能反馈阀门的启闭状态。

检查方法：手动关闭分区控制阀或在试水阀处放水，观察检查。

2. 联动试验

防护区或保护对象允许喷雾的情况下，至少对一个防护区开展细水雾实喷试验；若不允许喷雾的，则进行模拟喷放试验。

（1）对于开式系统，采用模拟火灾信号启动系统。进行细水雾实喷试验时，检查分区控制阀、泵组或瓶组动作情况，动作信号反馈装置信号反馈情况，相应防护区喷头和相应场所入口处警示灯动作情况；进行模拟喷放试验时，手动开启泄放试验阀，检查泵组或瓶组动作情况、动作信号反馈装置信号反馈情况和相应场所入口处警示灯动作情况。

检查方法：观察检查。

（2）对于闭式系统，可利用试水阀进行模拟联动试验，检查泵组动作情况和动作信号反馈装置信号反馈情况。

检查方法：打开试水阀放水，观察检查。

（3）当系统与火灾自动报警系统联动时，可利用模拟火灾信号进行试验。检查火灾报警装置报警情况及相关联动控制装置动作情况。

检查方法：模拟火灾信号，观察检查。

二、系统验收检测

系统验收检测主要包括对水源、泵组和瓶组、控制阀组、管网和喷头等主要组件的安装质量验收检测和系统功能检测。系统验收合格后，将系统恢复至准工作状态。若验收不合格，经整改后重新组织验收。

（一）主要组件的验收检测

系统验收的验收资料查验内容和要求详见本篇第一章的相关内容。泵组和系统水源的验收、系统管网和喷头的验收内容和要求详见本篇第二章和第三章的相关内容。

1. 储气瓶组和储水瓶组

（1）瓶组的数量、规格型号和安装位置等应符合文件设计要求。

（2）储气容器内储存压力和储水量应符合文件设计要求。

（3）机械应急操作处张贴的标志应符合文件设计要求。应急装置的安全销或保护罩应设置铅封。

检查方法：对于第（1）项，按设计文件等进行检查；对于第（2）项，储水量检查时，称重检查按储水容器全数（不足 5 个时按 5 个计）的 20% 进行抽检，储水量检查时观察液位计的液位，储气瓶储存压力采用压力计进行检查；对于第（3）项，观察检查和测量检查。

2. 控制阀组

（1）控制阀的规格型号、安装位置和启闭标志等应符合文件设计要求。

（2）开式系统分区控制阀组应能采用手动和自动两种方式可靠动作。

（3）闭式系统分区控制阀组应能采用手动方式可靠动作。

（4）分区控制阀前后的阀门均应处于常开位置。

检查方法：对于第（1）项，按设计文件等进行检查；对于第（2）项，采用手动和自动两种方式开启分区控制阀，检查阀门启闭情况；对于第（3）项，手动关闭常开的分区控制阀，观察检查；对于第（4）项，观察检查。

3. 喷头

（1）喷头的数量、规格型号以及闭式喷头的公称动作温度等，应符合文件设计要求。

（2）喷头的安装位置及高度、间距及与障碍物的距离，均应符合文件设计要求，距离偏差范围应在 ±15mm 内。

（3）每种规格型号的备用喷头数不应少于 5 只，且不应小于实际安装数量的 1%。

检查方法：直观检查、尺量检查及计数检查。

（二）系统功能验收检测

1. 模拟联动功能试验

（1）动作信号反馈装置应动作正常，并应在启动泵组及与其联动设备时反馈正确信号。

（2）开式系统的分区控制阀应启动正常，并可反馈正确信号。

（3）系统的流量、压力均应符合设计要求。

（4）泵组及其他联动设备应动作正常，并可反馈正确信号。

（5）主、备电源应能在规定时间内正常切换。

检查方法：对于第（1）（2）和（4）项，利用模拟信号进行试验，观察检查；对于第（3）项利用流量压力检测装置，观察检查；对于第（5）项，使用秒表测试检查。

2. 开式系统冷喷试验

对于开式系统应进行冷喷试验。除应符合模拟联动功能试验的要求外，系统响应时间应符合文件设计要求。

检查方法：自动启动系统使用秒表等检查。

第四节　系统运行维护技术要求

一、系统操作与巡查

运维人员应每日对系统组件外观、运行状态、系统监控和报警装置等进行巡查，并认真填写检查记录。

（一）巡查内容

巡查内容主要包括主、备电源供电情况，消防泵组、稳压泵外观及工作状态，储气瓶和储水设施的外观，阀门外观及启闭状态，释放指示灯和喷头等组件的外观和工作状态，系统标识状态，闭式系统末端试水装置的压力值等。

（二）巡查方法及要求

通过目测观察检查系统各组件外观及工作状态和阀门启闭状态。具体巡查要求如下：

（1）检查系统设备控制柜，观察其电流和电压监测情况；检查系统监控设备和电磁阀等电子器件供电情况。

（2）检查水泵启动和主、备泵切换的自动控制状态；检查高压泵组电动机工作状态；检查水泵控制柜的控制面板信号显示情况；检查稳压泵频繁启动情况；检查泵组连接管道密封情况；检查主出水阀的常开状态；其他消防水泵、稳压泵的巡查方法及要求详见本篇第二章相关内容。

（3）检查系统阀门和分区控制阀上相应防护区或保护对象的标识状态；检查阀体水流永久指示标志状态及与水流方向的一致情况；检查阀门和分区控制阀组的组件状态。

（4）检查储气瓶和储水设施的外观；检查储气瓶压力显示装置和储水箱液位显示装置工作状态。

（5）检查释放指示灯等工作状态；检查喷头外观。

（6）检查系统手动启动装置的标识和状态及保护场所的对应情况；检查系统手动操作位置处操作说明张贴情况；检查瓶组式系统机械应急操作装置的标识和状态。

二、系统周期性检查维护

系统及组件检查和维护的内容主要如下：

（一）每日检查的内容和要求

（1）检查控制阀等各种阀门的外观及启闭状态是否符合设计要求。

（2）检查系统的主、备电源接通情况。

（3）冬季冰冻地区应检查设置储水设备的房间温度，保持室温不低于5℃。

（4）检查水泵控制柜和报警控制器的信号显示状态。

（5）检查系统的标志和使用说明等标识和位置。

（二）每月检查的内容和要求

（1）检查系统组件的外观有无损伤。

（2）检查分区控制阀动作是否正常。

（3）检查阀门状态及其铅封或锁链有无损坏。

（4）检查储水设施的水位及储气容器压力是否符合文件设计要求。

（5）对于闭式系统，利用试水阀试验动作信号反馈情况是否正常。

（6）检查喷头的外观及备用数量是否符合要求。

（7）检查手动操作装置的防护罩有无损坏。

（三）季度检查的内容和要求

（1）对泵组式系统进行放水试验，检查泵组启动和主、备泵切换及报警联动功能。

（2）检查瓶组式系统的控制阀动作情况。

（3）检查管道和支（吊）架牢固情况及连接件状态。

（四）每年检查的内容和要求

（1）系统水源的供水能力测定。

（2）检查系统组件及管道，清洗过滤器和储水箱，并吹扫控制阀后的管道。

（3）储水容器中的水按要求定期更换，且储水箱每年换水两次。

（4）系统模拟联动功能试验内容与要求详见本节"三、系统年度检测"部分内容。

（五）系统维护管理后续要求

（1）系统维护检查中发现的问题应按照规定要求及时处理。

（2）系统检查及模拟试验后应将各部件恢复至工作状态。

（3）查看模拟试验与前期试验结果或竣工验收试验结果的一致情况。

三、系统年度检测

（一）细水雾喷头

检查喷头选型与使用区域的适配情况，闭式喷头玻璃泡色标是否高于最高环境温度 30℃；查看喷头外观有无明显漏水和损坏、开式喷头有无堵塞情况。

（二）分区控制阀

1. 检查内容

（1）分区控制阀的外观和标识。

（2）开式系统分区控制阀的手、自动控制功能。

（3）闭式系统分区控制阀的启闭状态、开关锁定或开关指示功能。

2. 检查操作步骤

（1）查看分区控制阀的外观是否完好，标识是否清晰，与其保护区域的对应情况。

（2）对于开式系统，打开泄放试验阀并关闭其后的控制阀。

（3）采用模拟火灾的方式输入模拟火灾信号，在收到火灾报警信号后查看分区控制阀开启情况。查看泄放试验阀后出水情况和相应控制设备上分区控制阀的动作信号反馈情况。

（4）按下手动按钮查看开式系统分区控制阀开启情况，查看泄放试验阀后出水情况和相应控制设备上分区控制阀的动作信号反馈情况。

（5）用手摇工具打开电动阀模拟应急机械启动，查看开式系统分区控制阀的动作情况等是否与上述第（3）项的内容一致。

（6）开式系统复位前，应手动关闭分区控制阀和泄放试验阀，并打开其后的控制阀门。

（7）对于闭式系统，查看分区控制阀开启状态；查看阀门的启闭标志和锁紧情况；采用信号阀的系统，手动关闭分区控制阀或在试水阀处放水，查看其信号反馈情况。

（三）开式系统联动功能

1. 检查内容

查看火灾报警控制器及联动控制设备的信号、泵组或瓶组、分区控制阀等动作反馈情况，系统的动作响应时间和喷头动作情况。

2. 检查操作步骤

（1）采用模拟火灾的方式对火灾探测器输入模拟火灾信号，查看火灾报警控制器及联动控制设备的信号、动作反馈情况。

（2）查看泵组或瓶组、分区控制阀的动作情况及在监控设备上的显示情况。

（3）查看系统喷雾对被保护对象的覆盖情况，测量从火灾报警装置发出报警信号到末端喷头喷出细水雾的时间差。

（4）查看系统动作信号反馈装置和防护区入口处警示灯等装置的动作情况。

（5）系统复位到工作状态。

（四）闭式系统联动功能

1. 检查内容

查看泵组启动及动作信号、动作信号装置及其信号反馈情况。

2. 检查操作步骤

（1）开启试水阀，查看并记录压力表显示值变化情况。

（2）测量从试水阀打开至消防水泵正常工作的时间差，查看泵组启动情况以及水泵控制柜等控制设备上水泵的工作状态。

（3）查看压力开关和水流传感器在控制设备上的动作及信号反馈情况。

（4）当信号阀用作分区控制阀时，查看它在控制设备的信号反馈情况。

（5）关闭试水阀，系统复位到工作状态。

第八章 电缆沟用探火管式灭火系统

第一节　系统构成

　　探火管是一种可探测火灾、自启动灭火装置并能输送灭火剂的充压非金属软管。探火管式灭火系统是由灭火剂储存容器、容器阀、探火管、单向阀、压力显示器、喷嘴及管路管件构成，图 3-8-1 为常用于变电站电缆沟的探火管式灭火系统。

图 3-8-1　电缆沟用探火管式灭火系统

按工作原理可分为直接探火管式灭火装置和间接探火管式灭火装置两种，可充装的灭火剂有干粉类和气体类。直接式灭火系统应至少由灭火剂储存容器、容器阀、探火管、单向阀和压力显示器构成；间接式灭火系统应至少由灭火剂储存容器、容器阀、探火管、单向阀、压力显示器、喷嘴及管路管件构成。

第二节　系统安装质量技术要求

一、外观质量检查

安装前应检查容器阀、探火管、释放管和喷头等系统组件，应符合以下要求：

（1）应无碰撞变形及其他机械性损伤。

（2）外露非机械加工表面保护涂层应完好。

（3）外露接口螺纹不得损坏，并设有防护塞且密封。

（4）铭牌内容与产品参数一致，且清晰完好。

二、安装质量检查

（一）灭火剂储存容器

灭火剂储存容器的安装位置、充装量和充装压力应符合设计要求。安装时应符合下列要求：

（1）灭火剂储存容器应竖直安装，固定支架应牢固可靠且经防腐处理。

（2）储存容器已充装灭火剂时，不应将探火管连接至其容器阀上。

（3）安全泄放装置作用方向不应与操作面相对。

（4）容器阀上设有压力表的，其安装位置与示值应正确。

（二）探火管及释放管

探火管及释放管的安装应符合下列要求：

（1）探火管应按设计要求敷设，应采用专用管夹保证探火管牢固可靠；当被保护对象为电缆时，宜将探火管随电缆敷设。

（2）为防止探火管损坏，应采用专用连接件保护穿过墙壁或设备壳体的部分。

（3）探火管不应布置在温度大于80℃的物体表面。

（4）探火管压力表的安装位置应便于观察。

（5）释放管的三通分流参数应均衡，其安装应符合《二氧化碳灭火系统设计规范（2010年版）》（GB/T 50193—1993）、《干粉灭火系统设计规范》（GB 50347—2004）、《气体灭火系统施工及验收规范》（GB 50263—2007）的规定。

（三）喷头

喷头的安装应符合《干粉灭火系统设计规范》（GB 50347—2004）、《气体灭火系统施工及验收规范》（GB 50263—2007）的规定。

第三节　系统调试验收技术要求

一、调试技术要求

调试前检修机构应处于关闭状态，以氮气为介质向探火管内充压至设定压力并保持至少6h，期间压力应不变。完成调试后，应将系统各部件恢复至准工作状态，并在防护区或保护对象旁张贴明显的警示标志。

二、验收技术要求

探火管灭火装置验收应符合下列要求：

（1）灭火剂储存容器的数量、规格型号和安装位置等应符合设计要求。

（2）抽查20%数量的二氧化碳探火管灭火装置灭火剂储存容器的充装量。

（3）逐个检查干粉和七氟丙烷探火管灭火装置灭火剂储存容器的储存压力，结果应符合设计要求。

（4）探火管、释放管等装置组件的布置位置和安装质量均应符合设计要求。

（5）容器阀的检修机构应常开，并有锁止机构锁住。压力表压力示值应符合设计要求。

第四节　系统运行维护技术要求

变电站运维人员应对探火管灭火装置定期检查和维护，并做好记录。

一、每月检查项目内容

检查探火管压力表和灭火剂储存容器的压力，指针应在绿区范围内。

二、每季度检查项目内容

应对装置组件进行检查，并符合以下要求：

（1）灭火剂储存容器应外观完好、铭牌清晰。

（2）探火管应无龟裂现象。

（3）释放管应固定牢靠、无松动。

（4）喷头应无变形和损伤，孔口应无杂物、不堵塞。

三、每年检查项目内容

检查和维护要求应符合下列要求：

（1）灭火剂储存容器应固定牢靠、无松动。

（2）七氟丙烷和干粉探火管灭火装置应采用压力表法测量灭火剂储存量，压力表指针应在绿区范围内。

（3）二氧化碳探火管灭火装置应采用液位标尺法或称重法测量灭火剂储存量，损失量应不超过10%。

（4）探火管应无变形、腐蚀、损伤及老化。

（5）根据生产方规定的使用寿命定期更换探火管。

第四篇
消防技术监督要点及
典型案例

本篇介绍变电站（换流站）消防技术监督要点以及最新消防技术监督发现的典型案例，并针对案例进行原因分析。技术监督要点是对安装调试阶段和运维检修阶段各类消防产品及系统的关注要点做出规定，典型案例则是通过现场实例介绍变电站（换流站）消防产品质量缺陷及系统性能缺陷。对阻火包、防火封堵材料及柔性有机堵料这类防火封堵材料和消防水带在试验过程中出现的质量缺陷，从性能指标要求、不合格情况和原因分析三方面进行描述，对火灾自动报警系统、线型感温火灾探测系统、水喷雾系统和探火管灭火系统在安装调试和运维检修阶段中出现的性能缺陷，从监督依据、问题描述和原因分析三方面进行描述，为变电站（换流站）的消防产品管理质效提升提供参考。

第一章
消防技术监督要点

第一节 安装调试阶段技术监督

一、消防产品质量抽检

（一）抽检范围及方法

变电站（换流站）新购防火涂料（电缆防火涂料、钢结构防火涂料）、防火封堵材料（柔性有机堵料、无机堵料、阻火包、阻火模块、防火封堵板材、泡沫封堵材料、防火密封胶、阻火包带）、泡沫灭火剂（固定式泡沫炮灭火系统、泡沫喷雾灭火系统、驻站消防车、涡扇炮、压缩空气泡沫灭火系统用泡沫灭火剂）、消防水带（消火栓箱、泡沫水带箱、消防水带箱、驻站消防车配置的消防水带）的抽样监督检测，应覆盖所有厂家、所有品类、所有批次。

对防火产品进行抽样时应在同一厂家、同一品类、同一批次中抽取，样品不应混合。防火涂料抽样时，厂家应提供所抽产品的涂覆工艺等技术资料。桶装泡沫灭火剂取样前应充分摇匀；罐装泡沫灭火剂应从罐体的上、中、下三个部位各取三分之一样品，混匀后作为样品。整个抽样工作应由工程建设管理单位组织开展并填写抽样记录表。

（二）评判方法

电缆防火涂料检验项目全部符合《电缆防火涂料》（GB 28374—2012）要

求时，判为合格。有不符合项目时的判定规则如下：不得有 A 类不符合项，且 B 类不符合项不得超过 1 项，同时 B 类和 C 类不符合项总和不得超过 2 项。

钢结构防火涂料检验项目全部符合《钢结构防火涂料》（GB 14907—2018）要求时，判为合格。有不符合项目时的判定规则如下：不得有 A 类不符合项，且 B 类不符合项不得超过 2 项，同时 B 类和 C 类不符合项总和不得超过 3 项。

防火封堵材料的耐火性能达到某一级（1h、2h、3h）的要求，且其他项目均符合《防火封堵材料》（GB 23864—2009）要求时，被认定为产品质量某一级合格。当耐火性能和燃烧性能合格时，理化性能有不符合项，但满足下列两点要求时，亦可判定该产品质量某一级合格。

（1）当样品为阻火包、阻火模块、柔性有机堵料、无机堵料、防火封堵板材和泡沫封堵材料，B 类不符合项不得超过 2 项，且 B 类和 C 类不符合项总和不得超过 3 项时。

（2）当样品为防火密封胶和阻火包带，B 类不符合项不得超过 1 项，且 B 类和 C 类不符合项总和不得超过 2 项时。

泡沫灭火剂检验项目全部符合《泡沫灭火剂》（GB 15308—2006）要求时，判为合格。有不符合项目时的判定规则如下：B 类不符合项仅有 1 项，且 C 类不符合项不得超过 2 项。检验结论中需注明不符合项目的类别和数量。

消防水带检验项目全部符合要求时，方可判为合格。

对于综合判定为不合格的消防产品，应更换同批次物资，更换后重新开展抽样检测，合格后方可投入使用。

二、消防系统调试监督

（一）消防给水和消火栓系统

该系统的调试监督内容包括消防水泵、稳压泵、控制柜、室内外消火栓、消防水泵接合器、管道及焊接质量和功能模拟试验。

1.消防水泵

消防水泵吸水管、出水管上的控制阀应有指示其常开状态的永久标记。停泵时，水锤消除设施后的压力应不大于 1.4 倍水泵出口设计压力。主电源和备用电源应切换正常，备用泵启动和相互切换、就地和远程启停功能应正常。从接到启泵信号到正常运转，消防水泵自动启动时间应不大于 120s。

2. 稳压泵

稳压泵每小时启停次数不得大于 15 次，且应配置防频繁启动功能。稳压泵的自动及手动启停功能、主电源和备用电源应切换正常。

3. 控制柜

设置在专用消防水泵控制室的控制柜，其防护等级应不低于 IP30；与消防水泵设置在同一房间时，其防护等级应不低于 IP55。控制柜应具有内部发生故障时机械紧急启动的功能，启动该功能后消防水泵应在报警 5min 内保持正常工作。

4. 室内／外消火栓

室内／外消火栓均应配备具有喷雾功能的水枪。此外，在下列建筑中应设置室内消火栓：500kV 及以上的直流换流站的主控制楼、220kV 及以上有充油设备的高压配电装置楼、220kV 及以上有充油设备的户内直流开关场。

5. 消防水泵接合器

充水试验时，供水最不利点的流量压力应与文件设计要求一致。

6. 管道及焊接质量要求

消防给水管穿过墙体或楼板时应加设超过墙体厚度或高出楼面或地面 50mm 的套管，管道接口不应位于套管内，并采用不燃材料填充套管与管道的间隙。

变电站（换流站）消防给水管道现场焊接施工应符合《消防给水及消火栓系统技术规范》（GB 50974—2014）和《给水排水管道工程施工及验收规范》（GB 50268—2008）的规定。应对现场焊接的消防给水管道对接焊缝进行抽样射线检测或超声检测，检查要求如下：

（1）检查等级按照《工业金属管道工程施工质量验收规范》（GB 50184—2011）规定的Ⅳ级执行，且不得少于 1 条环缝。

（2）环缝检验应包括整个圆周长度。每条纵缝检验应不少于 150mm，宜检验全部长度。

（3）射线检测技术等级应采用 AB 级，超声检测技术等级应采用 A 级。

（4）抽样射线检测的焊缝质量合格标准应不低于《承压设备无损检测　第 2 部分：射线检测》（NB/T 47013.2—2015）规定的 III 级，抽样超声检测的焊缝质量合格标准应不低于《承压设备无损检测　第 3 部分：超声检测》（NB/T 47013.3—2015）规定的 II 级。

当抽检发现有不合格焊缝时，应在同期施工的同一检验批中采用原规定的检验方法根据《工业金属管道工程施工质量验收规范》（GB 50184—2011）要求做扩大检验。质量未达标的焊缝应根据《水处理设备技术条件》（NB/T 10790—2021）的要求进行返修。

7. 功能试验

流量开关、低压压力开关和报警阀压力开关应能自动启动消防水泵及其联动设备，并应显示反馈信号。消防水泵和其他消防联动设备工作后应显示反馈信号。

（二）水喷雾灭火系统

该系统的监督内容包括报警阀组、水喷雾喷头和功能试验。

1. 报警阀组

湿式报警阀和压力开关应在流量达到报警阀动作流量时及时动作，带有延迟器和不带延迟器的报警阀应分别在 90s 和 15s 内压力开关动作，雨淋阀的压力开关应在报警阀动作后 25s 内动作。水力警铃的喷嘴处压力应大于 0.05MPa，且距其 3m 远位置的声强应大于 70dB。

2. 水喷雾喷头

喷头应为离心雾化型水雾喷头，且带柱状过滤网。

3. 功能试验

系统进行模拟灭火试验时应符合下列要求：

（1）压力信号反馈装置应动作正常，且在动作后启动消防水泵及其他消防联动设备，并显示反馈信号。

（2）分区控制阀应动作正常，并显示反馈信号。

（3）消防水泵及其他消防联动设备应工作正常，并显示反馈信号。

（4）主、备电源应能在规定时间内正常切换。

系统应至少选择1个系统、1个防火区或1个保护对象进行冷喷试验，除应符合上述的规定外，其响应时间应与文件设计要求一致，并应检查水雾覆盖保护对象的情况。

（三）细水雾灭火系统

该系统的调试监督内容包括（分区）控制阀、储气瓶组和储水瓶组、喷头和功能试验。

1.（分区）控制阀

（分区）控制阀上应贴有对应防护区的明显启闭标志和永久标识，信号反馈装置应有可靠的启闭、锁定设施。

2.储气瓶组和储水瓶组

应在机械应急操作处张贴明显标志，应急操作装置应配置加铅封的安全销或保护罩。

3.喷头

喷头的外置式过滤网不应伸入支干管内。

4.功能试验

系统进行模拟联动功能试验时应符合下列规定：

（1）动作信号反馈装置应动作正常，且在动作后启动泵组及其他消防联动设备，并显示反馈信号。

（2）分区控制阀应动作正常，并显示反馈信号。

（3）泵组及其他消防联动设备应工作正常，并显示反馈信号。

（4）主、备电源应能在规定时间内正常切换。

开式系统至少选择1个系统、1个防火区或1个保护对象，进行冷喷试验除应符合上述规定外，其响应时间应与文件设计要求一致。

（四）泡沫灭火系统

该系统的调试监督包括系统主、备电源、泡沫喷雾系统、泡沫消防炮灭火系统和功能试验。

1. 主、备电源

主电源供电时泡沫消防水泵应能正常启动，主、备电源应切换正常。

2. 泡沫喷雾系统

集流管泄压装置工作方向应与文件设计要求一致。驱动装置的现场手动启动按钮和机械应急操作装置应设置防护装置，并有加铅封的安全销。

3. 固定泡沫消防炮灭火系统

消防炮回转范围应与防护区相对应，且不应与周围的构件碰撞。消防炮塔应做防雷接地保护措施。

4. 功能试验

系统进行模拟灭火试验时应符合下列规定：

（1）压力信号反馈装置应动作正常，且在动作后启动消防水泵及与其联动设备，并显示反馈信号。

（2）分区控制阀应动作正常，并显示反馈信号。

（3）消防水泵及其他消防联动设备应工作正常，并显示反馈信号。

（4）主、备电源应能在规定时间内正常切换。

（5）消防炮动作时，其仰俯角度、水平回转角度、直流喷雾转换及反馈信号等指标应与文件设计要求一致。消防炮应不与消防炮塔碰撞干涉。

泡沫灭火系统应任选一个防护区对系统功能进行验收，喷泡沫试验应合格。

（五）排油注氮灭火系统

该系统的调试监督内容包括管路、储存容器、消防柜和功能试验。

1. 管路、储存容器及消防柜

排油管、注氮管法兰连接处应采用耐油密封件，注氮管离地间隙应大于300mm。储存容器的充装压力应在设计压力至其1.05倍之间。消防柜的正面操作距离应大于 1.5m。

2. 功能试验

模拟排油、模拟注氮、模拟自动启动、模拟手动启动试验，均应响应正常。

（六）气体灭火系统

该系统的调试监督内容包括防护区的安全设施、集流管、选择阀、驱动气瓶防护装置、泄压口和功能试验。

1. 防护区的安全设施

以下安全设施在防护区设置时应与文件设计要求一致：应急照明和疏散指示标志灯具；防护区内和入口处的气体喷放指示灯和声光报警装置；地上、地下防护区的排气装置；消防专用空气呼吸器或氧气呼吸器。

2. 集流管、选择阀和驱动气瓶防护装置

集流管与储存容器之间单向阀的流向指示标志应与介质流动方向一致，泄压装置工作方向不应与操作面相对。

选择阀的流向指示标志应与介质流动方向一致。操作杆应位于操作面，当安装在高度超过 1.7m 的位置时，应有便于操作的装置或措施。

驱动气瓶的现场手动启动按钮和机械应急操作装置应设置防护装置，并有加铅封的安全销。

3. 泄压口

应在防护区配备泄压功能。对于七氟丙烷灭火系统，其泄压口位置应处于该区域净高的三分之二以上。喷放灭火剂前，除泄压口之外防护区所有开口应能自动处于关闭状态。

4. 功能试验

模拟启动和喷气试验，备用灭火剂储存系统模拟切换试验，主、备电切换试验，均应响应正常。

（七）压缩空气泡沫灭火系统

该系统的调试监督内容包括管网、阀门和功能试验。

1.管网及阀门

寒冷地区的管网及阀门应有防冻措施。

2.功能试验

手动启动功能试验、主备电源切换试验、工作泵或装置功能试验、联动控制功能试验，均应响应正常。冷喷试验时应按照最远或最不利灭火分区的条件进行，当为自动灭火系统时，以手动和自动控制方式各进行一次；当为手动灭火系统时，以手动控制方式进行一次。

（八）火灾自动报警系统

该系统的调试监督内容包括消防控制室、探测器、消防按钮、模块（箱）、消防设备电源监控系统传感器、系统布线和系统联动控制功能。

1.消防控制室

消防控制室内应配备火灾报警专用电话。控制器等显示设备严禁使用电源插头，应直接连接消防电源及其外接备用电源。当消防控制室与建筑内其他弱电系统共用时，消防设备应集中设置且与其他设备保持较大间距。消防控制室接地板引至各消防设备的接地导线应选用铜芯绝缘材质的导线，其截面积应不小于 $4mm^2$。

2.探测器

现场实际使用的火灾探测器的型号规格应与文件设计要求一致。其次，主要检查以下类型的探测器。

（1）点型感烟、感温火灾探测器。探测器到横/纵向墙壁、空调送风口最近边、多孔送风顶棚孔口的水平距离均应大于 0.5m，且 0.5m 水平范围内不应有异物遮挡。当走道宽度不足 3m 时，探测器宜居中安装；相邻点型感烟、感温火灾探测器的距离应分别小于 15m 和 10m；探测器至端墙的距离应小于相邻两只探测器的一半距离。

（2）线型光束感烟火灾探测器。探测器光束轴线到楼层顶面的垂直高度应为 0.3～1m，场所高度超过 12m 时，探测器安装高度应符合文件设计要求。发射器与接收器的间距应不大于 100m。相邻探测器水平间距应不超过 14m，探测器到侧面墙壁的水平间距应为 0.5 ～ 7m。

（3）线型感温火灾探测器。感温电缆应连续安装，如需非连续安装时应采用专用接线盒进行连接。敷设时弯曲半径不应小于 0.2m，应避免因弯折、挤压等产生破坏性形变。对于电缆桥架、变压器等设备，安装时应贴合于被测设备表面。

分布式感温光纤不应打结，敷设时弯曲半径不应小于 50mm。每个光通道配接的感温光纤或穿越相邻报警区域时，其首尾端或报警区域两侧的余量段均应不小于 8m。

（4）管路采样式吸气感烟火灾探测器（空采）。探测器的安装位置、采样孔的保护面积和半径应与文件设计要求一致。

（5）点型火焰探测器和图像型火灾探测器。探测器应安装在其视角未被影响且能覆盖探测范围的位置，并保证探测窗口未被光源直射。

3. 消防按钮

消防按钮应设置在显眼且方便操作的位置，其安装高度（底边距地面）宜为 1.3 ～ 1.5m。消火栓箱内应设有消火栓按钮，安装在疏散通道的防火卷帘，其两侧均应设置手动控制按钮。

4. 模块（箱）

任一模块应仅能控制对应报警区域的设备。模块箱在隐蔽安装的情况下，就近应设有检修孔和永久标识，其标识尺寸不应小于 100mm×100mm。

5. 消防设备电源监控系统传感器

带电导体的裸漏部分和传感器应保证足够的安全距离，外壳采用金属材质的传感器应有保护接地措施。

6. 系统布线

导线布置应齐整，所有电缆芯线和导线的两端部位均应印有或套有清楚线号；端子排上任一接线柱均不应多于 2 根导线；导线与电缆芯线之间空隙余量应小于 200mm。

7. 系统联动控制功能

气体灭火系统联动控制、手动插入优先、现场手动启停功能应与文件设计要求一致。水喷雾、细水雾、泡沫、排油注氮等固定灭火设施及自动消防系统的整体联动控制功能、消防控制室直接手动控制功能应与文件设计要求一致。

第二节　运维检修阶段技术监督

一、消防物资抽检

（一）抽检范围及方法

变电站（换流站）新购、在用、备用泡沫灭火剂（固定式泡沫炮灭火系统、泡沫喷雾灭火系统、驻站消防车、涡扇炮、压缩空气泡沫灭火系统用泡沫灭火剂）、消防水带（消火栓箱、泡沫水带箱、消防水带箱、驻站消防车配置的消防水带）的抽样监督检测，应覆盖所有厂家、所有品类、所有批次。

桶装泡沫灭火剂取样前应充分摇匀；罐装泡沫灭火剂应从罐体的上、中、下三个部位各取三分之一样品，混匀后作为样品。整个抽样工作应由工程建设管理单位组织开展并填写抽样记录表。

（二）评判方法

见本章第一节"（二）评判方法"中泡沫灭火剂和消防水带的评判方法。

二、消防系统监督

（一）消防给水及消火栓系统

该系统的维保监督内容包括水源及水位计角阀、消防水泵、稳压阀、减压阀和阀门。

1. 水源及水位计角阀

应定期对消防水池和高位消防水箱等消防水源设施的水位进行检测并记录，水位计角阀仅在观察水位时打开，其他时间应处于关闭状态。站内运维记录周期为每月，监督周期为每季度。

2. 消防水泵

水泵供电应保持正常。在手动启泵和模拟自启动的情况下应能正常投用，并记录自动巡检情况，检查水泵的出流量和压力。站内运维记录周期为每月，监督周期为每季度。

3. 稳压泵

应定期检查稳压泵，并记录启、停泵压力和启泵次数。站内运维记录周期为每月，监督周期为每季度。

4. 减压阀

检测和记录减压阀放水试验前后的压力和流量。站内运维记录周期均为每月，压力监督周期为每季度，流量监督周期为每年。

5. 阀门

应定期启动雨淋阀的附属电磁阀，并检测电磁阀和电动阀的供电情况与开启、关闭性能。应定期对系统末端试水阀和报警阀的放水试验阀进行放水试验，检查系统出水情况、启动及报警功能，结果均应正常。站内运维记录周期为每月，监督周期为每季。

6. 过滤器

系统过滤器应排渣干净，并处于完好状态。监督周期为每年。

（二）水喷雾灭火系统

该系统的维保监督内容包括水源及水位计角阀、消防水泵、减压阀和阀门。

1. 水源、消防水泵、消防水泵接合器

水源、消防水泵、消防水泵接合器等应符合本章第一节"二、消防系统调试监督（一）消防给水及消火栓系统"中的规定。

2. 控制阀门

室外阀门井中进水管上的控制阀门应处于全开启状态。站内运维记录周期为每月，监督周期为每季。

3. 放水试验

放水试验时应检查系统启动、报警功能和出水情况，结果均应正常。监督周期为每季。

（三）细水雾灭火系统

该系统的维保监督内容包括阀门、动作信号反馈情况、放水试验和模拟联动功能试验。

1. 阀门

阀门应处于正确位置，阀门上的铅封或锁链应完好。瓶组系统的控制阀和分区控制阀动作应正常。站内运维记录周期为每月，监督周期为每季。

2. 动作信号反馈情况

通过试水阀检查闭式系统的动作信号反馈情况，应正常。站内运维记录周期为每月，监督周期为每季。

3. 放水试验

放水试验时应检查泵组启停、主备泵切换和报警联动功能，结果均应正常。监督周期为每季度。

4. 模拟联动功能试验

模拟联动功能试验应符合下列规定，监督周期为每年。

（1）动作信号反馈装置应能在正常动作后启动泵组及其联动设备，并显示反馈信号。

（2）开式系统的分区控制阀应动作正常，并显示反馈信号。

（3）泵组等消防联动控制设备应工作正常，并显示反馈信号。

（4）主、备电源应能在规定时间内正常切换。

（四）泡沫灭火系统

泡沫灭火系统的维保监督内容包括水源及水位指示装置和消防用水保护措施、压力表和系统侧排水措施、阀门及俯仰回转机构。

1. 水源及水位指示装置、消防用水保护措施

水源及水位指示装置应正常，保证消防用水不作他用的措施应正常。站内

运维记录周期为每月，监督周期为每季度。

2. 压力表和系统侧排水措施

雨淋阀进口侧和控制腔的压力表、系统侧的自动排水设施应正常。站内运维记录周期为每月，监督周期为每季度。

3. 阀门

电磁阀、电动阀、气动阀、安全阀、平衡阀应能正常动作。站内运维记录周期为每月，监督周期为每季度。

4. 俯仰回转机构

固定式泡沫炮的俯仰回转机构应具有自锁功能或锁紧功能，水平和俯仰回转角应符合《消防炮》（GB 19156—2019）中第 5.3 条的规定：站内运维记录周期为每月，监督周期为每季度。

（五）排油注氮灭火系统

排油注氮灭火系统的维保监督内容包括模拟试验。

应定期对排油注氮功能进行模拟试验，手动启动、防爆、防火自动启动、灭火自动启动、远程手动启动（适用于数字化智能型装置）功能应正常。监督周期为每年。

（六）气体灭火系统

该系统的维保监督内容包括高、低压二氧化碳等灭火系统、模拟启动试验和喷气试验。

1. 七氟丙烷灭火系统、IG 541 灭火系统、高 / 低压二氧化碳灭火系统

驱动气瓶和灭火剂药瓶的压力损失不应大于设计压力的 10%。低压二氧化碳灭火系统储存装置的液位计，灭火剂损失不应超过 10%，高压二氧化碳储存容器进行称重，灭火剂净重不得小于设计储存量的 90%。站内运维记录周期为每月，监督周期为每季度。

2. 模拟启动试验

延迟时间与设定时间应相符，响应时间应满足设计要求。声、光报警信号应正确，联动设备应正常动作，监督周期为每年。

3. 模拟喷气试验

延迟时间与设定时间应相符，响应时间应满足设计要求。有关控制阀门应工作正常，声、光报警信号应正确显示；防护区外的气体喷放指示灯应在信号反馈装置动作后被点亮；试验气体应能被释放到对应保护对象上或防护区内，监督周期为每年。

（七）压缩空气泡沫灭火系统

压缩空气泡沫灭火系统的维保监督内容包括水源及水位指示装置、冲洗、启动试验和冷喷试验。

1. 水源及水位指示装置

水源及水位指示装置应正常。记录和监督周期均为每季度。

2. 冲洗

使用压缩空气对压缩空气泡沫喷头、压缩空气泡沫喷淋管、压缩空气泡沫炮等释放装置进行冲洗，冲洗时间不应低于 5min。记录和监督周期均为每季度。

3. 启动试验

对压缩空气泡沫产生装置的消防泵、泡沫泵、供气装置以及备用动力定期开展启动试验，应能正常启动。站内运维记录周期为每月，监督周期为每季度。

4. 冷喷试验

以手动控制方式或自动控制方式进行冷喷试验。冷喷试验时，检查系统的流量、响应时间、压缩空气泡沫装置的工作压力、压缩空气泡沫释放装置工作压力、泡沫液混合比、气液比、发泡倍数、25% 析液时间等。监督周期为每年。

（八）火灾自动报警系统

该系统的维保监督内容包括火灾报警控制器、火灾探测器和手动火灾报警按钮等系统组成部分，监督周期均为每季度。系统联动控制功能应符合《火灾自动报警系统施工及验收标准》（GB 50166—2019）和相关文件设计要求。

1. 火灾报警控制器

在收到来自火灾探测器等系统器件的火灾报警信号后，控制器应能释放声和光警示信号，显示报警发生时间和火灾发生位置，并保持至手动复位。当手动报警按钮报警信号输入时，控制器应在 10s 内发出声、光报警信号，且显示此报警信号为报警按钮发出的。

2. 火灾探测器

对变电站（换流站）内常用的以下五种火灾探测器开展火灾报警功能测试。

（1）点型感烟/感温火灾探测器（可恢复式）：应采用产烟/升温检测设备，使探测器有效探测范围内烟浓度/温度升高到报警设定阈值，火警确认灯应被点亮并保持至复位。

（2）线型光束感烟火灾探测器：使用减光片（减光率范围是 1.0 ～ 10.0dB）或等效设备遮挡光路，火警确认灯应点亮并保持至复位。

（3）线型感温火灾探测器（可恢复式）：对使任何一段标准报警长度的敏感部件，应采用升温检测设备使周围环境温度升高到报警设定阈值；对标准报警长度小于 1m 的线型感温火灾探测器，在其末端采用检测仪器使任一段长度为 100mm 的敏感部件周围环境温度升高到探测器小尺寸高温报警设定阈值，以上两种情况下火警确认灯应被点亮并保持至复位。

（4）管路采样式吸气感烟火灾探测器：向探测器管路末端的孔口充入烟雾，使探测器有效探测范围内试验烟浓度达到报警设定阈值，火警确认灯应在 120s 内被点亮并保持至复位。

（5）图像型火灾探测器和点型火焰探测器：在探测器有效探测范围内最不利点位采用检测设备向其释放试验光源，探测器在收到该模拟火警信号后，火警确认灯应在 30s 被点亮并保持至复位。设备光源波长满足以下条件，且辐射能的变化量不得大于 ±5%。

1）紫外光波长：小于 300nm。

2）红外光波长：850 ～ 1050nm。

3. 手动火灾报警按钮

火灾报警确认灯在报警按钮动作后应能被点亮，并保持直至复位。

4. 消防联动控制器

在收到火警信号后，消防联动控制器应在 3s 内发出启动信号，对应动作指示灯被点亮。

5. 输出模块

在收到启动信号后，输出模块应在 3s 内动作，对应动作指示灯被点亮。

6. 消防设备应急电源

当主电源停止供电并转为备用电源供电时，消防设备应急电源应能释放声信号提醒，且该信号能被手动消音；当主电源恢复正常时，应能自动切回主电源供电。消防设备应急电源在整个过程中不应受到影响，应急转换时间应不大于 5s。

第二章　典型案例分析

第一节　消防产品质量缺陷典型案例

一、阻火包

【性能指标要求】《防火封堵材料》（GB 23864—2009）中第 5.2.2 条规定：耐火完整性不小于 1h，样品背火面棉垫未被点燃，未出现连续 10s 及以上的火焰。

【不合格情况】600℃左右便出现熔融软化，导致阻火包坍缩失效，出现连续火焰。

【原因分析】样品内装岩棉为劣质矿渣棉玻璃棉。

阻火包耐火性能不合格照片如图 4-2-1 所示，上层阻火包出现坍缩并出现连续火焰。

图 4-2-1　阻火包耐火性能不合格

二、防火封堵板材

【性能指标要求】《防火封堵材料》（GB 23864—2009）中第 5.2.2 条规定：耐火完整性不小于 1h，样品背火面棉垫未被点燃，未出现连续 10s 及以上的火焰。

【不合格情况 1】耐火时长 2h 后受火面出现软化开裂现象。

【原因分析 1】该板材材质为硅酸钙型，开裂原因一般归结为材料、施工、环境及人为等因素。

【不合格情况 2】板材出现炸裂的情况，出现连续火焰。

【原因分析 2】该板材材质为氧化镁氯化镁，采用玻纤网复合，拉结作用小。

防火封堵板材耐火性能不合格情况如图 4-2-2 所示。

（a） （b）

图 4-2-2 防火封堵板材耐火性能不合格

（a）软化开裂；（b）板材炸裂

三、柔性有机堵料

【性能指标要求】《防火封堵材料》（GB 23864—2009）中第 5.2.2 条规定：耐火完整性不小于 1h，样品背火面棉垫未被点燃，未出现连续 10s 及以上的火焰；耐火隔热性不小于 1h，样品背火面及其框架表面任何一点温升不大于 180℃，贯穿物背火端距封堵材料 25mm 处表面温升不大于 180℃。

【不合格情况 1】 在安装过程中不能有效封堵孔洞。

【原因分析 1】 堵料太软导致在封堵施工过程中就出现软化坍塌，如图 4-2-3（a）所示。

【不合格情况 2】 耐火试验过程中出现升温炭化不隔热的现象，不能有效阻火隔热。

【原因分析 2】 严重的软化或长时间不固化导致。

柔性有机堵料不合格照片如图 4-2-3 所示。

（a） （b）

图 4-2-3 柔性有机堵料耐火性能不合格

（a）软化坍塌；（b）未能有效阻火

四、消防水带

【性能指标要求】《消防水带》（GB 6246—2011）中第 4.12 条规定：消防水带在耐磨试验后相应的设计工作压力下，不应出现渗漏或破裂的现象。

【不合格情况】 消防水带渗漏或者破裂。

【原因分析】 衬里原材料质量差或施胶不符工艺技术要求。

消防水带耐磨试验不合格与合格情况对比如图 4-2-4 所示，左侧圈中位置在试验后出现明显破损。

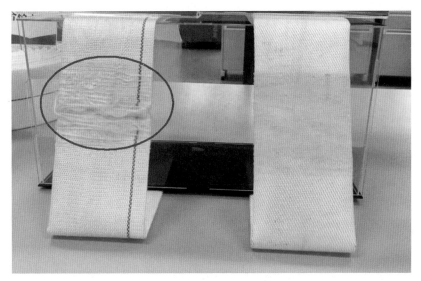

图 4-2-4　消防水带耐磨试验不合格与合格情况对比

第二节　消防系统性能缺陷典型案例

一、火灾自动报警系统

典型案例 1

【监督依据】《火灾自动报警系统施工及验收标准》（GB 50166—2019）中第 3.3.5 条规定：控制及显示类设备应设置永久的明显标识，且接地应可靠牢固。

【问题描述】2022 年 11 月 2 日，对某 500kV 变电站 4 号主变压器泡沫灭火系统验收监督发现，消防主机未接地、多线盘按键未装防误触保护罩，如图 4-2-5 所示，可能造成消防主机通信异常或消防设施误动作。

【原因分析】安装人员疏忽导致未完成安装。

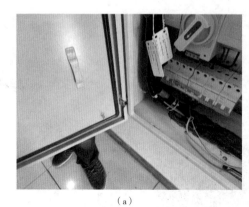

（a）　　　　　　　　　　　（b）

图 4-2-5　火灾自动报警系统存在问题

（a）主变压器消防主机未接地；（b）多线盘按键未加装防误罩

典型案例 2

【监督依据】《火灾自动报警系统施工及验收标准》（GB 50166—2019）中第 4.1.3（2）条规定：受控部件的动作反馈信号应能被消防联动控制器接收，部件类型和地址等信息均应能正确显示。

【问题描述】2022 年 8 月 25 日，在某换流站消防维保检测技术监督中发现，消防主机部分编码地址丢失，造成站内部分区域在非监控状态，消防主机无法对现场火灾隐患进行及时反馈，如图 4-2-6 所示。

【原因分析】前期改造工程中部分受监视设备地址未及时更新所致。

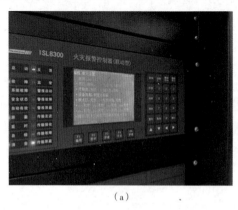

（a）　　　　　　　　　　　（b）

图 4-2-6　某换流站火灾报警主机编码地址丢失

（a）L02-154 地址删除状态；（b）技术监督人员核对编码表

二、线型感温火灾探测系统

典型案例 1

【监督依据】《消防电子产品防护要求》（GB 23757—2009）中第 3.2.1.3 条规定：外壳防护等级应满足《外壳防护等级（IP 代码）》（GB/T 4208—2017）的要求；第 3.2.1.4 条规定：室外使用的消防电子产品应具有防尘功能和防水功能。

【问题描述】2022 年 6 月 5 日，在某特高压换流站年度检修期间的消防技术监督发现，极Ⅰ高 Y/D-A 相换流变压器 2B 号感温电缆故障报警、极Ⅰ低 Y/Y-A 相换流变压器 2B 号感温电缆因未使用铠装护套，在户外曝晒产生明显老化，如图 4-2-7（a）所示；同时，该感温电缆中间接线盒受潮导致误告警，如图 4-2-7（b）所示。

【原因分析】产品选型不当，不适用于室外环境。

（a）　　　　　　　　　　　　　（b）

图 4-2-7　线型感温探测系统老化、进水

（a）感温电缆老化；（b）中间接线盒进水

典型案例 2

【监督依据】《火灾自动报警系统设计规范》（GB 50116—2013）中第 6.8.1 条规定：本报警区域内的模块宜相对集中设置在该区域内的模块箱内。

【问题描述】2022 年 11 月 2 日，对 500kV 某变电站 4 号主变压器泡沫灭火系统验收监督发现，感温电缆终端盒实际安装在变压器顶部桥架（室外环境），如图 4-2-8 所示，未按标准要求与微机处理器、信号处理模块集中安装在模块箱内，导致后期易损坏、维护检修难。

【原因分析】施工人员电气专业安装知识欠缺。

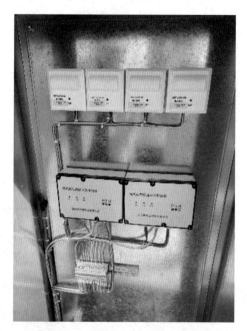

图 4-2-8 终端盒未安装至模块箱

三、水喷雾灭火系统

【监督依据】《水喷雾灭火系统技术规范》（GB 50219—2014）中第 8.2.9 条规定，阀门严密性试验要求阀瓣密封面应无渗漏。

【问题描述】2022 年 8 月 25 日，在某换流站消防维保监督中发现，4 号升压变压器雨淋阀系统的滴水阀滴水且频率较快。拆解雨淋阀，如图 4-2-9（a）所示，对拆卸的橡胶阀瓣与腔室密封处检查，发现有肉眼可见的老化裂纹，如图 4-2-9（b）所示，且密封处厚度较薄。

【原因分析】产品质量缺陷导致阀瓣提前老化。

（a）　　　　　　　　　　（b）

图 4-2-9　水喷雾灭火系统滴水阀频繁滴水缺陷

（a）拆解后的雨淋阀；（b）阀瓣裂纹

四、探火管灭火系统

【监督依据】《气体灭火系统及部件》（GB 25972—2010）中第 5.14.2.2 条规定：标度盘的最大工作压力与最小工作压力范围用绿色表示，零位至最小工作压力范围、最大工作压力至测量上限范围用红色表示。

【问题描述】2022 年 7 月 4 日，在某特高压站消防维保技术监督过程中，发现探火管 26 号箱内七氟丙烷自启动灭火装置压力显示器压力小于最小工作压力，如图 4-2-10 所示，会导致电缆沟发生火灾时不能提供足量的灭火气体有效灭火。

【原因分析】产品质量不良。

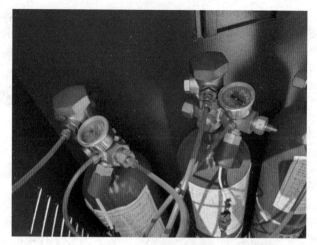

图 4-2-10 气瓶欠压

第五篇
变电站（换流站）
消防新技术

工业生产的迅速发展推动了机械技术和电子技术在火灾预防与扑救中的应用，消防工具、设备越来越专业化。

随着国家电网公司对安全管理要求的提高，且变电站（换流站）越来越多的大容量、高电压电力设备部署应用，突发性火灾、爆炸事故的灭火救援难度大幅增加，对消防装备提出了更高的要求，传统的水罐车、泡沫车等灭火装备在施救过程中遇到越来越大的挑战。因此，大力发展国际领先功能齐全的消防新技术、新装备，对提升站内消防装备配置的科学性和实用性，增强变电站（换流站）火灾、爆炸事故救援处置能力尤为重要。

第一章

消防机器人

第一节 火情勘察机器人（无人机）

火情勘察是灭火的关键环节之一，是指挥员熟悉把握火场情况，合理部署力量，迅速开展灭火救援的必要途径。对于小型火场，如平房着火、户外的杂物着火等，指挥员往往能够通过观察或者询问知情人等简单的手段做到心中有数，但对于大型的立体火场，如高层建筑多点着火，充满了不确定性和不稳定因素，必须开展系统的火情勘察，因此诞生了火情勘察机器人。图 5-1-1 为某公司生产的火情勘察机器人，该机器人配置双目热成像摄影机和 360° 全景环视的智能化图像监测系统。

图 5-1-1 火情勘察机器人

一、结构组成

智能火情勘察机器人通常由连接于机器人身上的可编程 stm32 单片机、烟雾传感器、温湿度传感器、气体传感器、超声波传感器、激光雷达测距传感器、无线摄像头模块、机械臂、编码电机等组成。目前，我国许多省市都配备了火情勘察机器人，这些火情勘察机器人体型小，且具备多类型功能，具体如下：

（1）对火情现场温度以及燃烧后烟雾的种类和浓度等数据进行检测同时快速地把数据上传到指挥中心，为救援人员采取更好的救援和灭火方案提供数据。

（2）通过无线摄像头对火情现场实时状况进行静态图像采集，将数据实时传输到指挥中心，从而更好地了解火情现场，如被困人数、火势大小等。

（3）可以启动车身自带的机械臂进行清障，也可以通过超声波模块测量距离实现智能避障。

（4）通过对编码电机的控制实现火情现场前进、后退、转弯、加速行进、减速行进、匀速行进。

（5）用继电器对水泵进行控制，抽取车身自带水箱中的水进行灭火。

（6）利用结构自带的 LED 灯和报警装置实现照明等。

二、应用场景

火情勘察机器人的运行中有两种模式可供选择：① 使机器人在指定区域进行勘察，包括检测有毒气体和探测火源，从而达到火灾预防的效果。在勘察过程中，一旦发现危险，机器人通常根据火源大小采取不同措施，若火源较小则通过自身携带的灭火水泵对火源进行扑灭和控制，若火源较大则通过物联网模块进行消防报警并利用无线摄像头将现场实时画面传到终端，该种模式下可以利用机器人实现跨区域勘察；② 常用于火灾发生地带，即利用火情勘察机器人对现场进行检测，通过无线摄像头将现场内部实时情况传到指挥中心，并通过语音模块对人员进行搜救，基于传感器获得的现场数据传到指挥中心，可使搜

救人员以及消防员知晓火灾内部情况，防止自身受到伤害。

火情勘察机器人在灭火救援任务中的应用前景广阔，既大幅提高了处理恶性事故的能力，又可以减少搜救人员的伤亡，还能增强消防任务的执行效率。

第二节　灭火机器人

在高温、缺氧或者剧毒的极端火灾救援现场，灭火机器人可以代替消防人员进入现场灭火，从而有效解决在极端的作业环境下消防人员面临的消防现场信息搜集困难的问题，可以保障消防人员的人身安全。目前，灭火机器人正稳步向第三代高端智能机器人前进，一般包含轮式行走灭火机器人、履带轮式行走消防机器人等。图5-1-2为国内某公司自主研发生产的履带式行走灭火机器人。

图 5-1-2　灭火机器人

一、结构组成

以履带式行走消防机器人为例，其一般由灭火机器人本体、消防水炮、摄像机、水幕喷淋装置、位置传感器、图像传感器以及手持遥控终端等部分组成，其结构如图5-1-3所示。

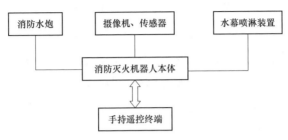

图 5-1-3　灭火机器人结构图

各类灭火机器人可以实现的具体功能如下：

（1）移动功能：操作人员通过遥控台远距离控制消防机器人本体驶入火场。

（2）消防功能：接近火源时喷射灭火剂灭火，同时进行冷却、稀释、清洗、隔离等消防、化学救援作业。

（3）探测功能：探测火场内有毒及可燃气体种类、浓度及变化趋势；探测火场内辐射热、风速、风向。

（4）防爆功能：本体在易燃、易爆环境中作业不会引起火灾和爆炸。

（5）冷却功能：本体在高温的恶劣环境中能保护自身的安全，正常工作。

（6）救护功能：呼唤火场内部可能有的未撤离人员。

（7）观察功能：装有两个电荷耦合器件（charge coupled device, CCD）摄像机，可以观察火场和机器人本体情况。

（8）通信功能：有图像声音数据传输功能，传输距离150m。

（9）预警功能：根据探测结构可以预报紧急情况发生，并有应急处理能力。

二、应用场景

灭火机器人集成众多高新技术，具有较高实用价值，但新技术的研发通常需要大量的人力和物力，因此一台灭火机器人往往造价不菲。此外，灭火机器人结构复杂，需要定期维护和保养，因此为降低成本，需要根据消防场景不同而使用特定的灭火机器人。例如在高层、超高层建筑的灭火救援过程中，要根据火灾的发生位置将灭火机器人放置在相应的位置，遥控灭火机器人找到火源位置，利用远程自动定位系统向火源区域投放灭火弹；而在地铁、隧道及地下密闭空间的灭火救援中，则先使用红外感知探测机器人对发生火灾的空间内部进行红外扫描，根据机器人传回来的火灾现场图像数据制定相应的救援方案，然后用排烟机器人吸取浓烟和有毒物质，最后再用灭火机器人扑灭火源。

在消防救援的过程中，使用灭火机器人可以最大限度地提升灭火作业的效率，为消防人员的安全提供稳定可靠的保障。同时，不断研制灭火机器人，可以加强我国消防部队消防装备现代化水平，提升消防部队在处置大型复杂火灾和应急救援的作战能力，减少消防队的人身伤亡。

第三节 无线遥控无人机

在灭火过程中，无人机具有灵活、准确、高效的侦查特点，对辅助决策具有重要作用。无人机能在复杂环境下保障通信畅通，回传火情现场情况，有效提高消防灭火效率，推动消防工作高效开展。目前应用较为广泛的是无线遥控无人机，其采用了具备先进技术的飞行控制平台和前后视频监控传输系统、飞行和地勤保障系统，通过该系统和平台，实现对地面的实时监控。图 5-1-4 为国外某司生产的灭火无人机在火灾现场的运用，该无人机配备了视觉和热成像系统。

图 5-1-4　灭火无人机

一、技术优势

（1）轻小灵活。无线遥控无人机是一种微型无人机，重量低，凭借飞行控制器件就可以进行无线操控，有效完成各种操作任务。另外，无线遥控无人机飞行条件简单、环境适应性强、飞行速度和方向易于控制，其机载摄像头可以自动追踪拍摄监测对象，有效完成火情侦察任务。

（2）视野开阔。无线遥控无人机可以利用宽度、数据链技术进行超视距控制，根据消防任务需要，在不同角度、不同距离直接可以进行工作，既可以在固定高空距离内进行全局拍摄，也可以自动调整距离和高度进行火情现场抓拍，为实际需要提供决策数据。

（3）操作简单。操作者可根据自身需要，将无人机客户端接入公共网络，以此拓宽无人机的操作途径，实现对无人机多种载体的有效控制，如利用平板电脑、手机等操作无人机，使无人机操作便利化，促进消防现场无人机的广泛应用。

（4）安全可靠。无人机使用限制条件少、环境要求低，暴雨高温下不影响其使用，从而有效提高消防安全性，为消防事故救援决策的制定提供相应的依据，尽可能避免灾情扩大，减少人员伤亡。

（5）运维容易。无人机运行成本较低，机械连接部件少，结构简单，拆卸、替换方便，维护保养较为容易。

以上特点使无人机在火情现场得到广泛应用，通过精准、直观的现场监测，进行全面的火情分析，获得完整数据，辅助消防人员工作，大大助力了消防灭火工作的推进。

二、应用场景

1. 灾情勘察

当灾害发生时，可使用无人机进行灾情侦查主要作用有：① 可以无视地形和环境，做到机动灵活开展侦查，特别是一些急难险重的灾害现场，侦查小组无法开展侦查的情况下，无人机能够迅速展开侦查；② 通过无人机侦查能够有效提升侦查的效率，第一时间查明灾害事故的关键因素，以便指挥员做出正确决策；③ 能够有效规避人员伤亡，既能避免人进入有毒、易燃易爆等危险环境中，又能全面、细致掌握现场情况；④ 集成侦检模块进行检测。比如集成可燃气体探测仪和有毒气体探测仪，对易燃易爆、化学事故灾害现场的相关气体浓度进行远程检测，从而得到危险部位的关键信息；又如集成测温、测风速等设备，可对灾害现场环境情况进行细化了解。

2. 监控追踪

无人机的作用不仅仅局限在灾情侦查。消防部队所面对的各类灾害事故现场往往瞬息万变，在灾害事故的处置过程中，利用无人机进行实时监控追踪，能够提供精准的灾情变化情况，便于各级指挥部及时掌握动态灾害情况，从而做出快速、准确的对策，最大限度地减少灾害损失。

3. 辅助救援

利用无人机集成或者灵活携带关键器材装备，能够为多种情况下的救援提供帮助：① 集成语音、扩音模块传达指令。利用无人机实现空中呼喊或者转达指令，能够较地面喊话或者指令更有效，尤其适用于高空、高层等项目的救援中，以无人机为载体，有效传达关键指令；② 为救援开辟救援途径。例如水上、山岳救援中，现有的抛投器使用环境和范围均有很大的局限性，并且精准度差，利用无人机辅助抛绳或是携带关键器材（如呼吸器、救援绳等），能够为救援创造新的途径，开辟救生通道，并且准确、高效率；③ 集成通信设备，利用无人机担当通信中继。例如在地震、山岳等有通信阻断的环境下，利用无人机集成转信模块，充当临时转信台，从而在极端环境下建立起无线通信的链路；④ 利用无人机进行应急测绘。利用无人机集成航拍测绘模块，将灾害事故现场的情况全部收录并传至现场指挥部，对灾害现场的地形等进行应急测绘，为救援的开展提供有力支撑。在 2013 年四川雅安地震救援中，中国科学院沈阳自动化研究所研制的旋翼无人机，可载重 30kg，在搜救侦查中发挥了巨大的作用。

4.辅助监督

利用航拍对高层及超高层建筑实现全面实时监测，以及时发现火情隐患，实现消防现场火情实时控制、建筑消防检查或现场火情图像存储，可将空中监控视频接入其他安防或消防监控系统，支持大容量长时间图像存储及检索调阅，支持通过智能终端远程查看及控制部分功能等。

第二章 涡扇炮灭火系统

第一节 技术原理

细水雾涡扇炮系统由水泵组、泡沫泵组、泡沫比例混合器、涡扇泡沫细水雾装置、总控制柜、泵组控制柜和涡扇控制柜等组成。图 5-2-1 为某公司生产的一款典型细水雾涡扇炮灭火系统），其中总控制柜分别与所述泵组控制柜及所述涡扇控制柜电连接，在总控制柜从外部得到变压器火灾报警信号后，水泵组和泡沫泵组会启动，通过水泵和泡沫泵加压进入泡沫比例混合器，按设定的比例进行混合后，输出给涡扇泡沫细水雾灭火装置。涡扇泡沫细水雾灭火系统的火灾探测器探测到火灾后，会自动打开控制阀门，追踪火灾位置，喷出泡沫液灭火。

涡扇风机

图像型火灾探测器

电控消防炮

水雾 PTC 陶瓷复合喷头

图 5-2-1 细水雾涡扇炮灭火系统

与传统的方式相比，细水雾涡扇炮灭火系统具有更快的灭火效率，如图5-2-2 所示。这是因为其能生成更小的细水雾雾滴并远距离推送出去，这些雾滴具有更大的表面积，因此具有更高的热交换能力。小雾滴在空气中悬浮、弥散，并可以到达火源的遮挡区域。由于细水雾涡扇炮喷射的细水雾、泡沫（或两种介质混合）等灭火介质具有隔氧、吸热、降温等优点，且涡扇炮水雾对油面的冲击性小，从而可以避免灭火过程中引发次生灾害。

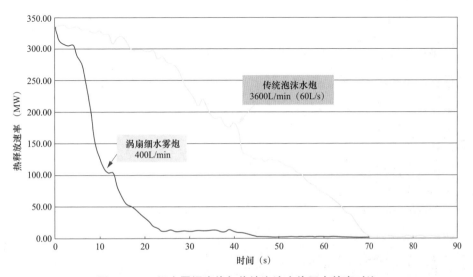

图 5-2-2　细水雾涡扇炮与传统泡沫水炮灭火效率对比

第二节　技术特点及应用场景

考虑到不同的应用场所，涡扇炮灭火系统存在固定式及移动式两类。

固定式涡扇炮灭火系统多在标的附近直接安装，一旦标的发生火灾，利用涡扇炮的定向强风力将泡沫细水雾输送至标的本体表面，对保护对象实施全范围、立体、大面积、无死角覆盖，多涡扇炮协同操作可以起到快速灭火降温的效果。

移动式涡扇炮灭火系统则包含车载一体式、预装式、阀厅式、举高式。

一、车载一体式

车载一体式灭火系统主要由移动式涡扇炮、设备舱（含水管卷盘、电缆卷盘、手动控制柜）、自动控制系统、手动控制系统及就地控制系统组成。

二、预装式

预装式涡扇炮是针对 500kV 及以上变电站（换流站）消防能力提升而开发的整体解决方案，可与站内已有固定式消防系统融合使用，喷射泡沫 – 细水雾等灭火介质，提高整站消防能力。

三、阀厅式

阀厅式是针对特高压换流站阀厅消防能力提升而开发的智慧消防系统终端设备，也可用于航空、冶金、石化、煤炭、发电、园区等火灾防控场景，特别适用于大型充油设备及储油罐等复杂场景下立体火、流淌火的有效抑制和扑灭。

四、举高式

举高式涡扇炮主要利用举高式履带底盘搭载涡扇炮，履带底盘的举升系统为涡扇炮提供升降功能，系统由车辆液压系统控制，并接入车载控制系统中，控制举升系统的升降，并监控举升系统的状态。

细水雾涡扇炮灭火系统主要针对中大型油类火灾，是应对电力、石化、公路隧道、机场、港口码头、森林、古建筑／村落火灾的理想选择。其中需要强调的是，在换流站、变电站的消防措施中，细水雾涡扇炮灭火系统相比于其他灭火系统具有较大优势，因为换流变压器火灾是油类火灾，据以往换流变压器火灾的数据分析，换流变压器火灾主要发生在网侧套管等薄弱环节，随后变压器油喷出覆盖在换流变压器周围，形成流淌火和油池火，由于涡扇泡沫细水雾灭火用水量和泡沫量较小，覆盖面较广，风压较强，射程较远，具有水平和垂直方向旋转功能，因此能实现对换流变压器的快速灭火。

第三章

新型灭火介质

第一节 热气溶胶

气溶胶灭火剂按其产生的方式可以分为两类，即以固体混合物燃烧而产生的热气溶胶灭火剂和以机械分散方法产生的冷气溶胶灭火剂。本节重点介绍热气溶胶灭火剂。

一、灭火原理

热气溶胶是一种由氧化剂、还原剂及添加剂组成的固体化学混合药剂，主要包含 K 型和 S 型热气溶胶灭火系统，它可以在自身内部产生氧化还原燃烧反应，生成凝聚型气溶胶，所生成的气溶胶外观是一种纯白色的烟雾，相当于一种类似气体的物质，可以长时间以悬浮状态驻留在火灾空间，具备特别高的灭火能力。气溶胶的气相主要成分是 N_2、少量的 CO_2 和水蒸气，固相成分主要有碳酸盐和金属氧化物。具体的灭火机理为：利用气相成分来稀释、隔绝氧气，利用固相成分的吸热分解降温作用和化学抑制作用来扑灭火焰，从而有效扑灭A 类表面火灾、B 类火灾和电气火灾。通常来说，气溶胶多以全淹没的方式进行灭火，但也存在局部保护型的产品。

二、灭火特点

热气溶胶灭火装置相比于其他气体灭火装置，具有安装运输方便、维护简单、成本低廉、储存期长、无毒、无腐蚀、体积小、重量轻、灭火效率高等多重优点，还能根据具体空间设计装药量、外形和固定方式。

三、应用场景

近年来，热气溶胶灭火剂发展迅速，技术标准基本成熟，已经多次被电力行业应用。例如采用热气溶胶灭火装置可以在极短时间对现场电缆火灾实施扑灭，且火灾后只需对烧坏部分进行局部更换即可，有效节省了灭火后的清理工作时间和费用，有利于尽快重新恢复电力生产。此外，针对于电力生产过程中涉及的电力厂房、变（配）电站、变压器室、高压开关室、继电器室等，若利用传统灭火方法处理，极易出现损坏设备的问题，而使用热气溶胶灭火装置，则具有自动启动、全淹没式烟雾灭火、对设备无损害、安全性高等明显优势。综合来说，热气溶胶自动灭火装置可以实现秒级灭火、无腐蚀、不导电，且灭火后产生的亚纳米颗粒可以随烟气排出，不留痕迹，因此灭火过程中对电气设备无污染、无损耗。

第二节　七氟丙烷

七氟丙烷是一种以化学灭火为主，兼有物理灭火作用的洁净气体灭火剂，它无色、无味、低毒、不导电、不污染被保护对象，不会对财物和精密设施造成损坏，且能以较低的灭火浓度可靠扑灭 B、C 类火灾及电气火灾。

一、灭火原理

七氟丙烷的灭火原理主要包含三个过程：① 化学抑制，七氟丙烷灭火剂能够惰化火焰中的活性自由基，阻断燃烧时的链式反应；② 冷却，七氟丙烷灭火剂在喷出喷嘴时，液体灭火剂迅速转变成气态需要吸收大量热量，降低了保护区内火焰周围的温度；③ 窒息，保护区内灭火剂的喷放降低了氧气的浓度，降低的燃烧的适度。

二、灭火特点

七氟丙烷具有储存空间小、临界温度高、临界压力低、在常温下可液化储存等特点，且释放后不含粒子或油状残余物，对大气臭氧层无破坏作用，在大气层停留时间为 31～42 年，符合环保要求。但在密闭空间内，七氟丙烷会使人窒息，因此使用七氟丙烷灭火后，人要及时撤离室内。

三、应用场景

考虑到七氟丙烷释放后在大气中完全汽化，不留残渣，不导电，且灭火效能高，能以较低的设计灭火浓度，可靠地扑灭电气火灾、固体表面火灾和液体火灾，因此灭火时不会损坏被保护的精密设备（如计算机、档案室文件、通信设备或复杂的医疗设备等），是一种良好的电气火灾灭火药剂。近年来，在110、220kV 变电站的带油电气设备室，如油浸变压器室、电容器室，已广泛应用七氟丙烷气体灭火系统。需要注意的是，在不同类型火灾应用场景，往往需要设计不同的灭火浓度，如通信机房和电子计算机房等防护区，灭火设计浓度宜采用 8%；油浸变压器室、带油开关的配电室和自备发电机房等防护区，灭火设计浓度宜采用 9%；图书、档案、票据和文物资料库等防护区，灭火设计浓度宜采用 10%。

第三节　全氟己酮

全氟己酮属于氟化酮类的化合物，是一种清澈、无色、无味的液体，通常用氮气进行超级增压，作为灭火系统的一部分存放在高压气瓶中，是一种重要的哈龙灭火剂替代品。

一、灭火原理

全氟己酮灭火剂具有良好的灭火效果，其机理是通过物理和化学两方面的作用灭火，可分为降温灭火、窒息灭火和化学抑制灭火三个部分：① 降温灭火时，全氟己酮液体高速雾化喷出后，遇热汽化，由于汽化热容量大，具有较强的吸热能力，使火焰快速失去热量，破坏火灾四面体平衡；② 窒息灭火时，由于全氟己酮比重大，在悬浮下落的过程中可以隔绝空气中的氧气；③ 化学抑制灭火时，全氟己酮可以捕捉燃烧链式反应的自由基，终止火焰传播的链式反应。

二、灭火特点

全氟己酮作为高效洁净的气体灭火剂已被广泛使用，其具有灭火浓度低、灭火效率高、安全系数高、不导电、无残留等特点。全氟己酮的突出特点之一为优异的绿色环保性能，由于其不含有溴、氯元素，故灭火后不破坏臭氧层，臭氧消耗潜能值为零，对人体也比较安全。这一特点从根本上解决了哈龙灭火剂和氢氟烃类灭火剂所带来的环境污染问题，使全氟己酮成为一种典型的清洁环保灭火剂。

三、应用场景

由于全氟己酮灭火剂释放后无残余物、无腐蚀性，对火场不会造成二次污染，因此适合很多洁净的灭火场合使用，如扑灭计算机房、数据中心、航空、轮船、车辆、图书馆、博物馆等精密设备场所、用电场所及文物图书场所的火灾。此外，考虑到全氟己酮灭火剂具有不导电、常温储存、无毒、无腐蚀性、物理降温性能强、常温下为液态等特征，其灭火浓度为 4% ～ 6%，是它的无可见有害作用水平值 10% 的一半左右，安全余量高达 67% ～ 150%，使用较为安全，因此可将其应用到有人工作的场所，这也是全氟己酮灭火剂比其他灭火剂更突出的优点之一。

结合上述分析，全氟己酮自动灭火装置可以实现电力设施精准、快速、有效灭火，其采用汽化吸热、物理降温以及化学抑制的灭火原理，破坏火灾中的链式反应自由基，以全淹没方式迅速充满整个防护空间，达到快速有效的灭火效果，故而广泛适用于配电柜、数据基站、电缆沟、变电站、电池舱、新能源车辆等局部和全空间灭火。

四、全氟己酮与七氟丙烷对比分析

由于七氟丙烷对环境的影响不容忽视，因此全氟己酮灭火剂逐渐被更广泛地应用，下面将二者的性能进行比较研究。

（一）物化性质

二者在常温下均为无色无味透明液体，具体性质对比如表 5-3-1 所示。

表 5-3-1　　　　　　　　七氟丙烷和全氟己酮灭火剂物化性质比较

项目	七氟丙烷	全氟己酮
化学式	CF_3CHFCF_3	$CF_3CF_2C（O）CF（CF_3）_2$
相对分子量	170.03	316.04
绝缘强度，latm（N_2=1.0）	2	2.3
蒸汽压 25℃（Pa）	0.404	5.85
水的溶解度 25℃（ppm）	0.06%	＜ 0.001
汽化热（在沸点时）（kJ/kg）	132.6	88.0
液体黏度 25℃（厘泊）	0.184	0.524
比容（25℃下 latm 下）/（m^3/kg）	0.1374	0.0719
密度（25℃下 latm 下的气体）（g/mL）	0.03	0.0136
冰点（℃）	−131.1	−108

（二）灭火性能

七氟丙烷和全氟己酮灭火性能比较见表 5-3-2。

表 5-3-2　　　　　　　　七氟丙烷和全氟己酮灭火性能比较

项目	七氟丙烷	全氟己酮
灭正庚烷火浓度（%）	6.7 ～ 6.9	4.4 ～ 4.5
沸点（latm）（℃）	−16.4	49.2
是否在有人占用场所使用	是	是

（三）毒性及环境特性

七氟丙烷和全氟己酮安全余量比较见表5-3-3。

表 5-3-3　　　　　　　　　七氟丙烷和全氟己酮安全余量比较

项目	七氟丙烷	全氟己酮
安全余量（%）	3～20	67～150
不可见有害设计深度（%）	9	10
使用浓度（%）	7.5～8.7	4～6
单位质量需要的最小安全体积（20℃，1.013bar）（m³）	1.526	0.719

综合来看，相比于七氟丙烷，全氟己酮灭火性强、毒性低、环境破坏性小。由于全氟己酮的灭火浓度为4%～6%，安全余量比较高，在使用时对人体也更加安全。同时，全氟己酮不属于危险物品，在高温下为液体状态，可以使用普通容器在常压状态下进行安全地运输和储存。但是全氟己酮在550℃时开始分解，不适用于部分温度较高的场合，因其极易因高温裂解产生有腐蚀性和毒性的分解产物，将对环境和人身产生明显的伤害作用，因此作为灭火剂仍有一定的局限性。

参考文献

［1］朱德盛.电力设备火灾特点及发生原因 [J].消防技术与产品信息，2012
（6）：3.

［2］张乃斌.浅析电气火灾成因及预防措施 [J].科学与财富，2013（6）：1.

［3］郑端文，张丽娟，刘立辉.火灾分类标准的历次变革 [J].消防技术与产品
信息，2010（7）：2.

［4］常亮，王东平.建筑电气短路火灾的分析与预防 [J].科学技术创新，2011
（5）：316.

［5］王本将.办公楼综合布线与消防设施改造工程中的常见问题和解决办法 [J].
建材与装饰，2016（46）：2.

［6］刘茂华.我国电气火灾的形势和对策研究 [J].武警学院学报，2019.

［7］邵珠芬，姜如洋.仙居抽水蓄能电站电缆防火封堵探究 [J].冶金丛刊，2019.

［8］蒲改宁，杜蓉.建筑中电气火灾监控系统的应用探讨 [J].甘肃科技，2019.

［9］Hui L I. Analysis for the Anti-static Technology on PTM [J]. Nonferrous
Metallurgical Equipment, 2017.

［10］马一平，孙振平.建筑功能材料 [M].上海：同济大学出版社，2014.

［11］高鹤，周富强，李军，等.油浸变压器排油注氮装置在 500kV 变电站的
设计与应用 [J].工业安全与环保，2012，38（1）：4.

［12］周志忠，张少禹，董海斌.探火管充装压力与爆破口形状关系研究 [J].消
防科学与技术，2013，32（9）：4.

［13］谢永利.消防机器人在灭火救援中的研究 [J].中国新技术新产品，2021
（7）：137-139.

［14］方江平.消防灭火机器人研究进展 [J].今日消防，2020，5（3）：19-22.

［15］叶杰.无线遥控无人机在消防灭火救援领域的应用研究 [J].通讯世界，
2016（11）：236-237.

［16］赵强.无人机在消防灭火救援通信中的作用［J］.消防界，2022，8（18）：57–59.

［17］邱奕鸿，陈鹏.无线遥控无人机在消防灭火救援领域的应用研究［J］.消防界，2022，8（15）：71–76.

［18］王守江，陈钦佩.特高压换流站变压器灭火系统有效性模拟试验研究［J］.消防科学与技术，2020，39（8）：1124–1127.

［19］邓长征，龚燎原，杨楠，许晓明.热气溶胶灭火剂在高压开关柜中的应用探究［J］.电工材料，2021（1）：18–21.

［20］刘国强，李贵海，赵志鹏，郝亚楠，李国春.全氟己酮灭火剂在输变电系统火灾防控中的应用［J］.山东电力技术，2022，49（1）：36–40.